MENSCHEN
ZEICHNEN UND MALEN

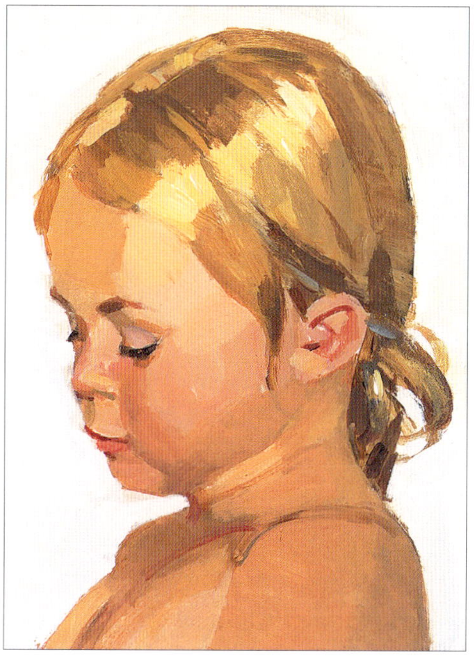

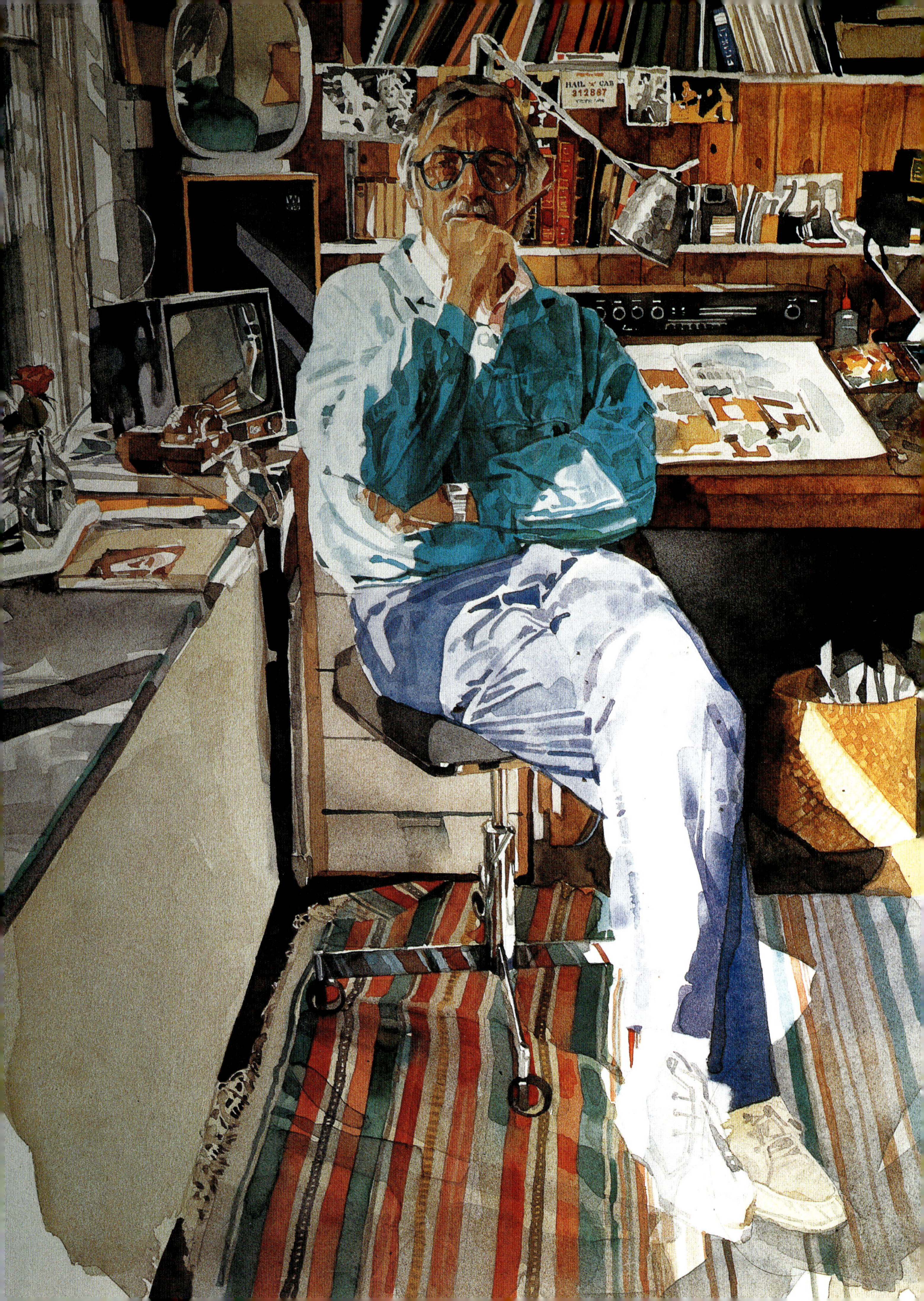
HAIL 'A' CAB
312867

Inhalt

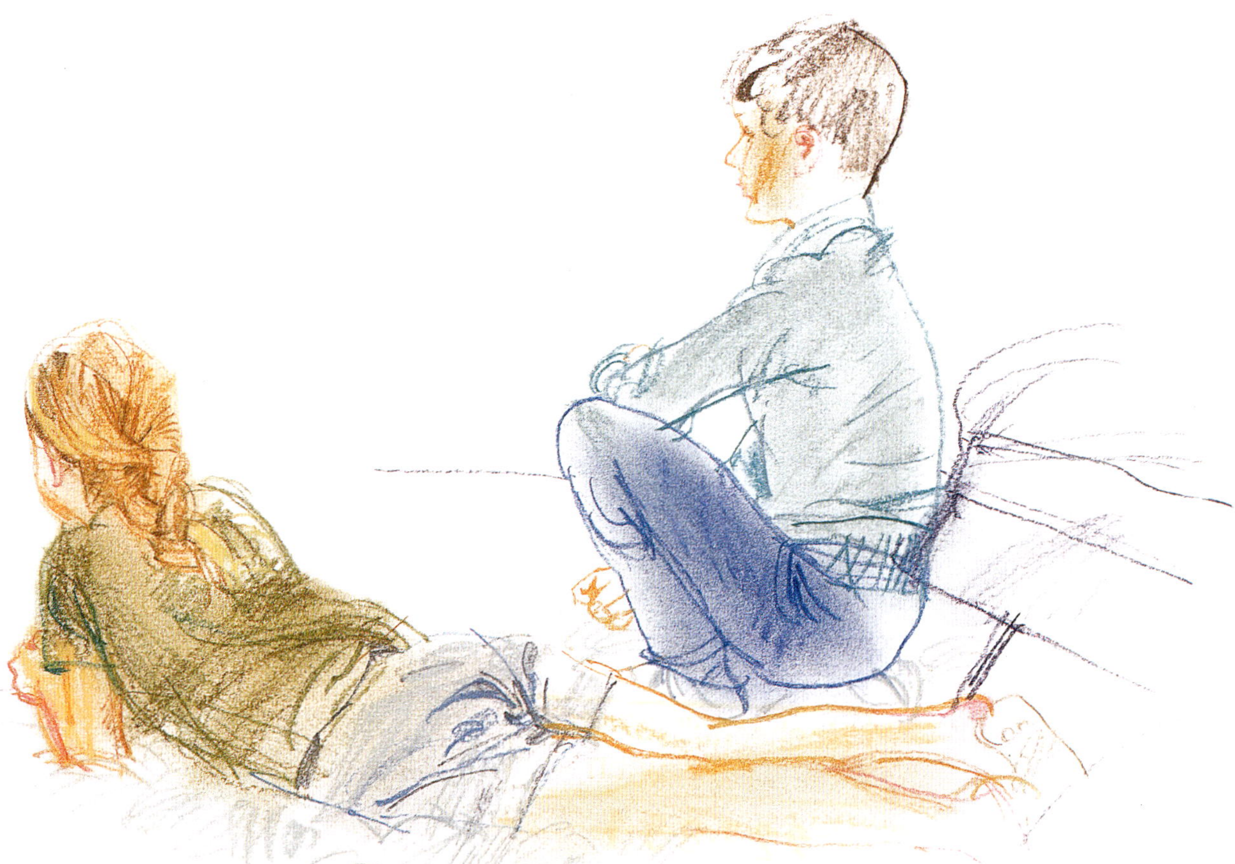

Einführung

Von allen dem Künstler zur Verfügung stehenden Motiven bietet die menschliche Figur sicher die größte Vielfalt und die meisten Ausdrucksmöglichkeiten. Der Erfolg bei der Darstellung des Menschen, sei es in Nahstudien des Gesichts oder in Gruppenporträts, rechtfertigt jede Mühe in Theorie und Praxis.

Die überzeugende, erkennbare Wiedergabe der Person im Porträt wird meist für ziemlich schwierig erachtet. So hat Dickens einmal bemerkt: „Es gibt zur zwei Arten von Porträts – das ernsthafte und das grinsende." Ähnlichkeit entsteht aber nicht allein durch die Kombination der richtigen Haar- und Hautfarbe, der richtigen Form von Nase, Mund, Augen usw., so wichtig diese Faktoren auch sind.

Dieses Buch soll Ihnen dabei helfen herauszufinden, wie man Ähnlichkeit im Porträt erzielt, und bietet Ihnen Hilfestellungen, um Ihre Sicherheit im Porträtieren zu stärken. Alle gängigen Zeichen- und Maltechniken werden erklärt und in verschiedenen Übungen vorgeführt.

Bevor wir nun die verschiedenen Möglichkeiten des Porträtierens betrachten, wollen wir kurz erläutern, wie wir andere Menschen sehen. In der normalen sozialen Begegnung stehen die Gesichtszüge, vor allem Augen und Mund, im Zentrum der Aufmerksamkeit. Wir entnehmen diesen Teilen des Gesichts Hinweise auf die innere, uns verborgene Welt des Gegenübers, die uns helfen, seine Reaktionen besser einzuschätzen.

Obwohl unsere bewusste Aufmerksamkeit auf diese Stellen beschränkt zu sein scheint, speichern wir weitere, weniger offensichtliche Informationen im Unterbewusstsein ab. Dadurch wird es uns möglich, ein bekanntes Gesicht sofort zwischen tausend anderen wieder zu erkennen.

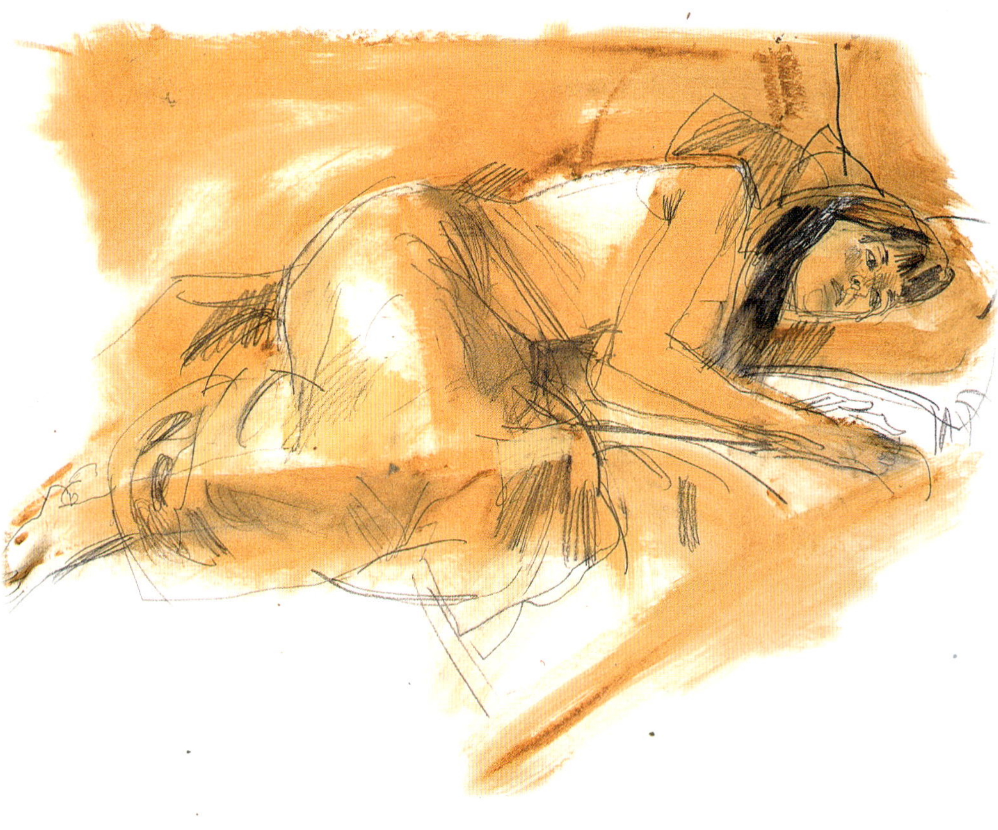

Die ganze Figur

LINKS: *Die Körperhaltungen erscheinen uns nicht so aussagekräftig wie der Gesichtsausdruck. Doch die Kombination von Porträt und Figur in ganzfigurigen Arbeiten – ob liegend, sitzend oder stehend – trägt maßgeblich zur Identifizierung einer Person bei.*

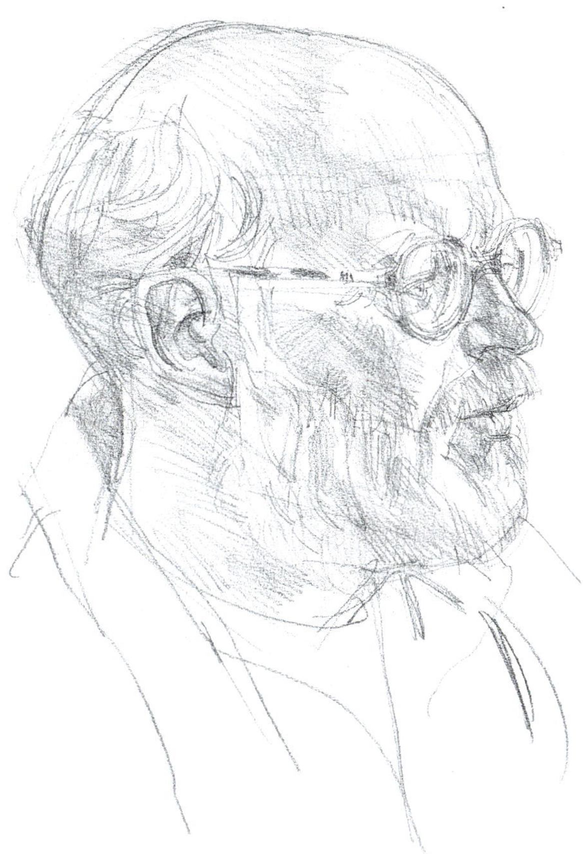

Kontraste ausprobieren

OBEN: *Machen Sie viele Zeichnungen von kahlen oder kurz geschorenen Köpfen, um die unterschiedlichen Schädelformen zu beobachten, denn die Gesichtsbehaarung verbirgt die darunter liegende Muskulatur und Knochenstruktur größtenteils.*

Hier schließt sich die nahe liegende Frage an: Welche Informationen brauchen wir für die Wiederkennung? Jedes Gesicht besteht aus einem abstrakten visuellen Muster, das für dieses bestimmte Gesicht spezifisch ist. Es muss eine Art Karte in unserem visuellen Gedächtnis geben, die wir auf ein verschwommenes oder vereinfachtes Bild legen können und die uns sagt, dass die Flecken, die Augen, Nase und Mund darstellen, sich zu dem Gesicht eines bestimmten Individuums zusammensetzen. Ähnlichkeit entsteht also aus einem abstrakten Muster. Man muss daher genauso viel auf die Abstände zwischen den einzelnen Teilen des Gesichts achten wie auf die Teile selbst.

Die Grundlagen lernen

Um ein Porträt zu zeichnen oder zu malen, das dem Modell sehr ähnlich ist, muss der Künstler in erster Linie das abstrakte visuelle Muster erkennen und wiedergeben. Selbst wenn die einzelnen Gesichtsteile wundervoll genau gezeichnet worden sind, sehen sie einem bestimmten Gesicht dennoch nicht ähnlich, wenn sie nicht an der richtigen Stelle liegen. Man muss die Abstände zwischen ihnen genau beobachten und das sich daraus ergebende visuelle Muster muss stimmen.

Am Anfang steht natürlich die genaue Beobachtung. Wann immer sich eine Gelegenheit bietet, ein Gesicht intensiv zu betrachten, ohne Ärgernis zu erregen, sollte man genau auf die Abstände zwischen den einzelnen Gesichtszügen achten. Versuchen Sie die Form der Wangenknochen und den Winkel des Kiefers zu erkennen. Prüfen Sie den Abstand der Mundlinie von der Augenlinie. Stellen Sie sich die Form vor, die die Gesichtszüge umfassen könnte und bestimmen Sie die relative Größe zum gesamten Kopf.

Die ersten Übungen in diesem Buch zeigen Möglichkeiten zur Bestimmung dieser charakteristischen Formen durch verschiedene Messmethoden und unter Hinweis auf die Anatomie des Kopfes. Die Knochenstruktur des Schädels ist von dominanter Bedeutung für die Proportion und Form des menschlichen Kopfes und des Gesichts. Im ersten Teil des Buches wird dies gründlich untersucht. Wir werden dabei auch die Muskulatur des Gesichts, die für den Gesichtsausdruck verantwortlich ist, und die Muskeln des Halses kennen lernen, die den Kopf stützen und beweglich machen.

Wenn man erst einmal ein Verständnis für die Grundstruktur erlangt hat, kann man ins Detail gehen. Jedes Teil des Gesichts ist für sich faszinierend und man sollte daher auch jedes Element einzeln gründlich studieren.

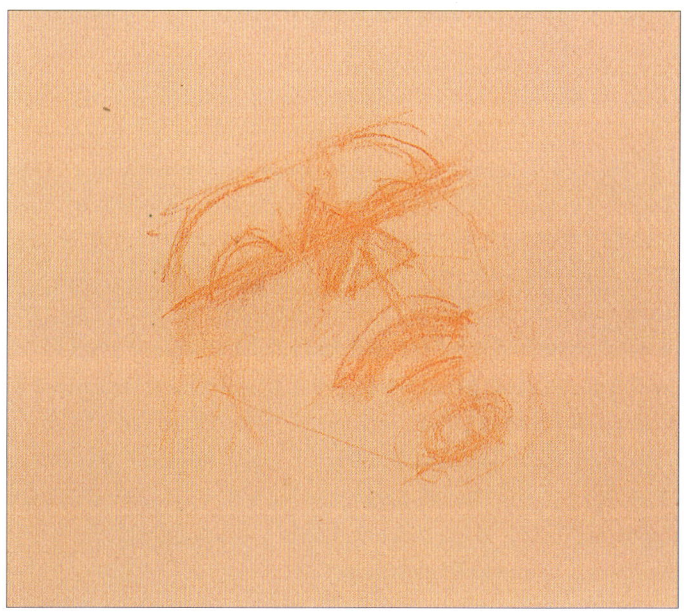

Nähe zur Abstraktion

OBEN: *Das abstrakte Muster, das jedes Gesicht bestimmt, ist schon in den ersten Phasen der Zeichnung oder des Gemäldes sichtbar. Man sollte aber während des gesamten Arbeitsprozesses ständig weiter danach suchen.*

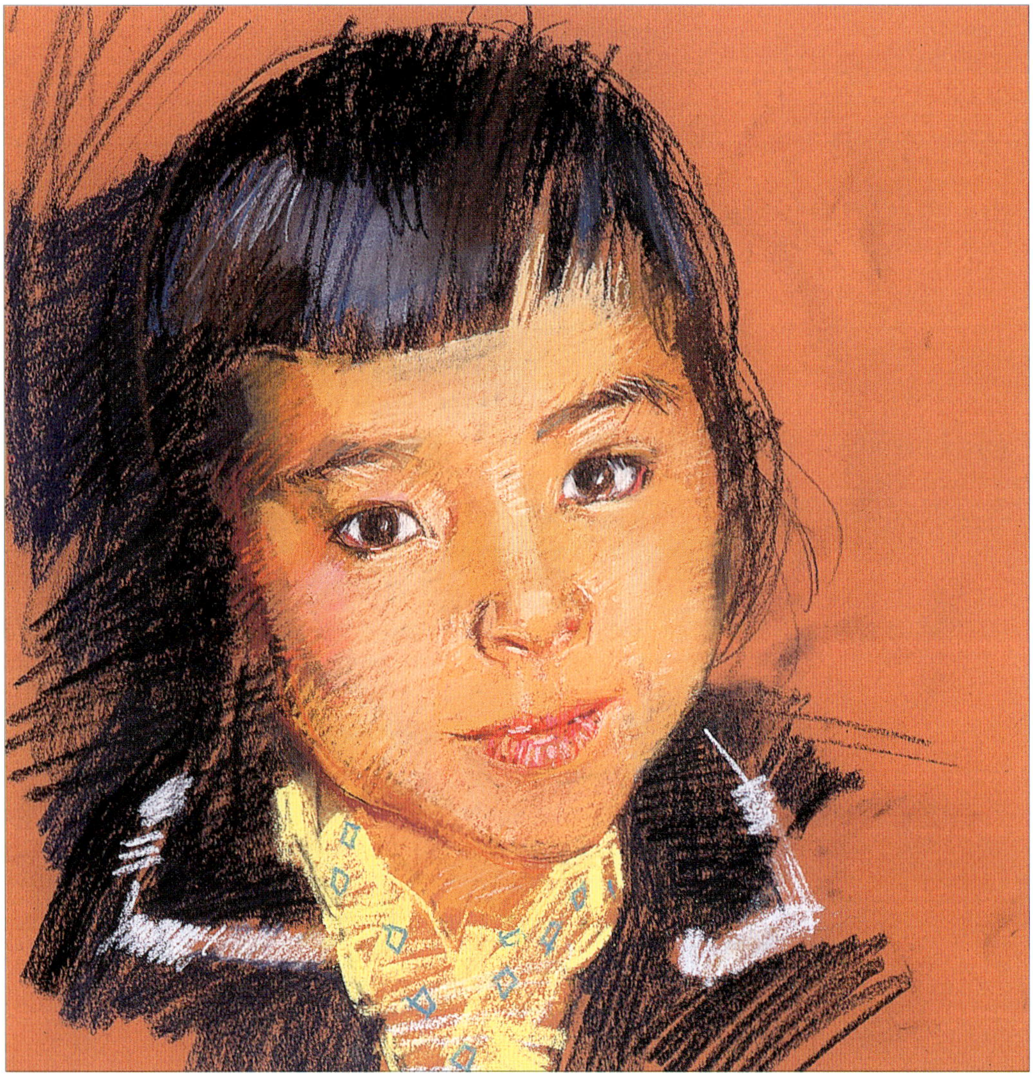

Haut- und Haarfarben einfangen

LINKS: *Bei der Wiedergabe der richtigen Hautfarbe kann man sich am wenigsten auf Annahmen verlassen. Welche Hautfarbe Ihr Modell auch haben mag, beobachten Sie die Variationen der warmen und kalten Hautfarben genau und halten Sie das fest, was Sie sehen.*

Farbe

Sobald man in der Wiedergabe der Form sicherer geworden ist, kann man sich auch mit der Farbe eingehender beschäftigen. In diesem Buch lernt man, wie man Farben mischt, und erhält Hinweise zur Anlage der Palette. Wie jeder Gegenstand, der ja durch Licht erst sichtbar gemacht wird, kann auch der Kopf aus verschiedenen Quellen Licht erhalten. Durch Absorption und Reflexion zeigt er eine Vielfalt an Farben und Tonwerten. Die Fleischfarbe umfasst wesentlich mehr Farbtöne als nur das helle Rosagelb, das oft als „Fleischfarbe" im Handel angeboten wird. Um wirklich alle Töne der menschlichen Haut malen zu können, benötigt man eine große Farbpalette, einschließlich Schwarz.

Das Repertoire erweitern

Auch wenn Sie in der Lage sind, die Form, die Proportionen und Details des Kopfes überzeugend wiederzugeben, so ist das nicht allzu viel wert, wenn die Person nicht lebendig wirkt. Gerade Anfängern erscheint es oftmals unmöglich, den Charakter eines Menschen und die vielfältigen menschlichen Ausdrucksweisen einzufangen. Doch auch dieses Mysterium kann durch genaue Beobachtung und ausreichende Übung aufgedeckt werden. Heute bieten Fotografie, Fernsehen und Video zahlreiche Möglichkeiten, Menschen zu studieren, ganz abgesehen von den vielen Meisterwerken der großen Künstler aus allen Jahrhunderten. Alle diese Hilfsmittel werden in diesem Buch ebenfalls einbezogen.

Die ganzfigurigen Porträts, ob stehend, sitzend oder liegend, stellen eine weitere Herausforderung dar. Grundkenntnisse in der Anatomie der menschlichen Figur tragen zum besseren Verständnis von Pose und Balance bei. Dabei sollte man auch genau auf die Kleidung, den Faltenwurf und das Stoffmuster achten.

Alles, was man bis zu diesem Zeitpunkt erlernt hat, muss schließlich in einen Kontext gebracht werden. Die Wahl des richtigen Formats für die Zeichnung oder das Gemälde ist für die Bildwirkung ausschlaggebend, genauso wie die Wahl des Hintergrundes und der vielen möglichen Lichtquellen, von natürlichem Licht bis zu künstlicher Beleuchtung und Bühnenlichteffekten. Die Komposition eines Bildes, die Stellung der Figuren im Bild, beruht auf einigen wenigen Regeln und den Möglichkeiten, diese wieder zu brechen, um bestimmte Wirkungen zu erzielen. Man kann in das Porträt auch Gegenstände (Stillleben) oder ganze Interieurs einbauen, die zum Leben des Porträtierten gehören und noch mehr zur Charakterisierung der Person beitragen.

Übungen, Skizzen und Modelle

Die Übungen in diesem Buch sind Schritt für Schritt aufgebaut und zeigen zahlreiche verschiedene Modelle und Porträtsituationen. Natürlich lassen sich Ateliersituationen nur sehr unvollkommen in Übungen nachahmen. Man darf daher keinesfalls so vorgehen, als handle es sich hier um „Malen nach Zahlen". Verstehen Sie jedes Projekt als Arbeitsvorschlag und vertrauen Sie auf Ihr eigenes Urteilsvermögen. Ihr Selbstvertrauen wird stetig wachsen und alles wird sich zum Guten fügen.

In diesem Zusammenhang sei daran erinnert, dass man bei jeder sich bietenden Gelegenheit zeichnen sollte. Darin liegt der Schlüssel zum Erfolg. Die Bedeutung des ständigen Skizzierens kann nicht hoch genug eingeschätzt werden. In diesem Buch erhalten Sie dazu noch weitere Tipps.

Sucht man ein zugängliches, geduldiges Modell, ist es nahe liegend, zunächst einmal sich selbst zu wählen. Die meisten Künstler haben Selbstporträts gezeichnet und gemalt. Auch wer denkt, er kenne sein Gesicht zu Genüge, wird überrascht sein, wie viel darin noch zu entdecken ist, und es mit echter Neugier zeichnen.

Material

Anfänger machen sich oft zu viele Gedanken darüber, welches Material für ein bestimmtes Motiv das richtige ist. Man braucht aber gar nicht so viel Material, um Menschen zu zeichnen oder zu malen. Zur Erkundung des Kopfes und des Gesichts eignen sich am besten Kohle und Bleistifte, die schnell zur Hand sind. Sie brauchen sich aber nicht darauf zu beschränken, sondern können ruhig auch Kugel- und Faserschreiber verwenden. Im Buch werden immer wieder die unterschiedlichsten Zeichen- und Malmittel und ihre Ausdrucksmöglichkeiten vorgestellt. Man sollte aber auch frei experimentieren und das Material verwenden, mit dem man sich am wohlsten fühlt.

In jedem Fall sollte man aber ein Material und eine Technik wählen, die auch während des Arbeitsprozesses noch rasche Änderungen zulässt. Es ist eher ungewöhnlich, dass die ersten Zeichen schon völlig korrekt gesetzt sind. Also muss das Material dem Künstler genügend Freiheit lassen, damit es möglich wird, ein lebensnahes Abbild zu modellieren.

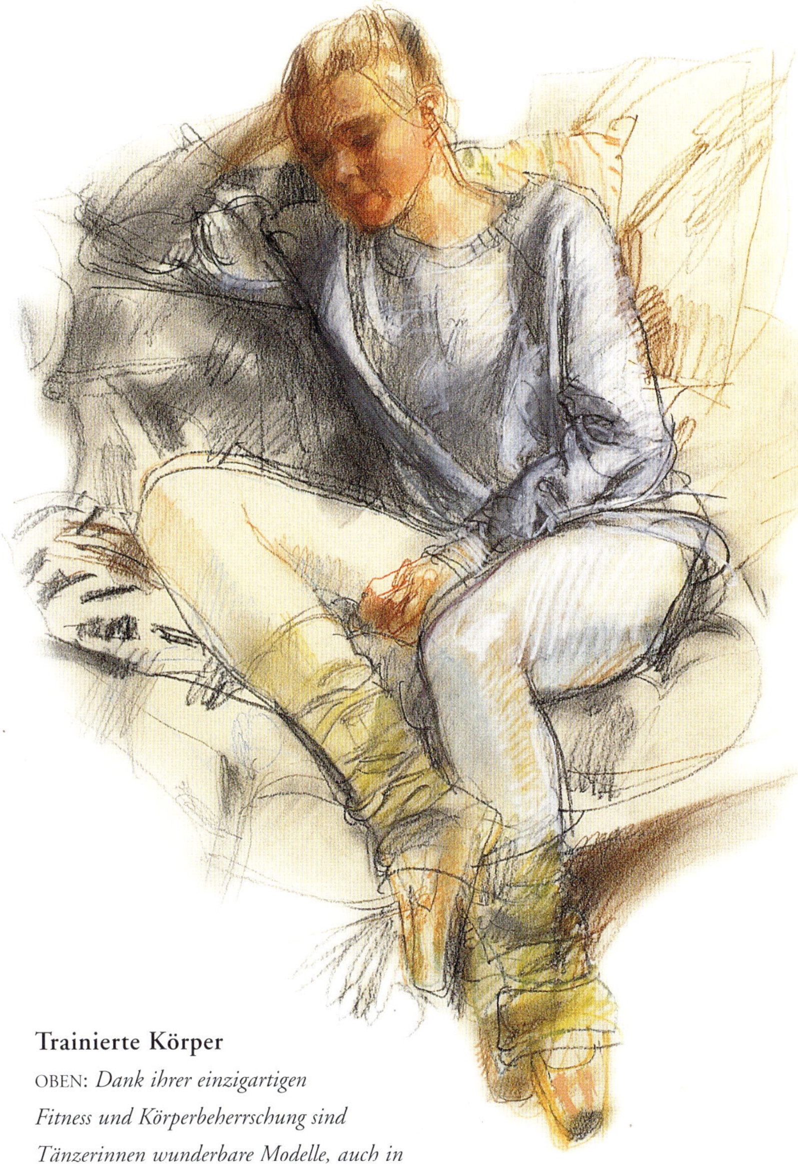

Trainierte Körper

OBEN: *Dank ihrer einzigartigen Fitness und Körperbeherrschung sind Tänzerinnen wunderbare Modelle, auch in Ruhestellung.*

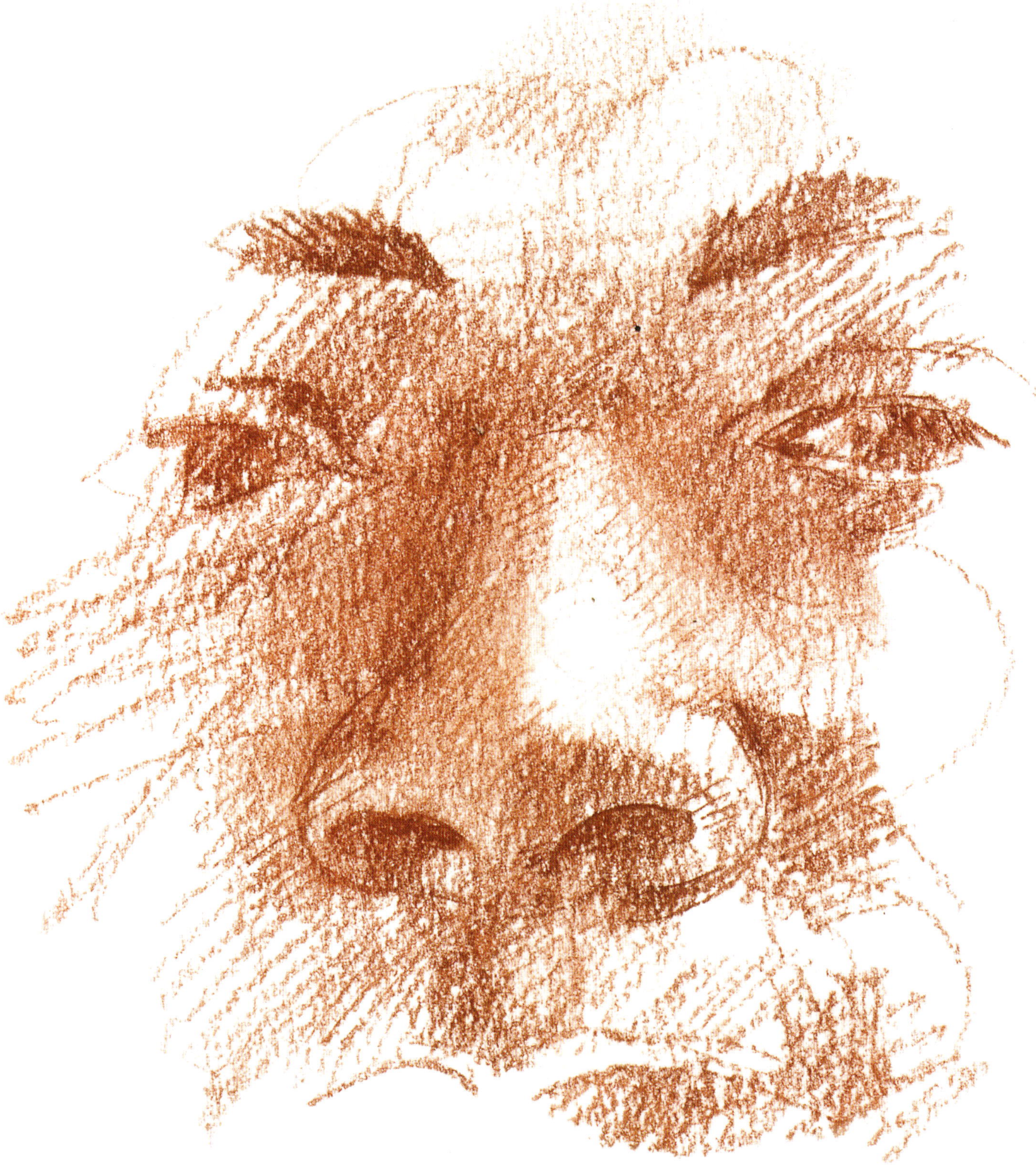

Gesicht und Kopf

Um Kopf und Gesichtszüge so darzustellen, dass sie dem Modell möglichst ähnlich sehen, muss der Künstler die Anatomie, die Proportionen und Dimensionen, die kleinen Details, die Gesamtansicht und vieles mehr berücksichtigen – und das alles auf einmal! Die genaue Beobachtung ist jedoch ebenso wie das richtige Sehen und das Studieren der einzelnen Komponenten von Gesicht und Kopf vor allem eine Sache der Übung und des gesunden Menschenverstandes.

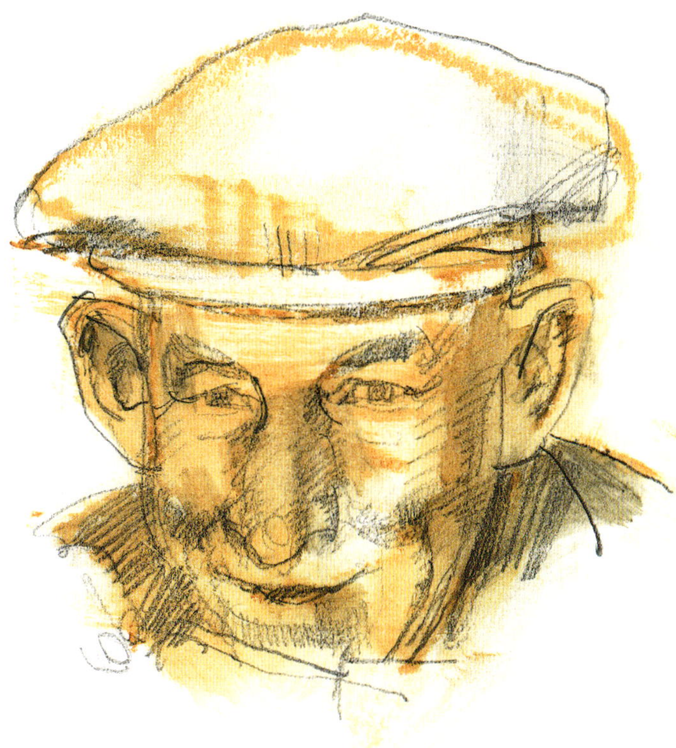

Form und Struktur

Der größere Teil des Kopfes zeigt sich als feste, unbewegliche Form, ganz egal wie lebhaft die Gesichtszüge sind. Will man diese Form des Kopfes richtig wiedergeben, sollte man die zu Grunde liegende Struktur mit der gleichen Objektivität erfassen wie jede andere Form des Körpers.

HÄUFIG KONZENTRIERT MAN SICH zu sehr auf die Details des Gesichts und verliert dabei die allgemeine Form des Kopfes aus den Augen. Bevor Sie sich an ein Modell wagen, sollten Sie deshalb einige Vorversuche machen. Dafür ist ein ganz gewöhnliches Hühnerei besonders geeignet, denn der menschliche Schädel lässt sich in dieser Form recht gut fassen.

Da relativ wenig weiches Gewebe den menschlichen Schädel bedeckt, hängt die jeweilige Kopfform ganz wesentlich von der Knochenstruktur ab. Auch das Gesichtsfeld, in welchem sich die meisten beweglichen Muskeln befinden, wird von den Formen des Stirnbeins, Jochbeins und der Wangenknochen bestimmt. Besonders lehrreich ist es natürlich, wenn man die Möglichkeit hat, einen richtigen Schädel oder eine genaue Nachahmung abzuzeichnen. Hat man erst einmal die Formen des Totenschädels erfasst, wird man auch die Strukturen der Gesichter von lebenden Personen besser verstehen.

Die Grundform des Schädels

Der menschliche Schädel passt unter vielen Blickwinkeln sehr genau in die Form eines Eis. Links wurde ein Ei mit abgestuften Tonwerten plastisch wiedergegeben. In der Mitte wurden die Augenhöhlen, Wangenknochen und der Unterkiefer in die Eiform eingetragen. Auch wenn Augenhöhlen und Kieferknochen genauer gezeichnet sind, passt der Schädel noch ziemlich genau in die Eiform hinein. Das ist natürlich keine feste Regel und trifft vor allem für die Vorderansicht nicht immer zu. Trotzdem sollte man zunächst unbedingt nach einer übergreifenden Form suchen. Auf diese Weise erhält man eine gewisse Sicherheit.

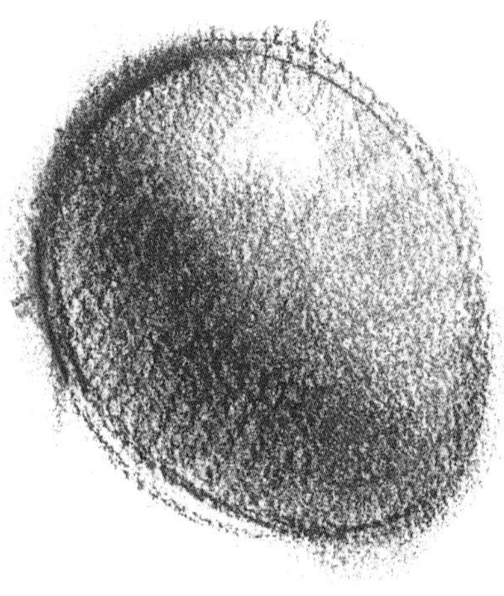

Ein Ei als Grundform

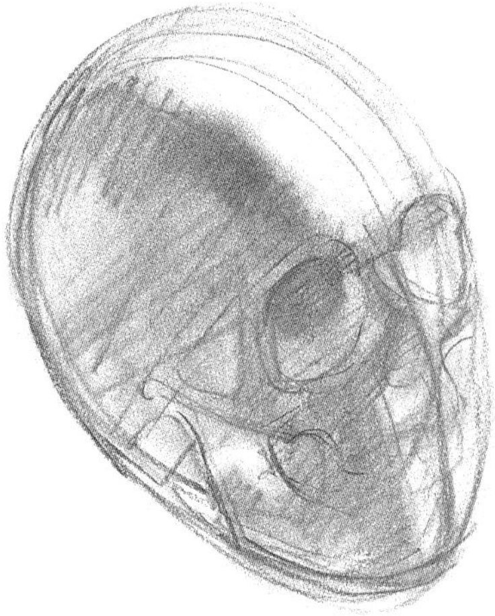

Augenhöhlen sind angedeutet.

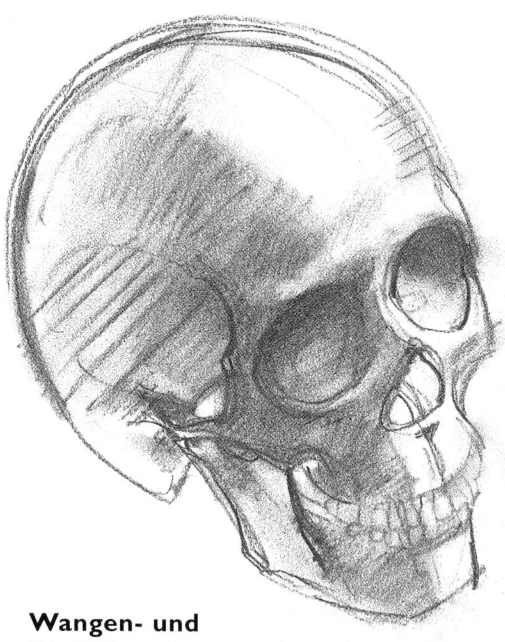

Wangen- und Kieferknochen wurden eingesetzt.

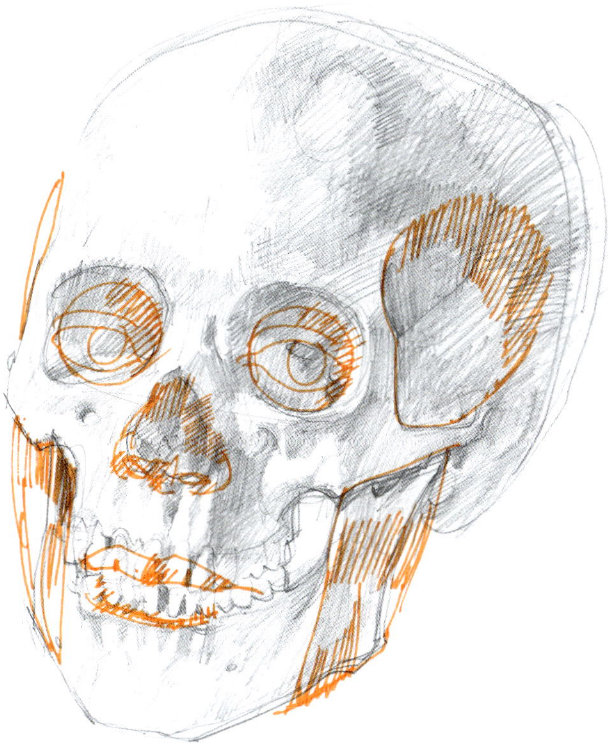

Die Schädelform ausfüllen

LINKS: *Die orange gezeichneten Teile zeigen, wie die Hohlformen des Schädels von den Augäpfeln und den kräftigen Muskeln des Unterkiefers ausgefüllt werden. Knorpel und Fleischpartien der Nase ergänzen die Grundform des Schädels. Beachten Sie auch die Lage der Lippen und Schläfen.*

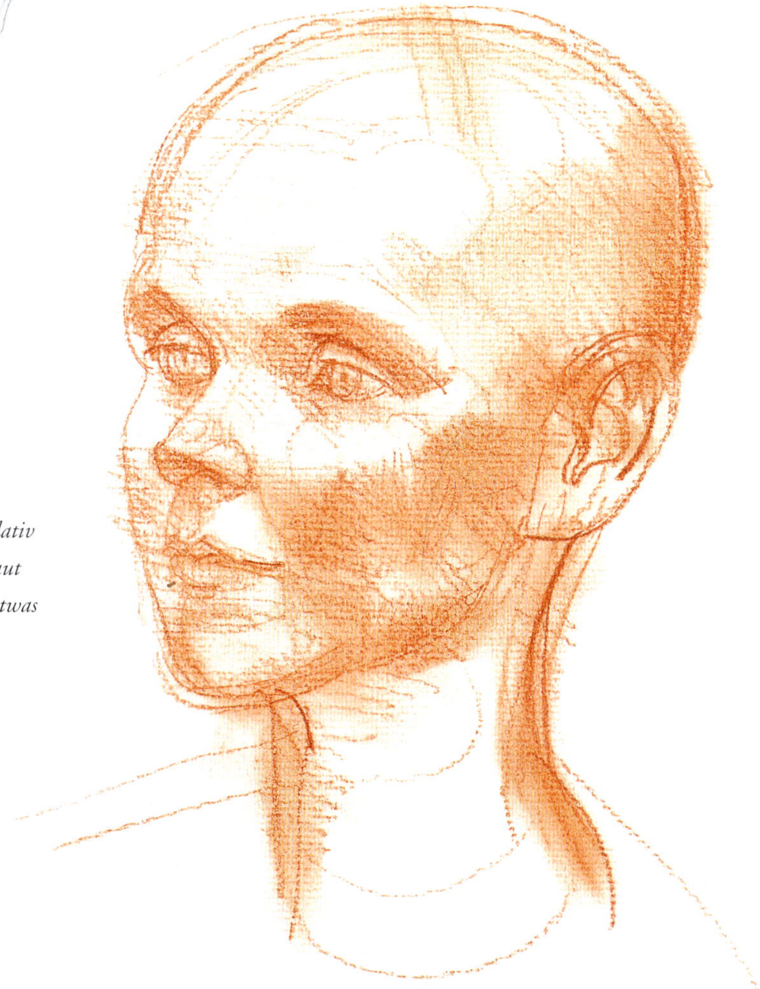

Die Schädelform bedecken

RECHTS: *Das den Schädel bedeckende Gewebe ist relativ dünn und besteht in der Hauptsache aus der Kopfhaut und den Gesichtsmuskeln. Die Lippen sollten noch etwas Fülle bekommen, anschließend werden die Ohren angefügt.*

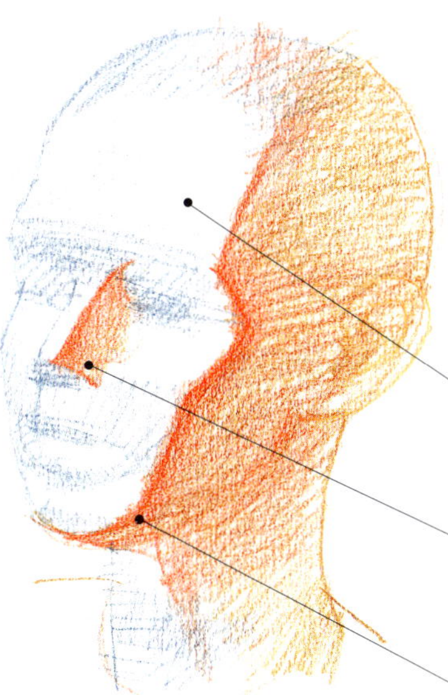

Abgeflachte Schädelteile sind auf der Stirn und an den Schläfen erkennbar.

Die Nasenflügel entsprechen den Seitenflächen des Kopfes.

Die rote Linie markiert die Grenze zwischen Vorderseite und Seitenfläche.

Abflachung

LINKS: *Obwohl der Schädel in eine Eiform passt, ist er an einigen Stellen abgeflacht, vor allem an den Schläfen und im Gesichtsfeld. Die Vorderfront des Gesichts befindet sich praktisch in einem rechten Winkel zu den Seitenflächen.*

Nach einer Form suchen

Behalten Sie dieses Wissen über die Form des Schädels immer im Hinterkopf, wenn Sie sich jetzt an einige Naturstudien heranwagen. Am besten machen Sie einige Studien mit einem Modell, das sehr kurz geschnittene, eng am Kopf anliegende Haare oder – noch besser – eine Glatze hat. Finden Sie kein solches Modell, sollten Sie zumindest das Haar Ihres Gegenüber zurückkämmen und eng am Kopf befestigen. Ziel dieser Übung ist es, die relativen Größen der Gesichts- und Schädelformen unter verschiedenen Blickwinkeln zu erfassen. Konzentrieren Sie sich also ausschließlich auf diese Proportionen.

Die Verbindung der Gesichtszüge durch ein Dreieck (siehe gegenüberliegende Seite, oben rechts) erleichtert die Platzierung des Gesichtsfeldes auf der Vorderseite und die Einschätzung der richtigen Größe im Vergleich zu den Seitenflächen. Suchen Sie nach geometrischen Formen, die man zur besseren Einschätzung der Distanzen und Richtungen einsetzen kann. Es ist schwer, diese Proportionen ohne eine unvoreingenommene Messung zu bestimmen, weil man einfach nicht glauben will, dass das Gesichtsfeld einen so kleinen Teil des Schädels einnimmt. Kümmern Sie sich in diesem Stadium noch nicht um die Wiedererkennbarkeit, sondern konzentrieren Sie sich nur auf die großen Formen und Proportionen.

Nach einer Skulptur zeichnen

Ein Modell kann nicht sehr lange ruhig sitzen oder stehen. Der Porträtzeichner muss dies akzeptieren und wird mit zunehmender Erfahrung damit umgehen lernen. Für den Anfang sind aber Studien nach Skulpturen sehr hilfreich. Zum einen hat man alle Zeit der Welt, weil Skulpturen sich nicht bewegen, zum Zweiten sind sie meist nur einfarbig und der dritte Vorteil ist der, dass das sonst so kompliziert wiederzugebende Haar meist nur in einer zusammenhängenden, einheitlichen Form dargestellt wurde. Man kann sich daher ganz auf die einfache klare Form konzentrieren.

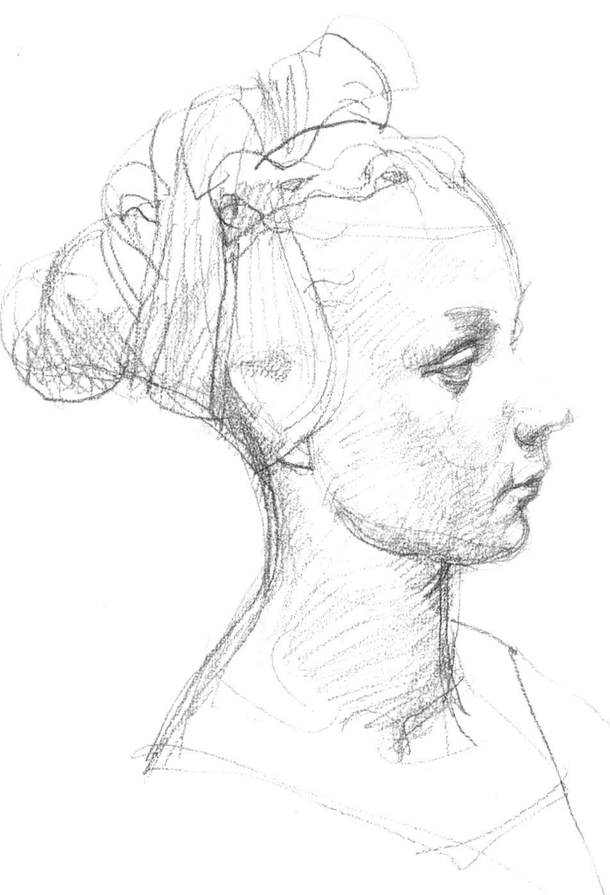

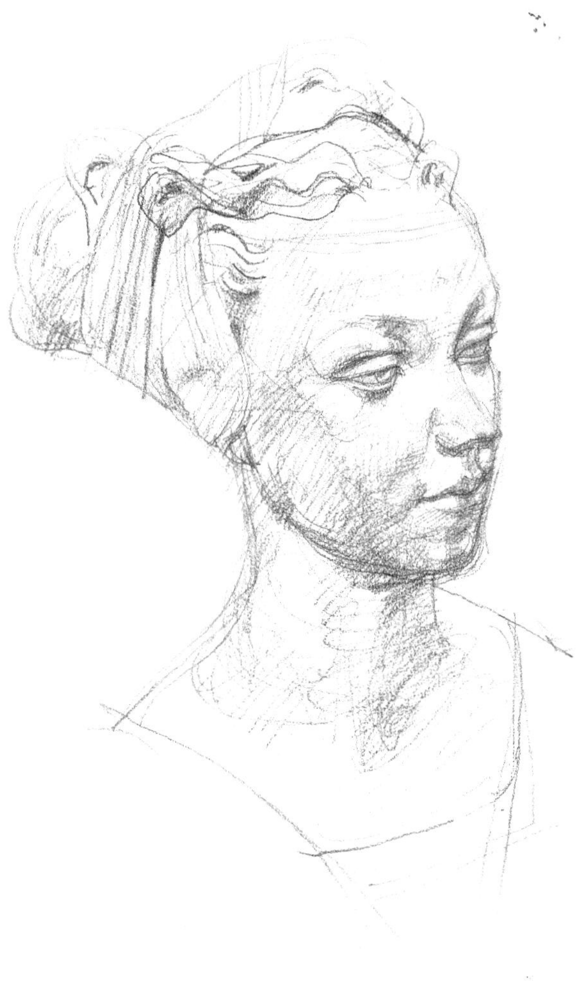

Studien nach einer Skulptur

Dieser wunderschöne Kopf wurde nach einer Skulptur im Victoria & Albert Museum in London gezeichnet. Deutlich sind die Schädelformen zu erkennen, obwohl das hoch gesteckte Haar den Schädel zu erweitern scheint.

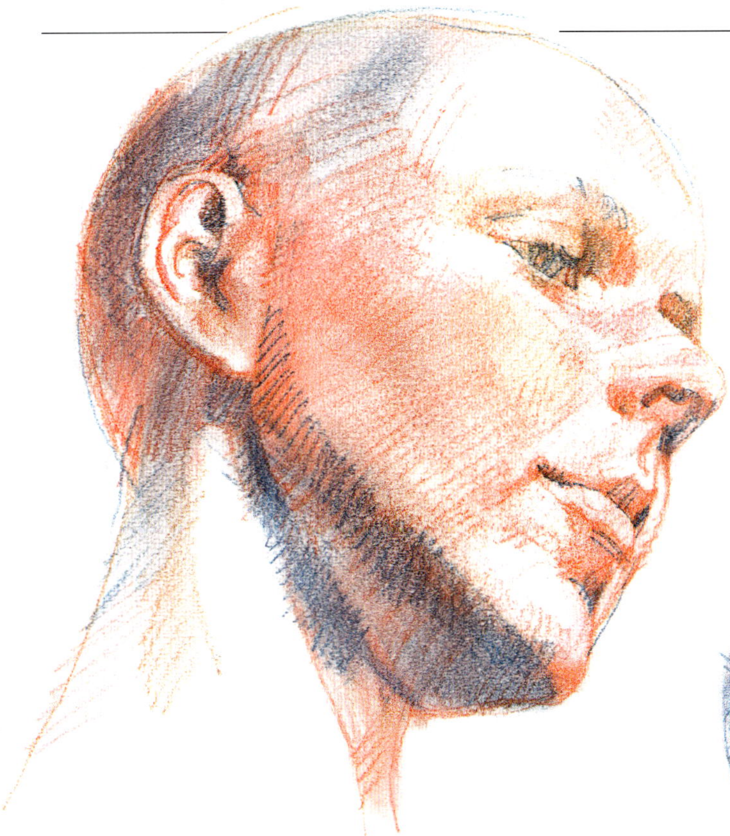

Studien nach dem Leben

LINKS UND UNTEN: *Durch Veränderung der Augenhöhe ändert sich auch die Ansicht des Gesichtsfeldes und seine Beziehung zum Schädel. Die vorher beobachtete eiförmige Schädelform ist nun auf den Hals aufgesetzt. Aus dieser Sicht wirkt der Hinterkopf wesentlich kleiner. Hier wurde ein Dreieck eingesetzt, um die Lage und Relationen der verschiedenen Formen und Details des Gesichts zu zeigen.*

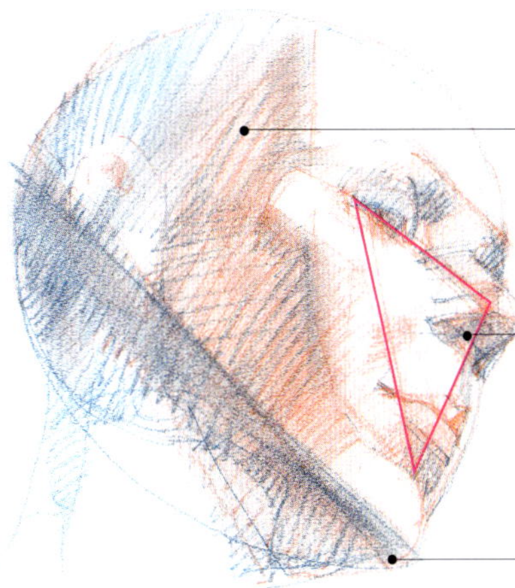

Der hintere Schädel erscheint aus diesem Blickwinkel kleiner.

Das Dreieck zeigt das Verhältnis der verschiedenen Teile des Gesichts innerhalb des eiförmigen Kopfes.

Die Unterseite des Kieferbogens ergibt eine fast gerade Linie bis zur Rückseite des Kopfes.

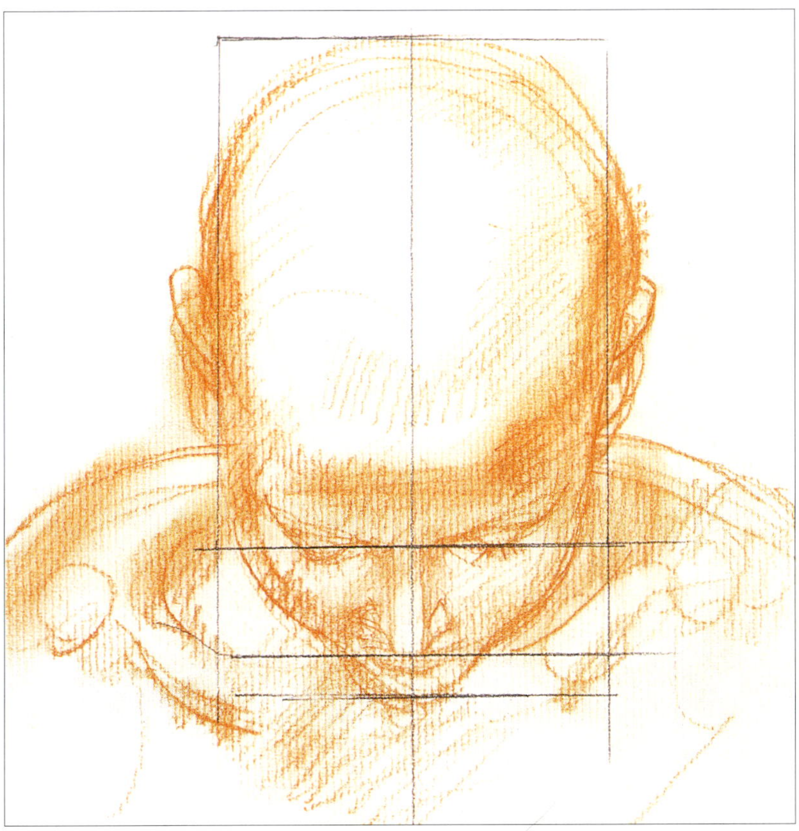

Aufsicht

LINKS: *Die Aufsicht hat die entgegengesetzte Wirkung, indem sie das Gesichtsfeld verkleinert und den übrigen Schädel vergrößert. Beachten Sie auch, wie der Schädel sich über den Ohren verbreitert und an den Schläfen wiederum verengt.*

Die Gesichtszüge einsetzen

Das Gesichtsfeld, eine etwa dreieckige Form, die Augen, Nase und Mund umfasst, nimmt einen relativ kleinen Teil der gesamten Kopffläche ein. Innerhalb dieses Feldes gibt es jedoch sehr viele Variationsmöglichkeiten, die man sich genau anschauen muss.

DAS VERHÄLTNIS VON Gesichtsfeld zum Hinterkopf ändert sich je nach Alter: Bei der Geburt und in der Kindheit beansprucht das Gesichtsfeld nur wenig Raum im Vergleich zum übrigen Schädel. Mit zunehmendem Wachstum verändern sich die Porportionen und das Gesicht nimmt einen größeren Teil des Ganzen ein. Diese Veränderung ist jedoch weder vorhersehbar noch konstant. Erwachsene mit einem relativ kleinen Gesichtsfeld werden als „Babyface" wahrgenommen. Das späte Wachstum des Unterkiefers kann zu einem „pferdeähnlichen" Gesicht führen. Achtet man auf das grundlegende Verhältnis von Gesichtsfeld zum gesamten Kopf, entdeckt man zahllose Varianten. Betrachten Sie das Gesichtsfeld ganz genau und achten Sie auch hier auf Abstände und Formen. Stellen Sie sich Linien vor, die alle Details miteinander verbinden. Wenn man diese Linien tatsächlich, wie hier gezeigt, einzeichnet, ergeben sich geometrische Formen. Verlassen Sie sich aber nie auf angeblich verbindliche Regeln, sondern schauen Sie lieber selbst genau hin.

Raster verwenden

In den Zeichnungen auf diesen beiden Seiten habe ich ein Raster eingezeichnet, um die Höhe von Augen, Nase und Mund innerhalb des Gesichtsfeldes zu kennzeichnen. Die rote Linie bezeichnet ungefähr die Hälfte des Gesichtsfeldes. Ein solches Raster ist natürlich kein feststehendes Proportionssystem, sondern bietet lediglich Hilfestellung für einen Durchschnittstypus. Achten Sie beim Studieren eines Kopfes auf Unterschiede in der Form und auf das Verhältnis zwischen den einzelnen Elementen des Gesichts und Ihrem Blickwinkel.

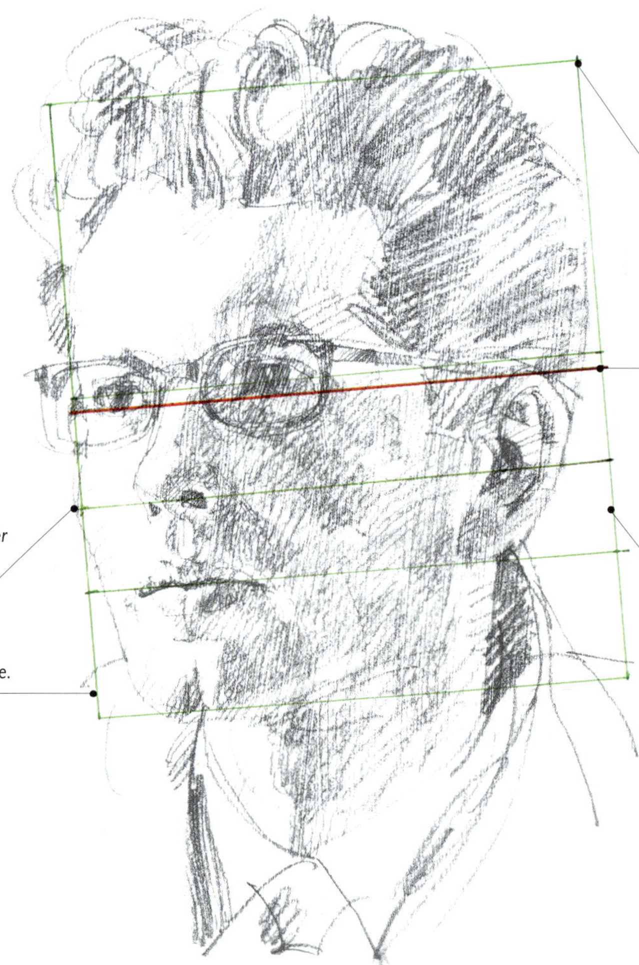

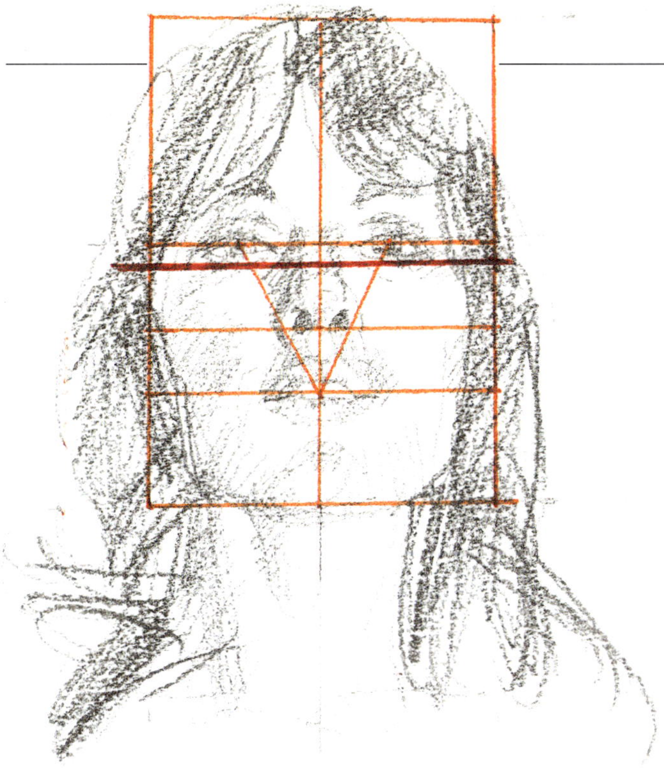

Dreiecke verwenden

OBEN: *Ein imaginäres Dreieck, das zwischen den Augen und der Mitte des Mundes gezogen wird, ist ein äußerst nützliches Raster. Es ist wesentlich leichter, mit diesem Dreieck zu arbeiten und kleinere Abweichungen einzukalkulieren, als mit bloßem Auge die Entfernungen im Gesichtsfeld abzuschätzen.*

Das längere Gesicht

UNTEN: *Die Augen liegen in diesem erwachsenen Gesicht ein gutes Stück oberhalb der Mittellinie. Das rührt vor allem von dem langen Abstand zwischen Mund und Kinn her. Achten Sie aber auch auf den langen Abstand zwischen der Nasenspitze und den Augen.*

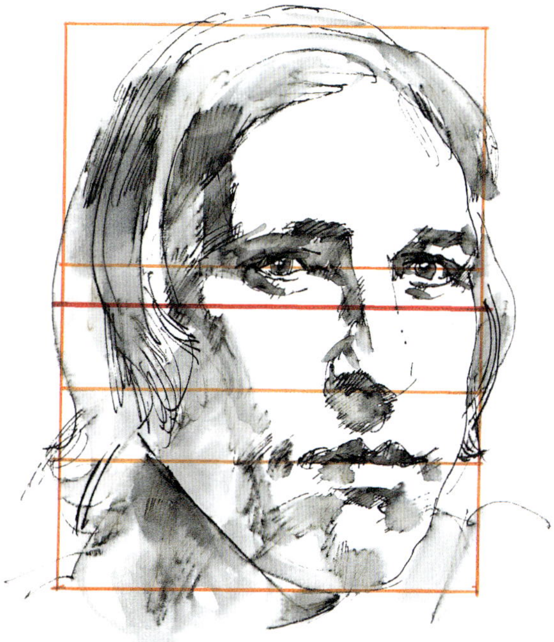

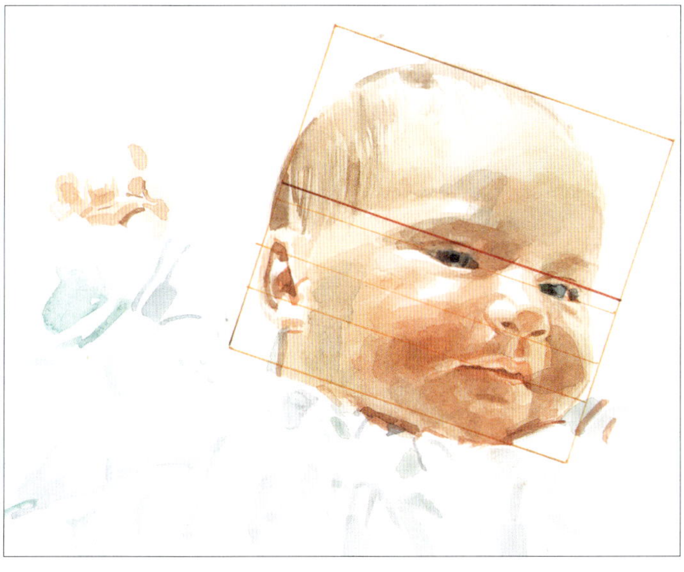

Das Babygesicht

OBEN: *Die Augen dieses Babys liegen unterhalb der Mittellinie. Bei einem etwas höheren Blickwinkel liegen sie noch weiter unten. Konzentrieren Sie sich auf die Details innerhalb einer sehr kleinen Fläche.*

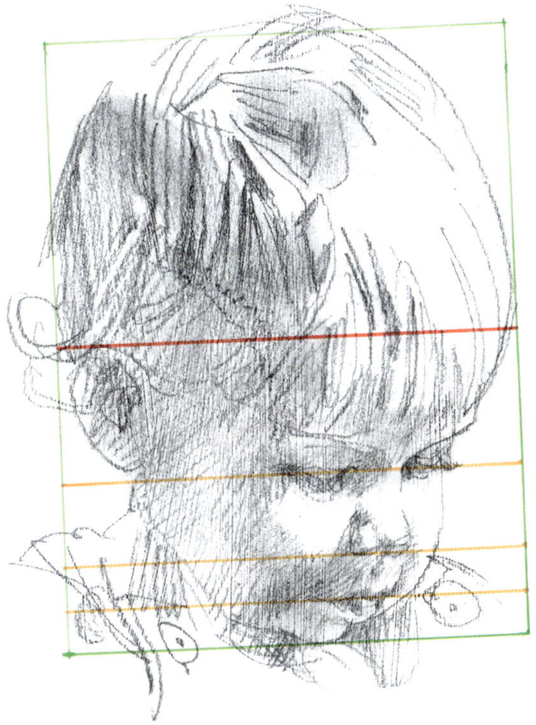

Größer werden

OBEN: *Die gleiche Konzentration der Gesichtszüge auf einer relativ kleinen Fläche ist auch bei diesem drei Jahre alten Kind zu sehen. Das liegt aber auch an dem höheren Blickwinkel.*

Die Augen

Die Augen sind häufig die eindrucksvollsten Elemente eines Gesichts. In ihnen zeigen sich die Emotionen und der Charakter eines Menschen. Achten Sie genau darauf, wie die Augen im Kopf sitzen und wie sich die Lider über die Augäpfel ziehen. Diese Details verleihen den Augen Individualität.

Die Augen eines Menschen gehören wohl zu den Merkmalen des Gesichts, die zuerst wahrgenommen werden. Abgesehen von der Farbe der Iris unterscheiden sich menschliche Augen kaum voneinander; fast immer zeigen sie die gleiche Kugelform. Die endlose Vielfalt der Augen erscheint daher als eine Folge der Umrahmung durch die Augenlider und Wimpern.

Augen können sehr viel über Stimmung und Charakter eines Menschen aussagen und gehören daher bei jedem Porträt zu den wichtigsten Elementen.

Dennoch sollte man sie nicht zu sehr betonen. Sie kennen sicher einige Gemälde, in denen der Künstler ein brillantes Licht in oder nahe an die Pupille gesetzt hat. Dadurch wirkt das Auge sehr feucht und glänzend. Man sollte diese Lichter aber nur setzen, wenn sie auch wirklich zu sehen sind.

Denken Sie beim Malen eines Porträts an die Farbe der Iris und die Größe der Pupillen, an die Blickrichtung und den in den Augen liegenden Ausdruck. Die Pupille scheint immer nahe dem Zentrum der Iris zu liegen, egal in welche Richtung die Augen blicken.

Die Anatomie des Auges

Das Auge ist kugelförmig gebaut und zeigt eine konvexe Erhebung in der konkaven Augenhöhle. Das normalerweise sichtbare „Weiß" des Auges ist nur ein kleiner Teil des Augapfels. Wenn Sie dies beim Zeichnen berücksichtigen, werden Sie die Form des Auges besser erkennen und verstehen, wie die Augenlider dieser Form folgen. Das obere Augenlid ist beweglicher als das untere.

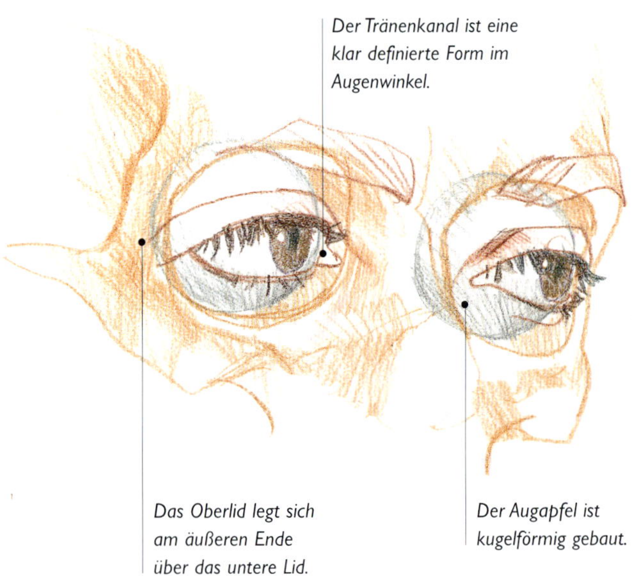

Die Form der Augenlider

UNTEN: *Achten Sie bei abgewandten Augen genau auf die Veränderungen der Lidform. Das am nächsten liegende Auge scheint leicht geschlossen zu sein und zeigt wenig Weiß. Das weiter weg liegende Auge scheint dagegen etwas mehr gedreht zu sein.*

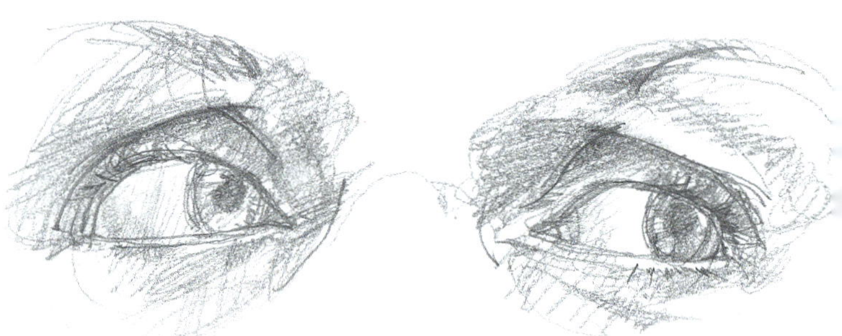

Blick nach links

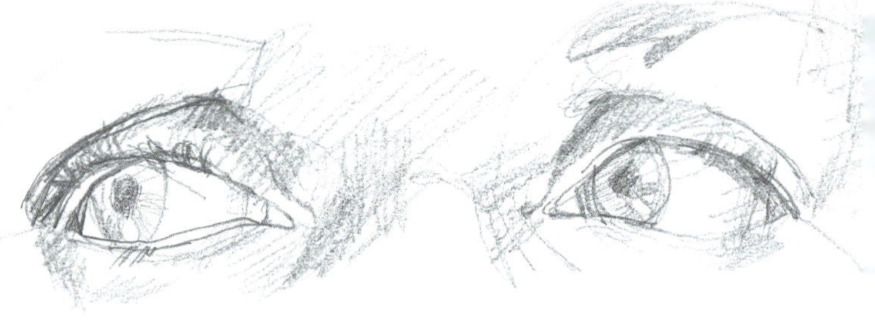

Blick nach rechts

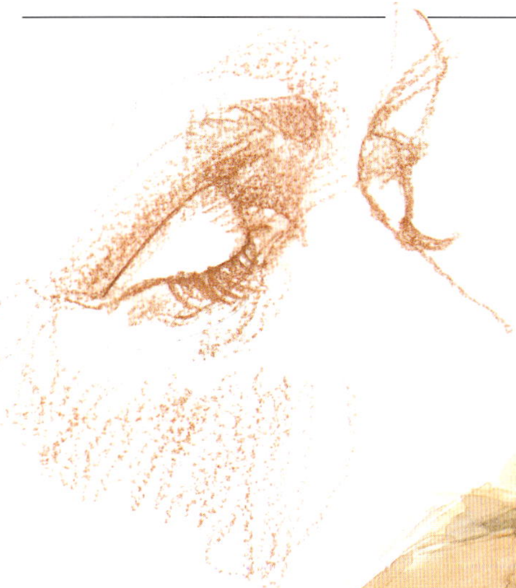

Geschlossene Augen

LINKS: *Die Kugelform der Augen zeigt sich besonders deutlich bei geschlossenen Augen. In dieser Position ist das Augenlid dem Blick des Betrachters teilweise entzogen und verbirgt den Tränenkanal.*

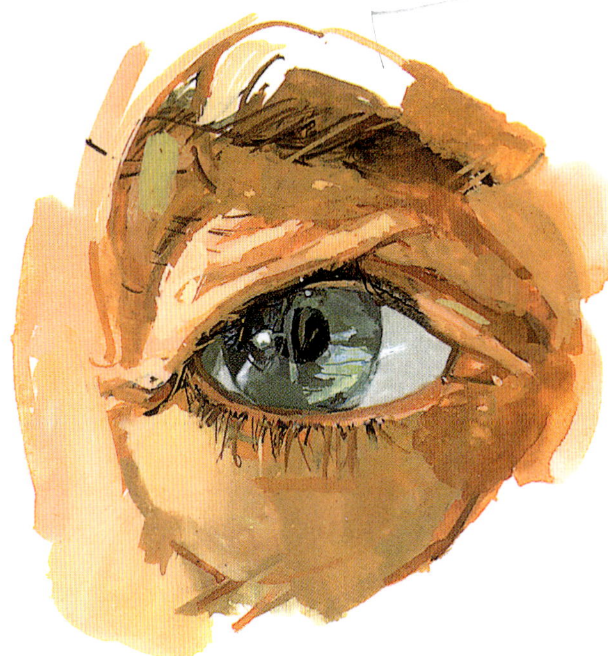

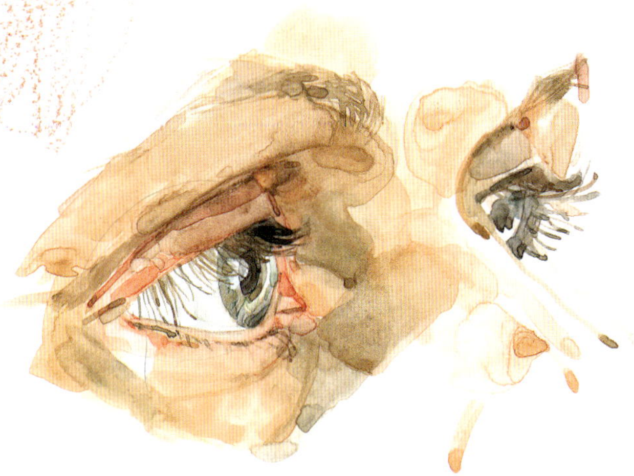

Offene Augen

OBEN: *Betrachtet man die offenen Augen von der Seite, wird die Kugelform sehr deutlich. Es ist wichtig, die Relation der Augen zu anderen Teilen des Gesichts genau zu bedenken, wie zum Beispiel zum Nasenrücken, der einen Teil des vom Betrachter weiter entfernten Auges verdeckt.*

Die Augenfarbe

OBEN: *Die genaue Beobachtung des Auges, vor allem der Iris, ist zugleich faszinierend und informativ. Das „Weiß" des Auges ist im Grunde kein reines Weiß, sondern meist leicht schattiert und kann auch ein helles Licht reflektieren.*

Praktische Übung: DIE AUGEN ZEICHNEN

Man sollte in einer Studie immer beide Augen zeichnen, da sie als Paar zusammenwirken und sich gegenseitig in der Form verstärken.

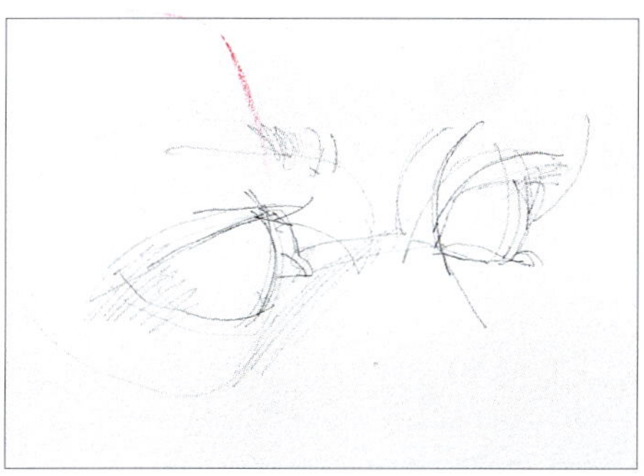

1 *Markieren Sie ganz leicht die Augäpfel, sodass die Striche gerade noch sichtbar sind. Deuten Sie dann die Augenlider an.*

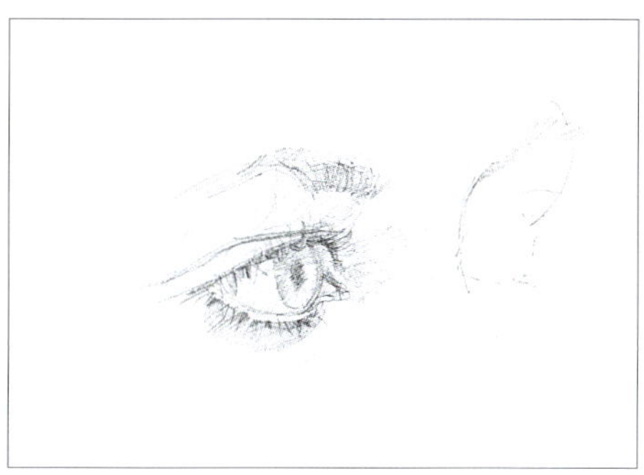

2 *Geben Sie die Dicke der Augenlider an, die von den Rändern der Wimpern gekennzeichnet sind. Setzen Sie die Pupillen und die sie umgebende Iris ein. Die Pupille scheint immer in der Mitte der Iris zu liegen, selbst von der Seite aus gesehen.*

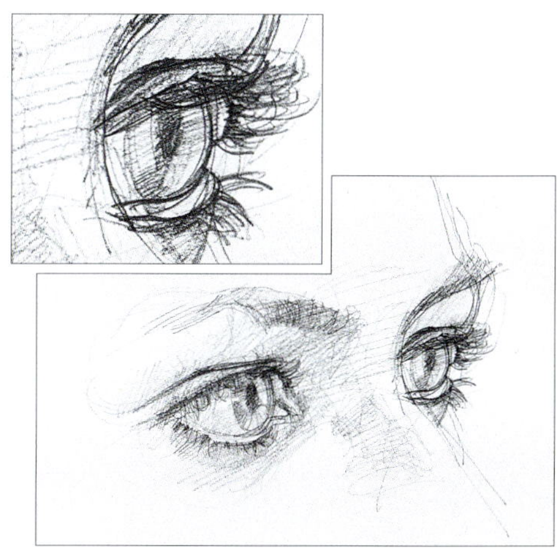

3 *Zeichnen Sie dann das andere Auge und legen Sie die Lage des Nasenrückens fest. Es ist äußerst wichtig, dass Sie die Breite der Nase richtig angeben. Hier hat sie fast die gleiche Breite wie das zum Betrachter liegende Auge.*
Kleines Bild: *Der innere Augenwinkel wird vom Nasenrücken verborgen.*

Die Nase

Es gibt so viele Formen und Größen von Nasen, wie es Menschen gibt. Da die Nase das prominenteste Gesichtsteil ist, verändert die kleinste Bewegung des Modells auch die Wahrnehmung der Nase.

Bei der Darstellung einer bestimmten Nase achtet man vor allem auf die Form des Nasenrückens und den Winkel, den er mit der Gesichtsfläche bildet (s. Seite 13). Das sind erste Anhaltspunkte. Ein hoher Nasenrücken ist typisch für die römische Nase, die Adlernase oder die Hakennase. Die Nasenflügel erscheinen dabei relativ eng. Im Gegensatz dazu hat eine breite Nase meist einen niedrigen Nasenrücken. Versuchen Sie auch im unteren Teil der Nase Flächen zu finden, obwohl es dort mehr runde Formen zu geben scheint. Wichtig ist, dass man die Flächen der Nase erkennt und die unterschiedlichen Ebenen genau wiedergibt. Lassen Sie niemals vorgefasste Ideen über die ideale Nase in die Beobachtung einfließen.

Die fleischigen Teile der Nase werden nicht durch Knochen gebildet und sind daher besonders leicht verformbar. Lichter auf der Nase entstehen durch die scharfen Winkel zwischen Knochen und Knorpel und durch die Tatsache, dass die darüber liegende Haut häufig etwas fettig ist.

Die Anatomie der Nase

Die einfache anatomische Skizze unten zeigt den Aufbau der Nase: Der Nasenrücken wird vom Nasenknochen gebildet, während der untere Teil formbar und fleischiger ist. Die Kombination von Knorpelflächen und weichem Gewebe erfordert ein hohes Maß an Beobachtungsgabe, um die Formen richtig wiederzugeben.

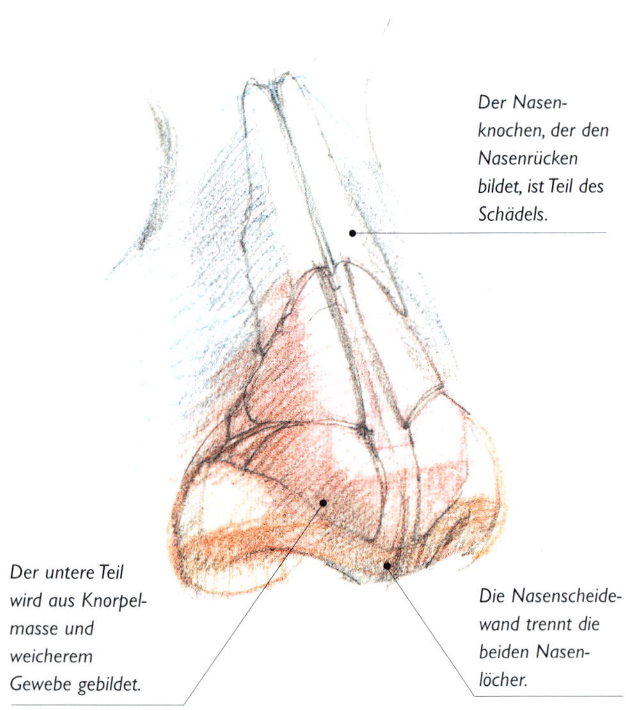

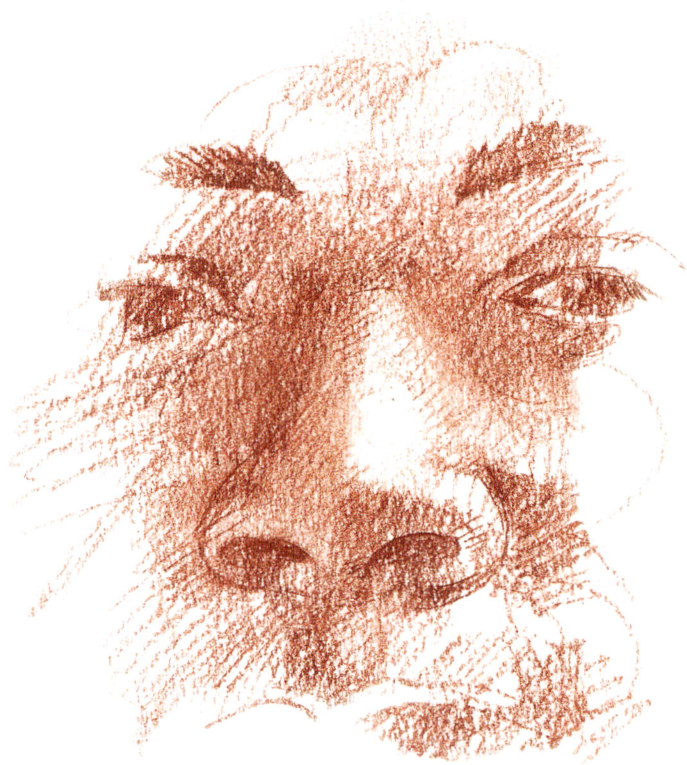

Breite Nase

OBEN: *Eine typische breite Nase kann in der Regel mit einem niedrigen Nasenrücken und weiten runden Nasenöffnungen wiedergegeben werden. Natürlich gibt es auch hier Ausnahmen.*

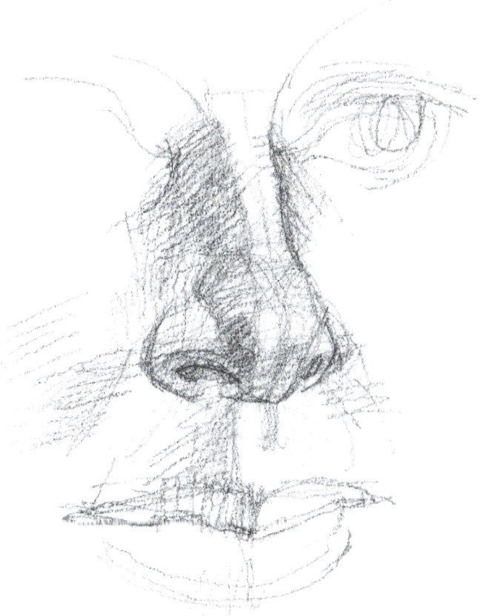

Scharfe Nase

LINKS: *Diese Nasenart ist durch einen hohen Nasenrücken und steil von den Wangen aufsteigende Nasenflügel gekennzeichnet. Die Nasenscheidewand hat an der Spitze eine deutliche Einkerbung, die bei einigen Nasen stärker, bei anderen weniger ausgeprägt ist.*

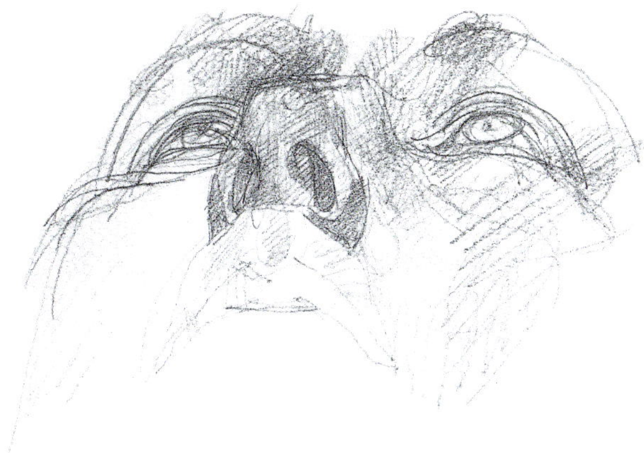

Ungewöhnlicher Blickwinkel

RECHTS: *Die Linie des Nasenrückens erscheint aus diesem Blickwinkel horizontal und sehr kurz. Die Neigung des Nasenflügels vom Nasenrücken zur Wange verläuft fast vertikal.*

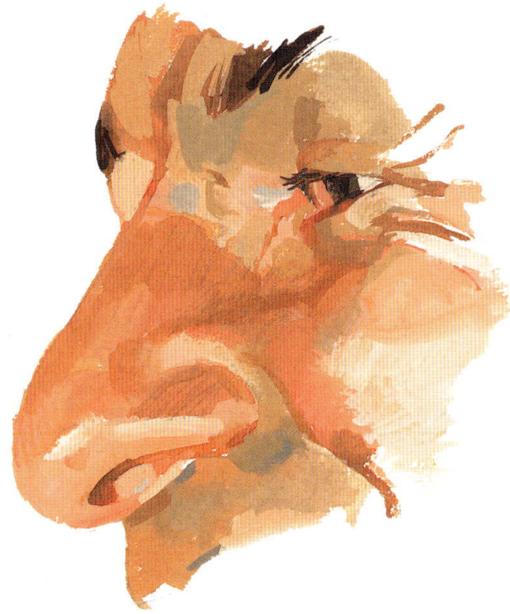

Nase im Profil

OBEN: *Diese Ansicht zeigt die fleischige Knorpelmasse der Nasenspitze in Nahsicht. Die Verbindung von der Nase zum Wangenmuskel und der Bogen der engen Nasenlöcher sind deutlich zu sehen. Achten Sie auf den Abstand vom hohen Nasenrücken zum Auge.*

Praktische Übung: DIE NASE ZEICHNEN

Zeichnen Sie eine Nase in einem übergroßen Format, damit Sie den Aufbau und die Beziehungen zu den anderen Teilen des Gesichts besser erkennen können.

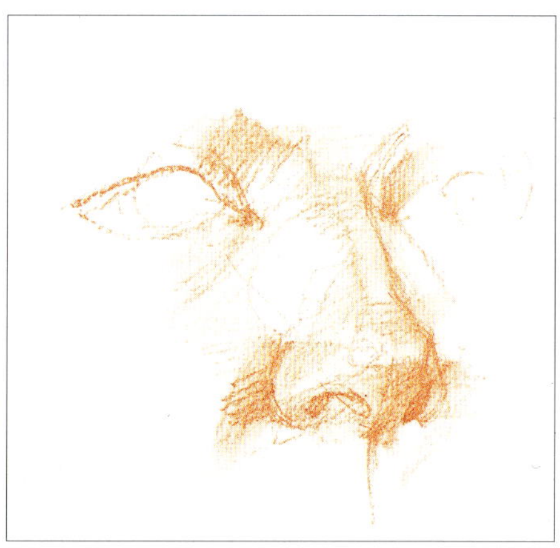

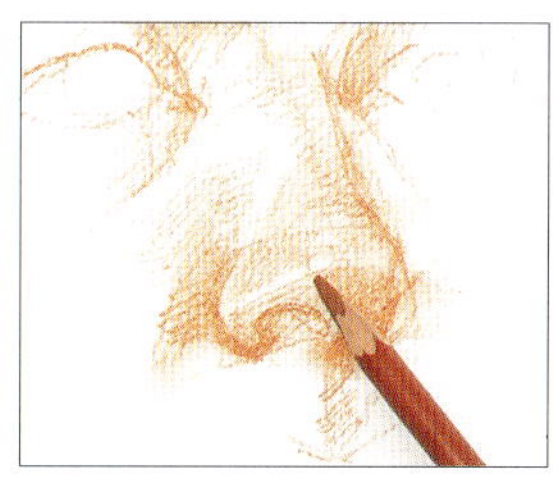

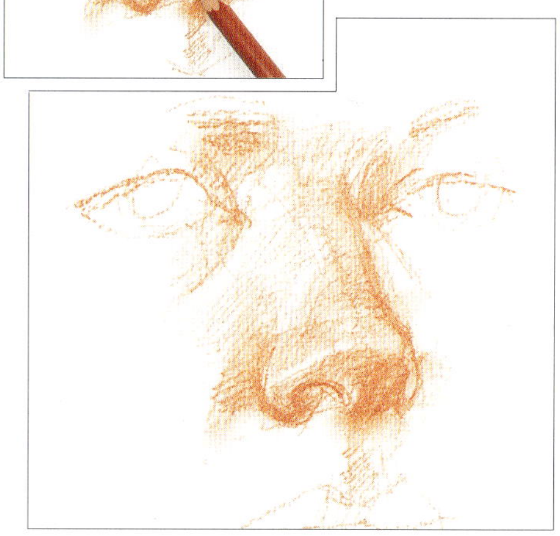

1 *Zeichnen Sie die Grundstruktur der Nase leicht vor – die Neigung der Nasenflügel vom Nasenrücken bis zu den Wangen und die Tränenkanäle, um die Lage der Augen anzudeuten und den Abstand zwischen Augen und Nasenspitze zu kennzeichnen. Skizzieren Sie die Unterseite der Nase als rhomboide Form.*

2 *Nachdem die allgemeine Struktur skizziert ist, betrachten Sie jetzt die besondere Form der zu porträtierenden Nase. Mit kräftigen Strichen habe ich hier die Stelle markiert, wo die Nase in die Stirn übergeht. Mit Schraffuren und Schattierungen wurden dann die Innen- und Außenformen der Nasenlöcher angedeutet.*

3 *Die Kreuzschraffuren und einfachen Schraffuren verstärken hier die Konturen der Nasenflügel zwischen Wange und Nasenrücken. Die Nasenscheidewand wurde an der Unterseite dunkler schattiert. Eine leichte Andeutung der Oberlippe sorgt für Ausgeglichenheit und Harmonie der Skizze.* Kleines Bild: *Lichter und Schattierungen verdeutlichen die Formen.*

Mund und Zähne

Der Mund ist der beweglichste und häufig auch der ausdrucksstärkste Teil des Gesichts und verlangt vom Porträtzeichner besondere Aufmerksamkeit, damit die feste Knochenstruktur von Kiefer und Zähnen und das darüber liegende (bewegliche) Fleisch genau erfasst werden können.

Die Lippenform wird am deutlichsten durch die beiden Zahnreihen beeinflusst, die von den Lippen bedeckt werden; vorstehende Zähne ergeben auch einen vorstehenden Mund. Achten Sie darauf, wie voll die Lippen sind. Die Stimmung des Modells hat darauf einigen Einfluss. So deutet ein verkniffener Mund mit schmalen Lippen darauf hin, dass die Person missgestimmt ist. Auch ein Schmollmund ist Zeichen einer Verstimmung. Die größten Unterschiede bestehen allerdings auf Grund von Rasse, Geschlecht und Alter. Die Unterlippe ist bei den meisten Menschen voller ausgebildet als die Oberlippe. Es gibt aber auch da Ausnahmen. Die Lippen liegen auf der gleichen Ebene wie die Stirn und laufen dann in das Innere des Mundes. Man sieht Lippen und Mund leicht vom übrigen Gesicht abgelöst, wie das Lächeln der Katze aus „Alice im Wunderland“. Die Lippen unterscheiden sich jedoch nur durch kleine Formveränderungen und dem Wechsel der Farbe zu Rosarot vom übrigen Gesicht. Auch die kleinste Veränderung in der Spannung der Muskeln um den Mund herum beeinflusst den Gesichtsausdruck, selbst dann, wenn der Mund geschlossen ist.

Die Anatomie des Mundes

Die Lippen sind eine Ausstülpung des inneren Mundes und liegen locker über den Zähnen bzw. dem Unterkiefer, dessen Form sie folgen. Beobachten Sie genau den Abstand zwischen Oberlippe und Nase und zwischen Unterlippe und Kinn.

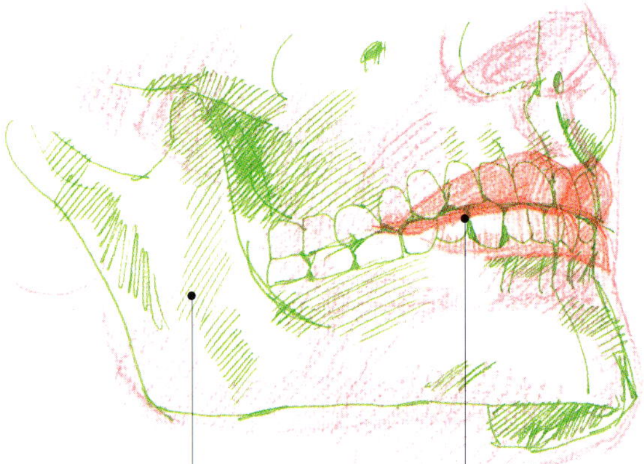

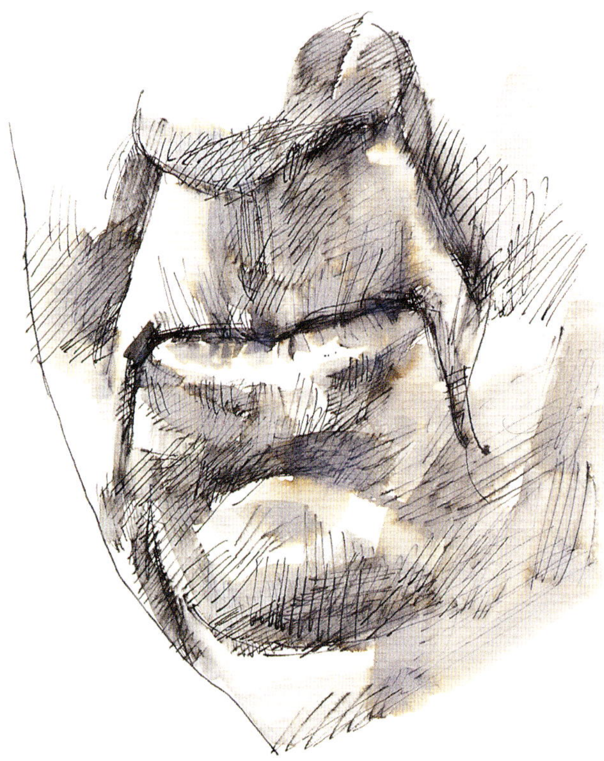

Älterer Mund

OBEN: *Mit zunehmendem Alter beeinflussen die umliegenden Gesichtszüge auch den Mund selbst. Dieser Mund hat eine dünne Oberlippe und eine vorstehende Unterlippe. Zusätzlich wird er durch tiefe Mundfalten und dicke, fleischige Wangenpartien betont.*

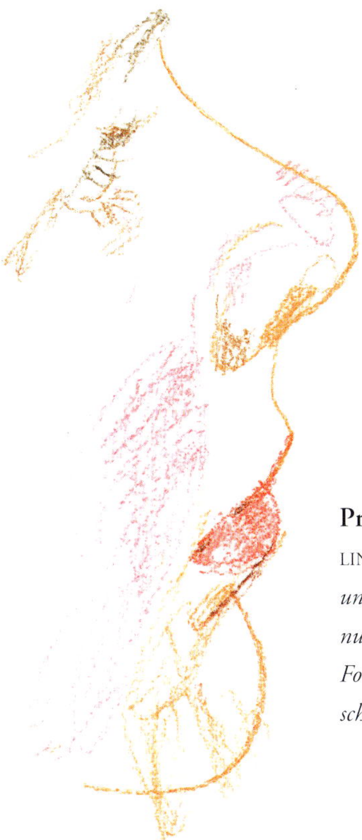

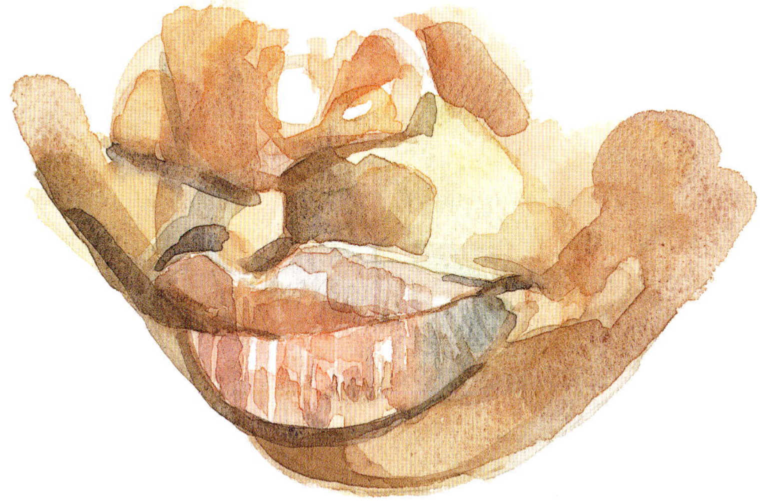

Profil

LINKS: *Von der Seite und leicht von unten gesehen ist die Oberlippe hier nur noch ein dünner Strich. Die Form unterhalb der Unterlippe schneidet tief in die Kinnpartie ein.*

Volle Lippen

OBEN: *Bei sehr volllippigen Mündern gibt es oft eine scharfe Grenzlinie an den Rändern von Ober- und Unterlippe. Ein Teil der Oberlippe verläuft hier sehr flach, beinahe konkav gewölbt.*

Praktische Übung: EINEN MUND ZEICHNEN

In dieser Übung kann man das Zeichnen von Lippen und Zähnen „im Ruhezustand" ausprobieren und sich auf die Beziehung zwischen beiden konzentrieren.

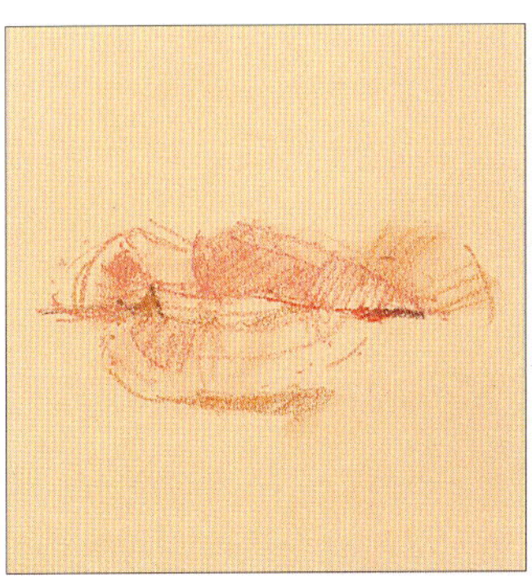

1 *Legen Sie die Form der Ober- und Unterlippe fest. Die Oberlippe besteht aus drei Teilen: dem „Amorbogen" und den beiden äußeren Teilen, die die Mundwinkel bilden. Die Zähne sind leicht angedeutet. Die Mundwinkel und die Wange auf der zugewandten Seite sind ebenfalls angedeutet.*

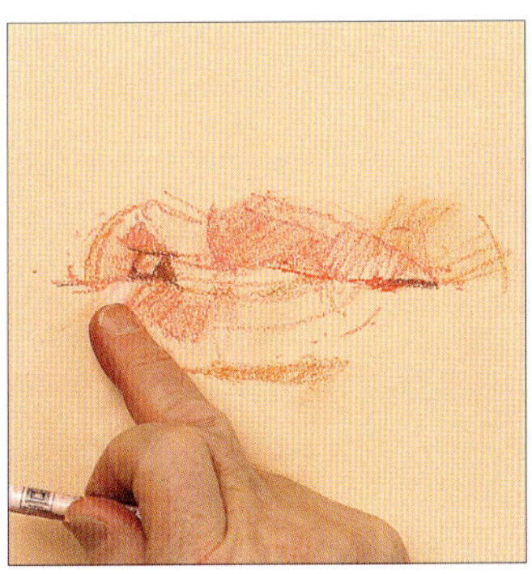

2 *Nachdem die Struktur erfasst worden ist, werden die Konturen und die Farben der Lippen, die niemals eintönig rosa sind, eingezeichnet. Mit sehr blassen Pastellfarben werden die hellsten Töne auf die Lippen aufgetragen.*

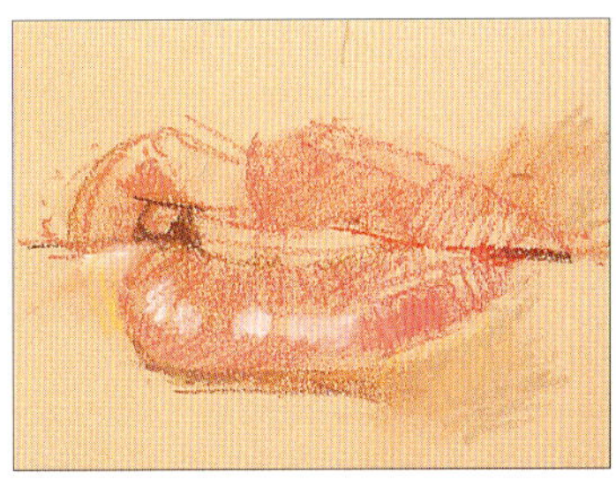

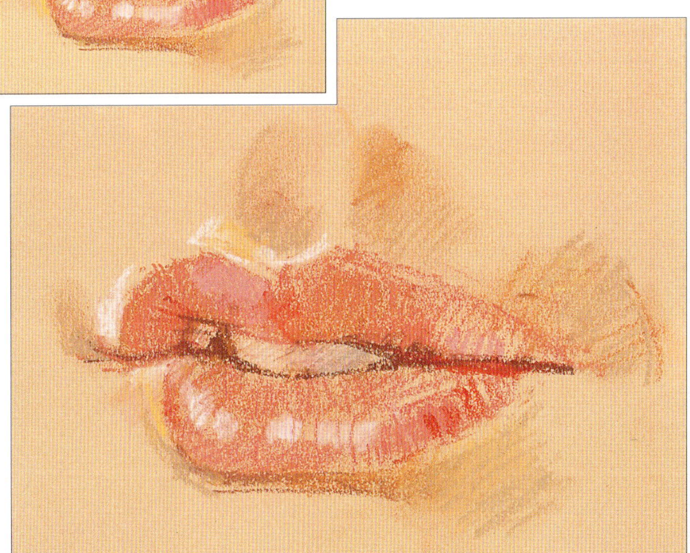

3 *Die Mundwinkel und das Innere des Mundes sind nie ganz schwarz. Hier habe ich ein intensives Rot verwendet und dann die Farbe der Zähne eingesetzt. Zum Abschluss werden die Hautpartien am Mund angedeutet.* Kleines Bild: *Der Glanz auf den Lippen wird durch ein helles Licht wiedergegeben.*

Das Ohr

Anfänger stehen beim Zeichnen des Ohres oft vor genau denselben Schwierigkeiten wie beim Zeichnen von Händen und Füßen. Nur zu gerne zeichnet man das Ohr als undefiniertes, kohlblattähnliches Etwas. In Wirklichkeit hat das Ohr eine sehr genaue Struktur, die bei jedem Menschen gleich ist.

Das Schema unten zeigt die wichtigsten Teile eines Ohres. Man muss diese Begriffe nicht auswendig lernen. Sie wurden nur genannt, damit Sie wissen, von welchen Teilen hier die Rede ist. Natürlich gibt es auch beim Ohr individuelle Unterschiede, die jedoch nur die Platzierung des Ohres am Kopf und die relative Größe der einzelnen Teile betreffen. Das Ohrläppchen kann zum Beispiel ziemlich lang oder auch sehr kurz sein.

Einige Ohren liegen flach an, andere stehen weit vom Kopf ab. Das Ohr befindet sich meist auf Höhe der Augen und der Nasenwurzel. Auch diese „Faustregel“ sollte immer durch die eigene Beobachtung bestätigt oder, wenn nötig, revidiert werden. Die Position der Ohren auf beiden Seiten des Kopfes ist in den meisten Fällen identisch. Aber auch hier gibt es Ausnahmen.

Die Anatomie des Ohres

Jedes Ohr hat einen äußeren Muschelrand, der von einem umgekrempelten Rahmen, der Ohrleiste (helix) stabilisiert wird, die von außen nach innen zur Muschelgrube (concha) führt. Ein knorpeliges Höckerchen, die Ecke (tragus), schützt die äußere Gehörgangsöffnung. Der Ecke steht, von einer kleinen Bucht getrennt, die Gegenecke (antitragus) gegenüber, ebenso wie der Ohrleiste die Gegenleiste (antihelix), die eine kleine dreieckige Grube (fossa triangularis) umschließt.

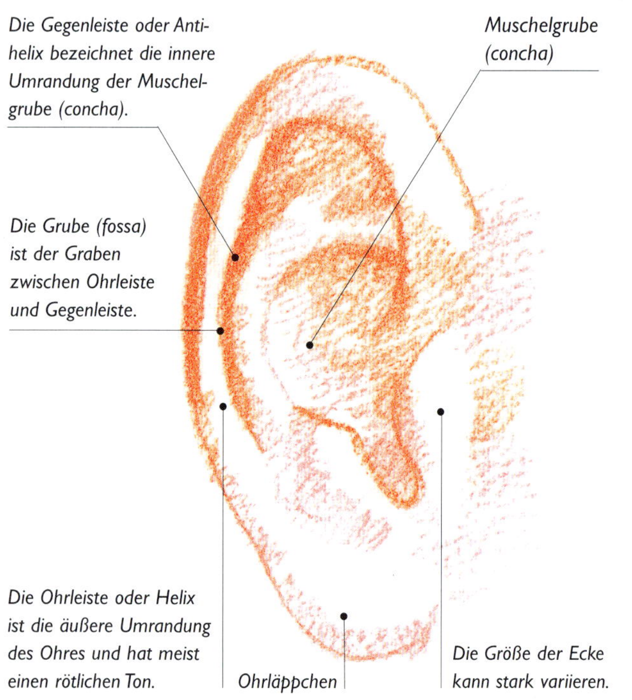

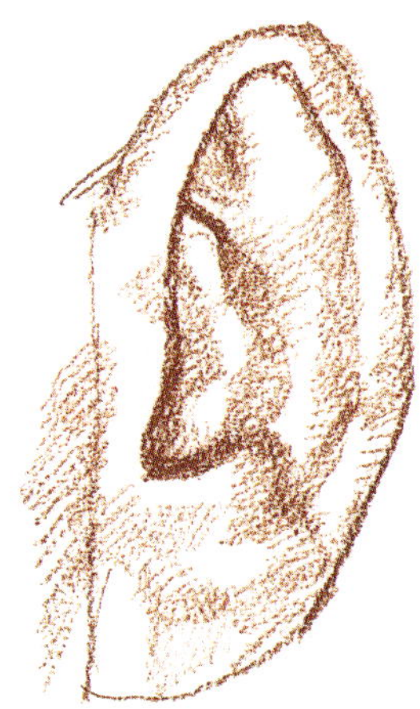

Flaches Ohr

LINKS: *Die Ecke (tragus) und der obere Bogen der Ohrleiste (helix) verbinden sich zu einer ungewöhnlichen fortlaufenden Form. Die Gegenleiste hat einen deutlich sichtbaren Rand zur Grube hin. Das ganze Ohr weist eine flache Form auf.*

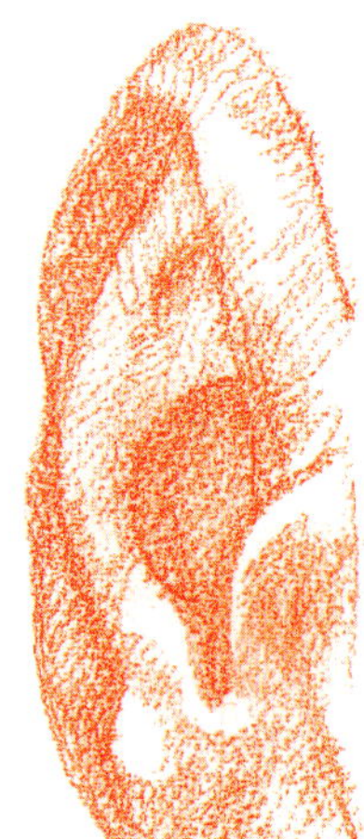

Hohe Ohrleiste

RECHTS: *Die Ohrleiste (helix) erhebt sich hinter der Ecke (tragus) und wölbt sich hoch auf. Das Ohrläppchen ist ziemlich groß.*

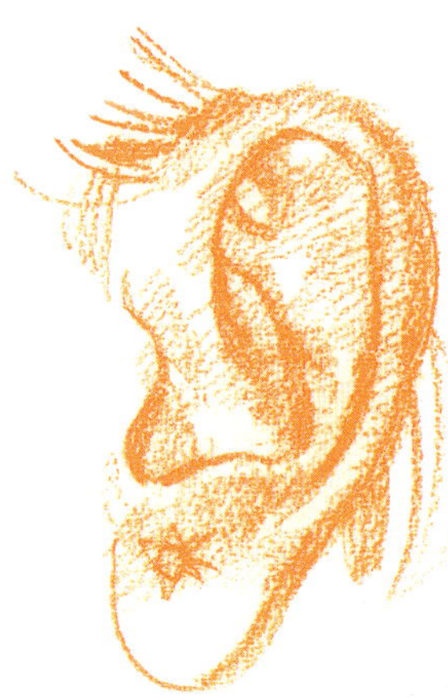

Großes Ohrläppchen

LINKS: *Die Ohrleiste erhebt sich aus dem Zentrum der Muschelgrube und verläuft im oberen Bogen ziemlich flach. Das Ohrläppchen hängt schwer und gerade herunter.*

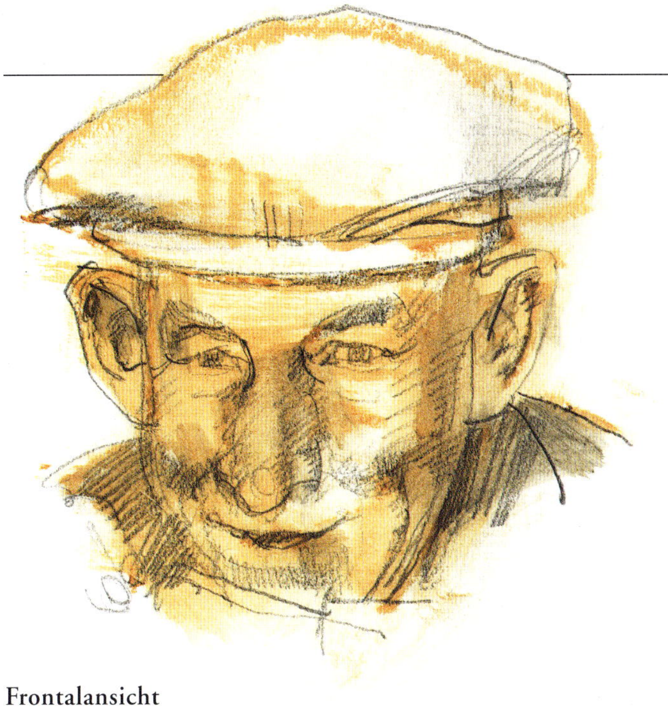

Frontalansicht

OBEN: *Die deutlichsten Unterschiede bestehen in der Größe und der Position der Ohren am Kopf. Weite abstehende Ohren sind markante Anhaltspunkte in einem Porträt, sollten aber nicht bis zur Karikatur übertrieben werden.*

Babyohren

UNTEN: *Auch bei dem runden Kopf eines Babys ist die Stellung der Ohren im Verhältnis zu den anderen Teilen des Gesichts und dem Kopf die gleiche wie bei einem Erwachsenen. Die Ohren von Kleinkindern sind meist klein und rundlich geformt.*

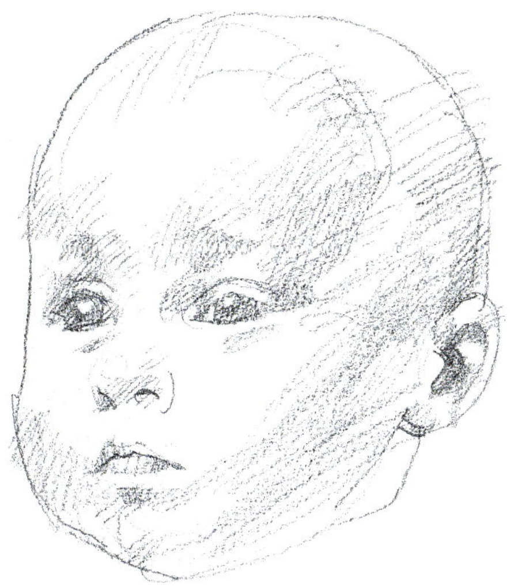

Praktische Übung: DAS OHR ZEICHNEN

Mit Farblavierungen lassen sich die verschiedenen Teile des Ohres in unterschiedlichen Tonwerten wiedergeben. Auf der gegenüberliegenden Seite sind die Fachbegriffe angegeben.

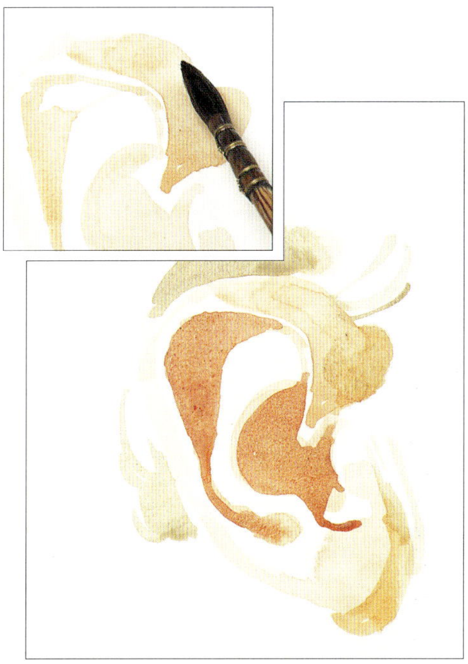

1 *Legen Sie die Position der Ecke (tragus) fest und skizzieren Sie dann die Ohrleiste (helix), die dreieckige Grube (fossa), die Gegenleiste (antihelix) und die Muschelgrube (concha). Dann werden die dunkleren Hauttöne und die kontrastierenden dunklen Schatten angelegt.* Kleines Bild: *Die erste Lavierung für die Ohrleiste sollte sehr hell sein.*

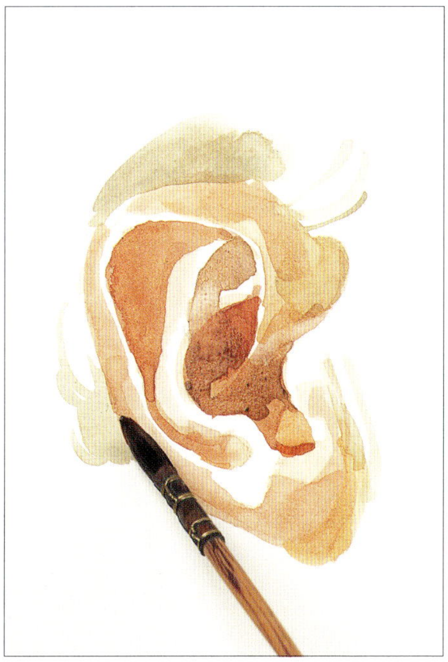

2 *Achten Sie auf die Details, die jedes Ohr einzigartig machen. Hier gibt es eine innere Grube in der Gegenleiste. Die Fläche, die in den Gehörgang führt, zeigt ziemlich kühle Töne. Dagegen erhält der äußere Rand der Ohrleiste einen sehr warmen Ton.*

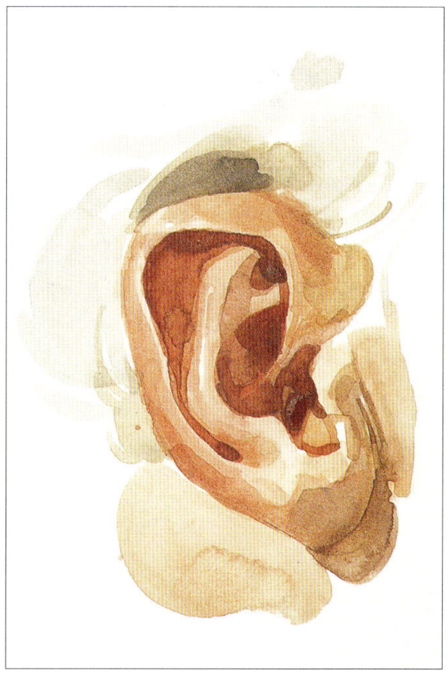

3 *Lichter auf dem Ohr sind zwar recht klein, können aber sehr stark strahlen. Durch Hinzufügung dunklerer Töne erscheinen die helleren Lavierungen als Lichter. Hier habe ich die kühleren Stellen rund um das Ohrläppchen und die Struktur der Muschelgrube verstärkt.*

Haarformen

Die Schädelformen und das Kopfhaar sind wie die einzelnen Gesichtsteile bei jedem Menschen unterschiedlich. Man sollte natürlich nicht jedes Haar auf dem Kopf zeichnen, sondern kann mehrere Strähnen zu deutlichen Formen zusammenfassen, so wie man etwa einzelne Blätter eines Baumes zu größeren Gruppen bündelt.

Beim Zeichnen ist es unerlässlich, dass man sich zunächst auf die Details konzentriert und sich dann wieder zurücklehnt und den Blick auf das Ganze richtet. Nachdem wir auf den vorhergehenden Seiten die einzelnen Teile des Gesichts behandelt haben, kehren wir nun zur Kopfform zurück und achten besonders auf das Haar.

Versuchen Sie zunächst die allgemeine Form und das Volumen des Kopfes zu erfassen und dann die Wuchsrichtung des Haares. Glattes, eng anliegendes Haar wirkt wie ein Helm, der wie angegossen auf dem Schädel sitzt, und sollte auch so gezeichnet werden. Dickes, lockiges Haar bereitet etwas größere Schwierigkeiten. Doch auch hier gilt die Regel: Versuchen Sie zu bündeln und gehen Sie wie ein Bildhauer an das Problem heran. Nur wenn Strähnen aus der Reihe tanzen, sollte man sie detailliert zeichnen. So gelingt es auch, die sonst uniforme Haarmasse an einigen Stellen zu betonen.

Haar als Struktur

Um sehr lockiges, vom Kopf abstehendes Haar wiederzugeben, muss man es als eine einheitliche Form betrachten, das neben dem Hinterkopf und dem Gesichtsfeld als separate Einheit existiert. Die Skizze unten links dient allein der Erforschung der Haarstruktur für die Zeichnung rechts und ist nicht als eine von vielen Schritt-für-Schritt-Übungen, wie sie in diesem Buch häufig vorkommen, zu verstehen.

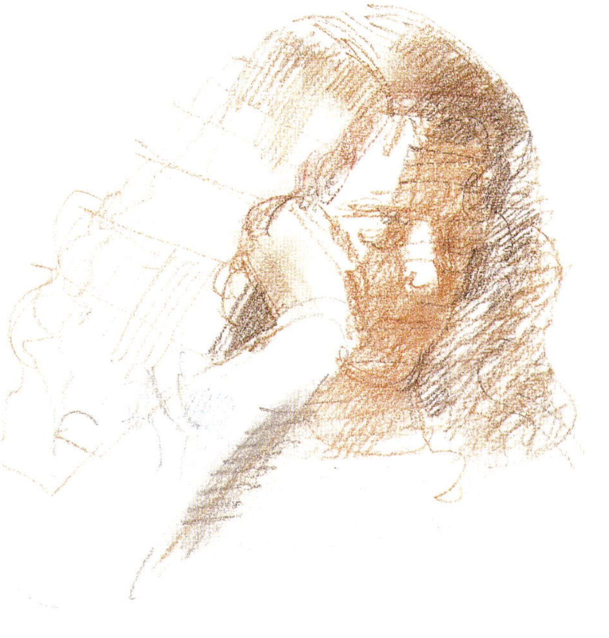

Studie des Haarvolumens

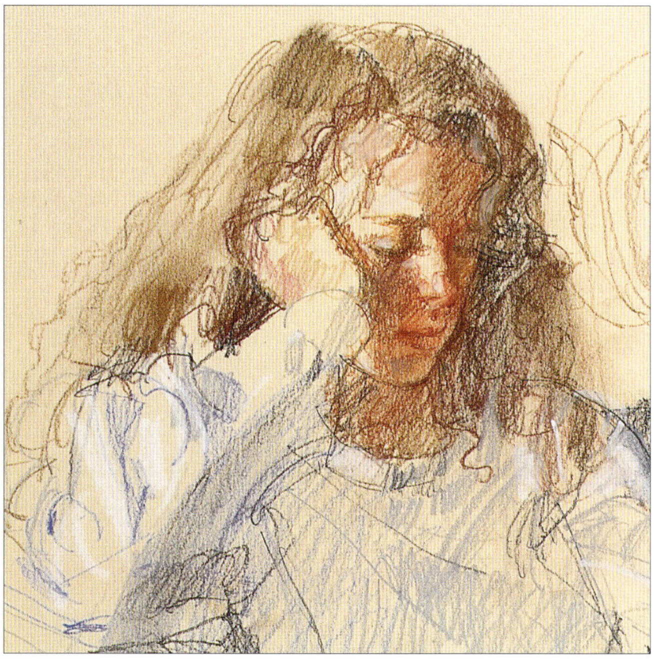

Fertige Porträtstudie

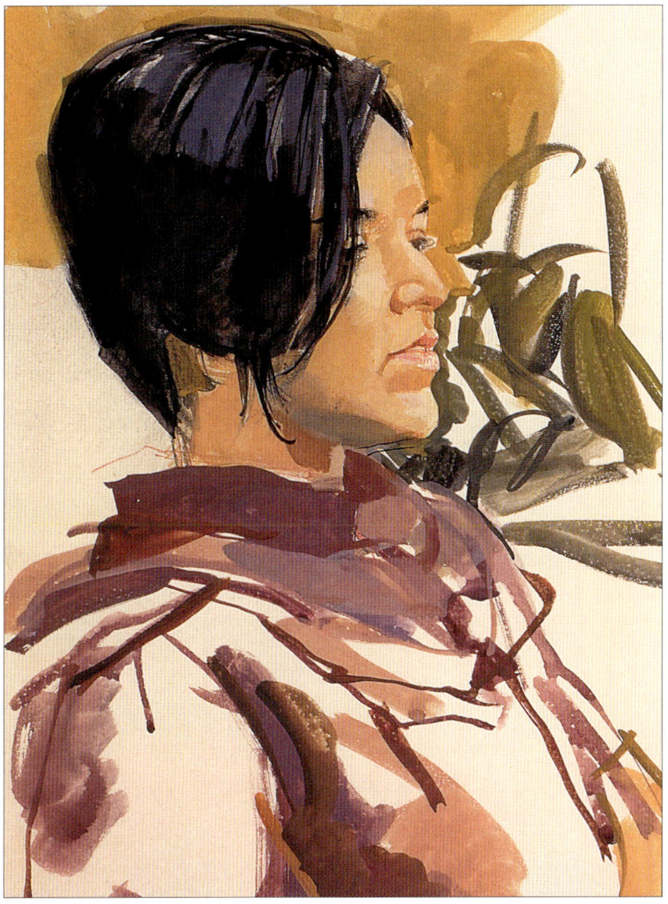

Den Konturen locker folgen

LINKS: *Das Haar liegt in diesem Bild wie eine Kappe eng am Kopf und folgt der Schädelform. Ein Teil des Haupthaares fällt ins Gesicht und verbirgt einen großen Teil davon.*

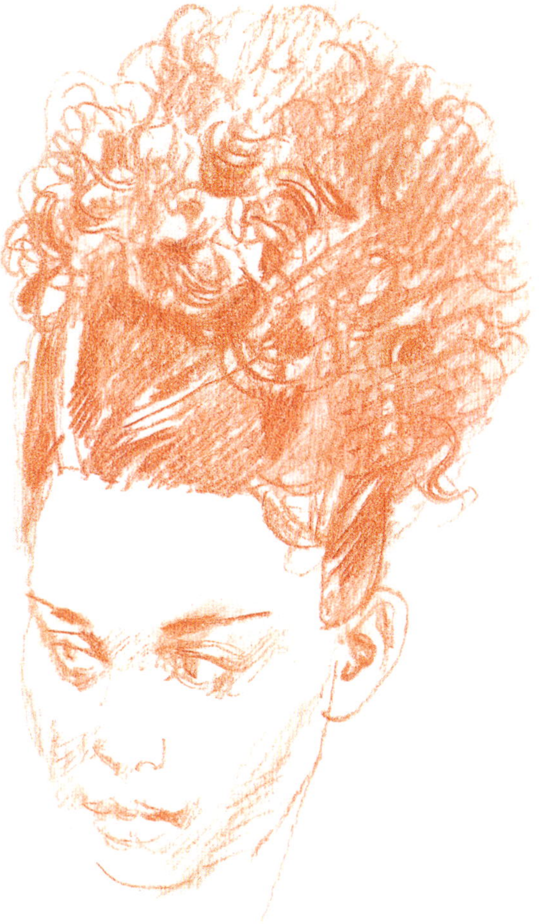

Dichtes Haar

OBEN: *Extreme Frisuren haben oft eine ganz eigene Form, die sich fast unabhängig von der Kopfform entwickeln kann. Man sollte zwar nie vergessen, dass jede Frisur Teil des Kopfes ist, kann aber doch einmal versuchen, eine ungewöhnliche Frisur als eigenständige Form aufzufassen und zu zeichnen.*

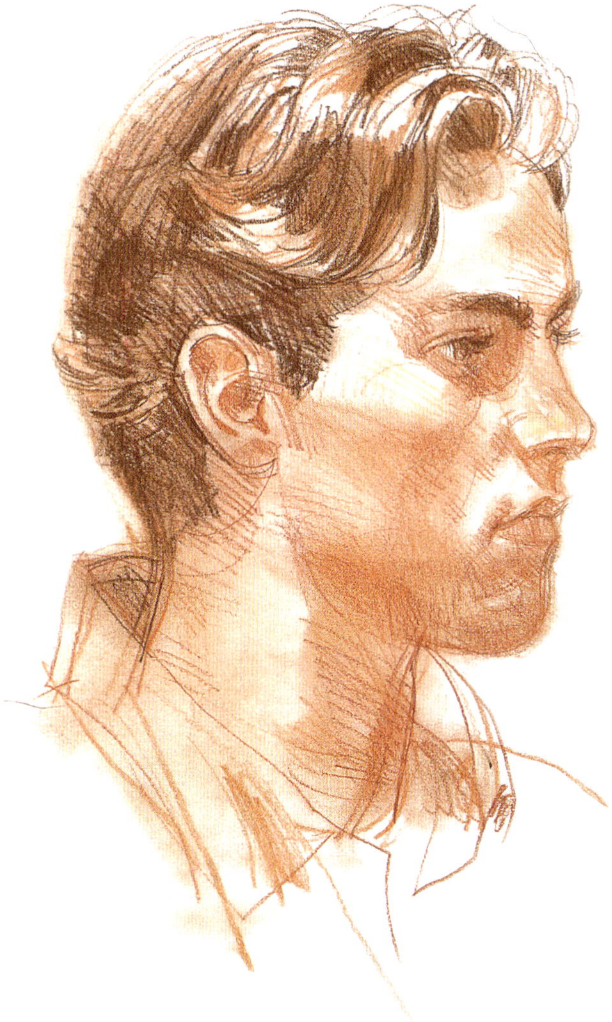

Eine Haarwelle erfassen

LINKS: *Manchmal entwickelt das Haar auch ein Eigenleben und folgt der Kopfform nur entfernt. Um eine solche Lockenpracht zu zeichnen, sollte man zunächst den Schatten unterhalb der Welle genau wiedergeben und dann beobachten, wie der Lichteinfall dem Auf und Ab der Haarwelle folgt und von hellem Glanz zu dunklem Schatten wechselt.*

Gesichtsbehaarung

Bärte, Schnurrbärte und Augenbrauen können meist genauso wie das Kopfhaar behandelt werden, d. h. als einheitliche Form und weniger als eine Masse einzelner Linien, die einzelne Haare darstellen sollen.

Es gibt natürlich Ausnahmefälle, zum Beispiel das stark vergrößerte Porträt, in dem die Gesichtsbehaarung mit einzelnen Linien dargestellt wird. Die Augenbrauen könnte man dann mit vielen kleinen Strichen wiedergeben. Wie zuvor bereits betont, existiert beim Malen und Zeichnen keine Regel, die nicht gebrochen werden darf. Wenn man auch beim kleineren Porträt jedes Haar zeichnen möchte, kann man dies tun, ist dann aber auch gezwungen, bei den anderen Teilen des Gesichts mit der gleichen Genauigkeit vorzugehen, was bedeuten könnte, dass man selbst die Poren im Gesicht wiedergeben muss. Die meisten von uns werden jedoch eher eine impressionistische Auffassung haben. Die dickeren Teile der Augenbrauen, Schnurrbärte usw. können mit einem kühnen Strich angelegt werden, die spärlicheren Teile mit einer helleren Farbe, die von einzelnen Linien durchzogen wird, um ein paar Details anzudeuten. Die rasierten Stellen im Gesicht eines dunkelhaarigen Mannes erscheinen übrigens eher blau oder grau, ähnlich wie kurze Bartstoppeln. Immer gilt es, genau zu beobachten und sich nicht auf Annahmen zu verlassen.

Augenbrauen

Augenbrauen werden meist nur als Linien oder Farbflecken wiedergegeben, die dem Brauenbogen des Schädels folgen. Sie können aber auch so dicht sein, dass sie eine eigenständige Form bilden. Die vielen Möglichkeiten der Wuchsrichtung der Brauen ist eine genaue Beobachtung wert. Die Beispiele unten zeigen die verschiedenen Darstellungsmöglichkeiten von Augenbrauen.

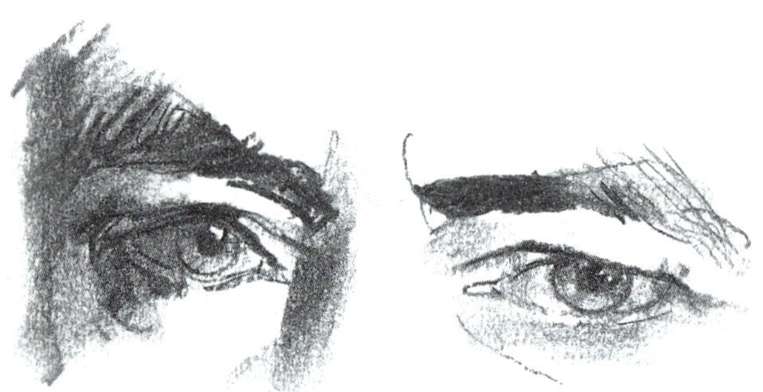

Feste Formen

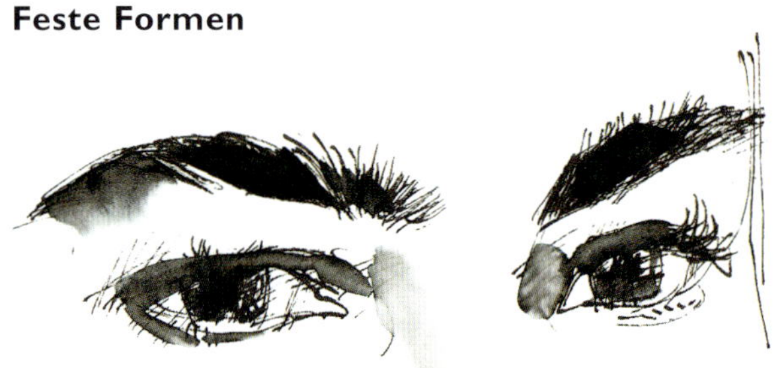

Einzelne Brauen

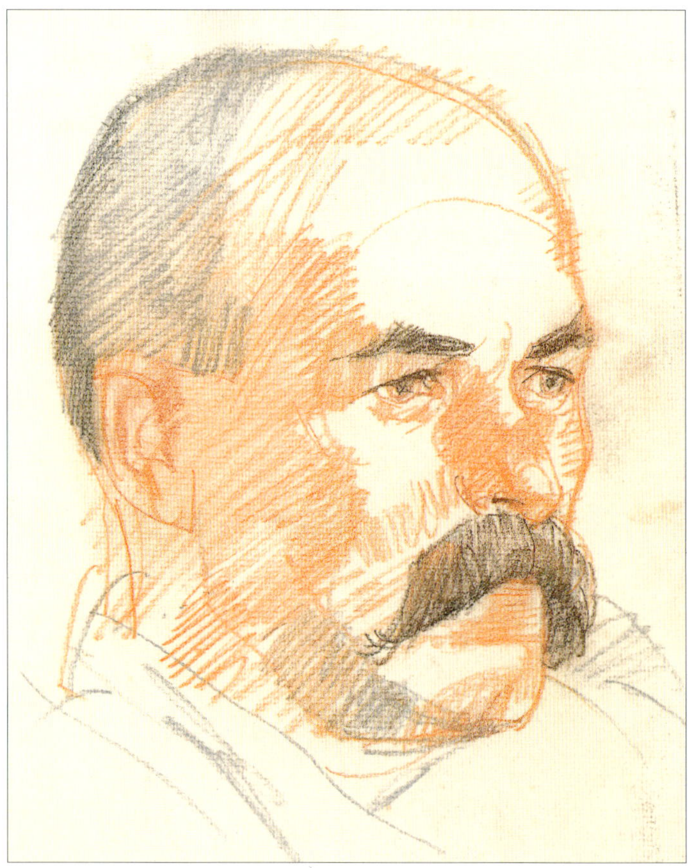

Tonwert und Form einsetzen

OBEN: *Sehr kurz geschorenes Haar oder eine Glatze wird durch Farbe oder Tonwert angedeutet. Der prächtige Schnurrbart wird dagegen genau gezeichnet, um seine eigenwillige Form herauszustellen.*

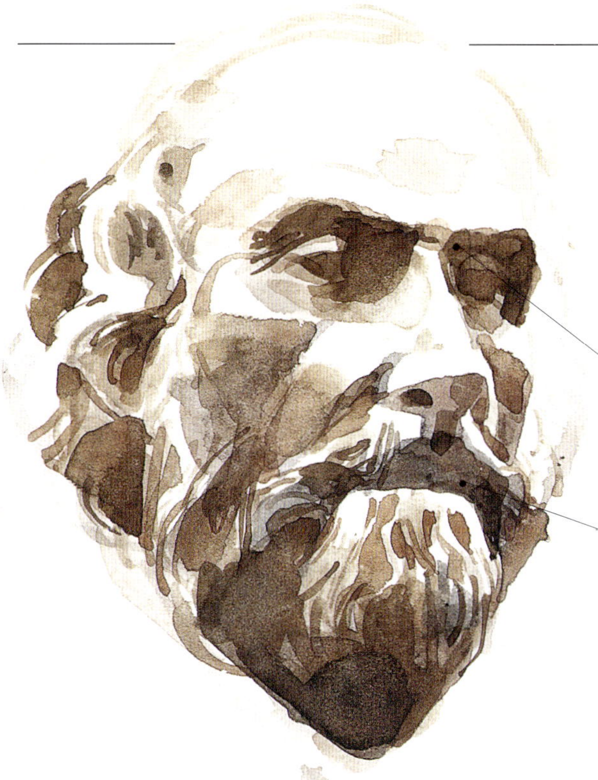

Licht einsetzen

LINKS: *Bei starker Beleuchtung von oben scheinen die Augenbrauen zu verschwinden, während Schnurrbart und Kinnbart fast plastisch wirken. Die massive Gesichtsbehaarung wurde wie die anderen Formen durch Licht und Schatten modelliert.*

Die scharfen Schlagschatten beginnen am Rand der Augenbrauen.

Der tiefe Schatten verbirgt die Form des Mundes.

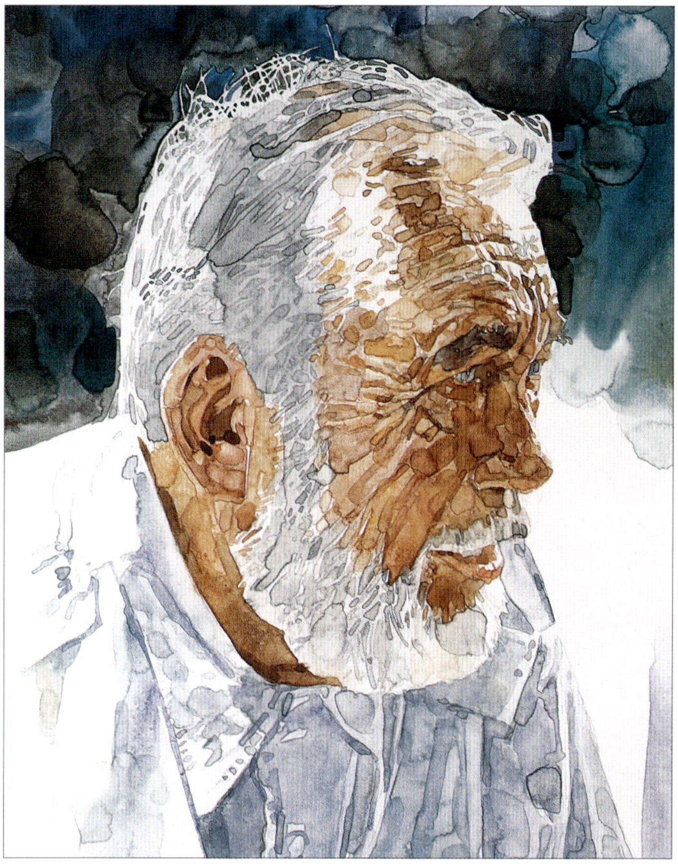

Farbe einsetzen

OBEN: *Weißes oder hellgraues Kopfhaar reflektiert das Licht anders als blondes, braunes, rotes oder schwarzes Haar. Der Kontrast zwischen den Lichtern und Reflexen auf dem weißen Haar, dem Hemd und der Jacke sowie dem gebräunten faltigen Gesicht gibt diesem Porträt Dynamik und Lebendigkeit.*

Bartstoppeln

UNTEN: *Sehr kurze Bartstoppeln (Dreitagebart) haben eigentlich keine deutliche Form und werden daher nur durch Helligkeitsunterschiede dargestellt.*

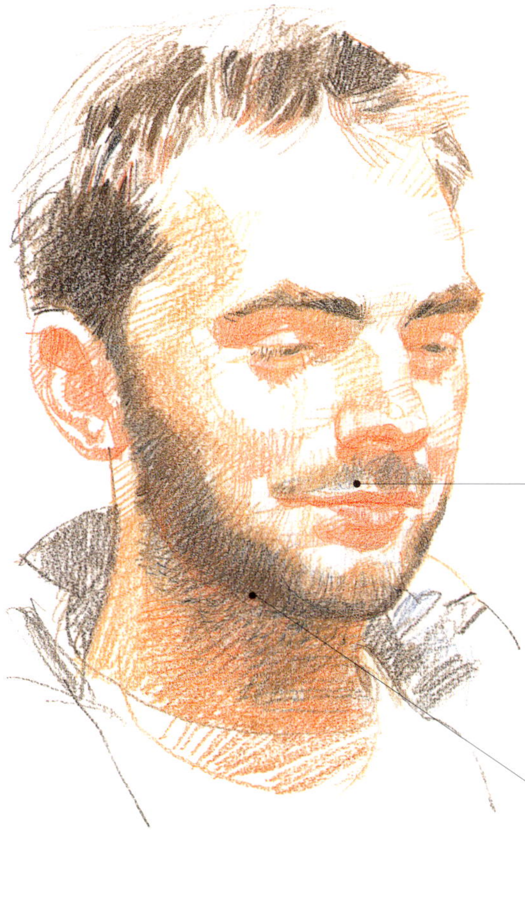

Die Gesichtsform ist unter den Stoppeln deutlich sichtbar.

An den Übergängen vom Unterkiefer zum Hals erscheinen die Stoppeln dunkler.

Komponieren

Auf den vorhergehenden Seiten haben wir uns hauptsächlich mit dem Zeichnen und Malen einzelner Teile des Kopfes beschäftigt, unter Berücksichtigung seiner Struktur und Anatomie. In dieser Übung lernen wir, wie alle Teile in einem vollständigen Porträt des Kopfes zusammengebracht werden. Bei der Arbeit am Porträt muss man immer wieder die richtige Position der Einzelteile überprüfen. Überarbeiten Sie Ihre Zeichnung so lange, bis alle Teile sinnvoll zusammenhängen, und denken Sie daran, dass es keine feste Regel gibt, die nicht ständig mit eigenen Augen überprüft werden müsste.

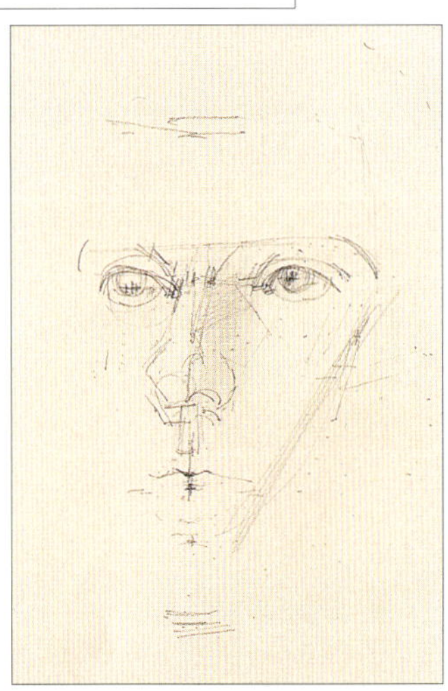

1 *Deuten Sie die wesentlichen Gesichtszüge leicht an, wobei Sie die Linie durch das Zentrum der Nase und die Linie entlang der Wangenknochen als Führungslinie benutzen.* Kleines Bild: *Legen Sie die Größe der Augen und den Abstand zwischen ihnen fest. Ich erkannte an diesem Punkt, dass ich die Länge der Nase übertrieben hatte. Infolge dieser Korrektur war ich auch gezwungen, die Lippen zu verändern.*

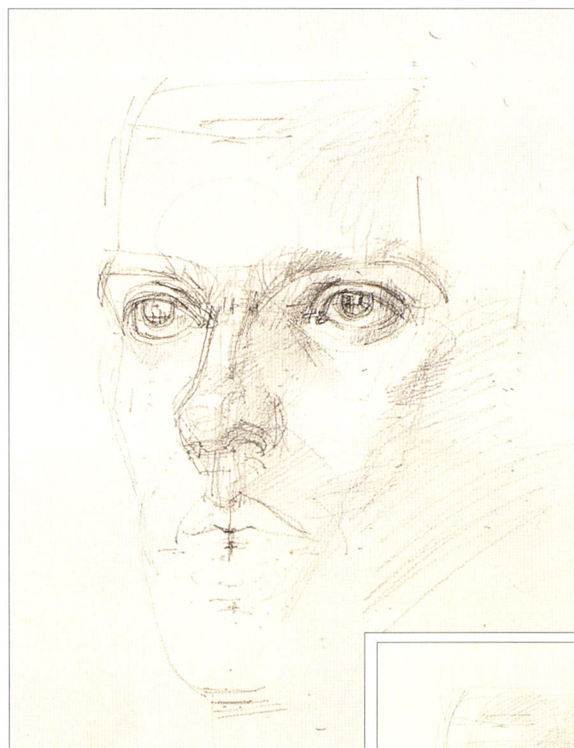

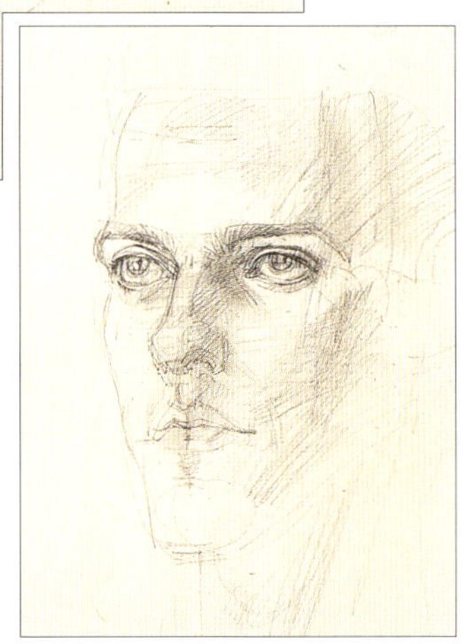

2 *Bearbeiten Sie die Vorderfront des Gesichts weiter und deuten Sie Stirn, Ohr und Nackenansatz an. Beachten Sie, dass der Umriss des Kopfes bisher noch nicht eingezeichnet worden ist. Wenn man die Kontur ganz zum Schluss zieht, muss man kaum noch korrigieren.* Kleines Bild: *Die Wangenpartien wurden leicht schattiert, um die Drehung des Kopfes anzudeuten.*

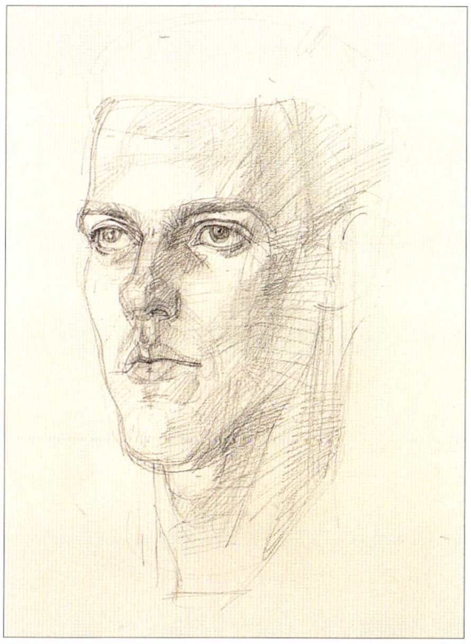

3 In dieser Phase habe ich die Augen noch ein wenig vergrößert und näher zusammengebracht. Nase, Mund und Kinn wurden detaillierter ausgearbeitet. Breite Schattierungen geben den Seiten des Kopfes Form.

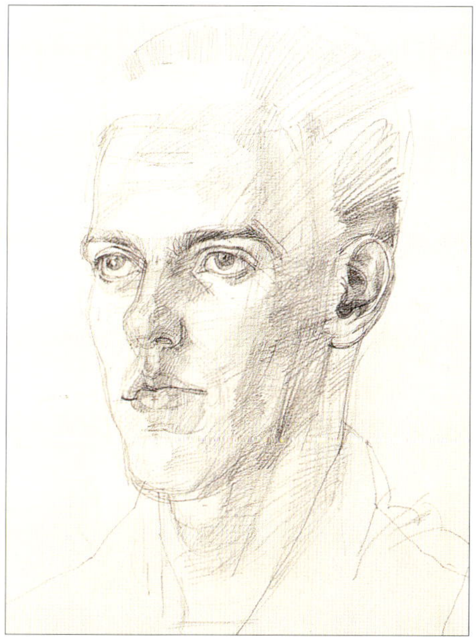

4 Die Position des Ohres muss auf die übrigen Teile des Gesichts abgestimmt sein, in diesem Fall vor allem auf Nasenwurzel und -spitze. Schulteransatz und Haare wurden ebenfalls angedeutet.

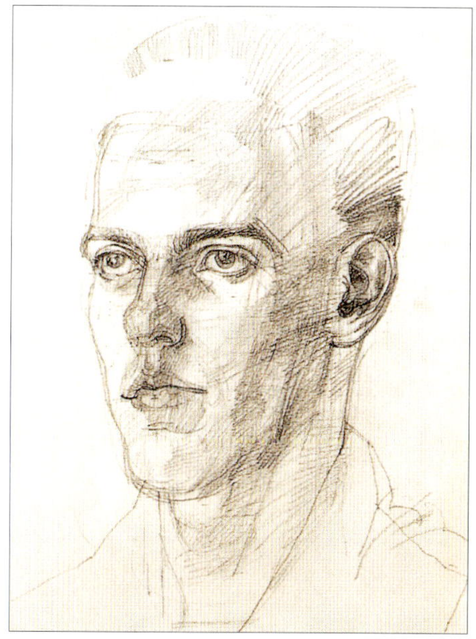

5 Wenn die Position des Ohres feststeht, wird es mit Tonwerten verstärkt. Um sie von den unteren Schattenpartien abzusetzen, wurden die Wangenknochen mit Kreuzschraffuren betont.

6 Das kurze Haar des Modells wurde mit kurzen Bleistiftstrichen und einigen Schraffuren wiedergegeben. Der Umriss von Kinn und Wangenpartien wurde eingezeichnet, ebenso Kragen und Brustansatz. Achten Sie darauf, wo Kragen und Hals aufeinander treffen. Wenn man den Kragen zu tief ansetzt, wird der Hals zu lang.

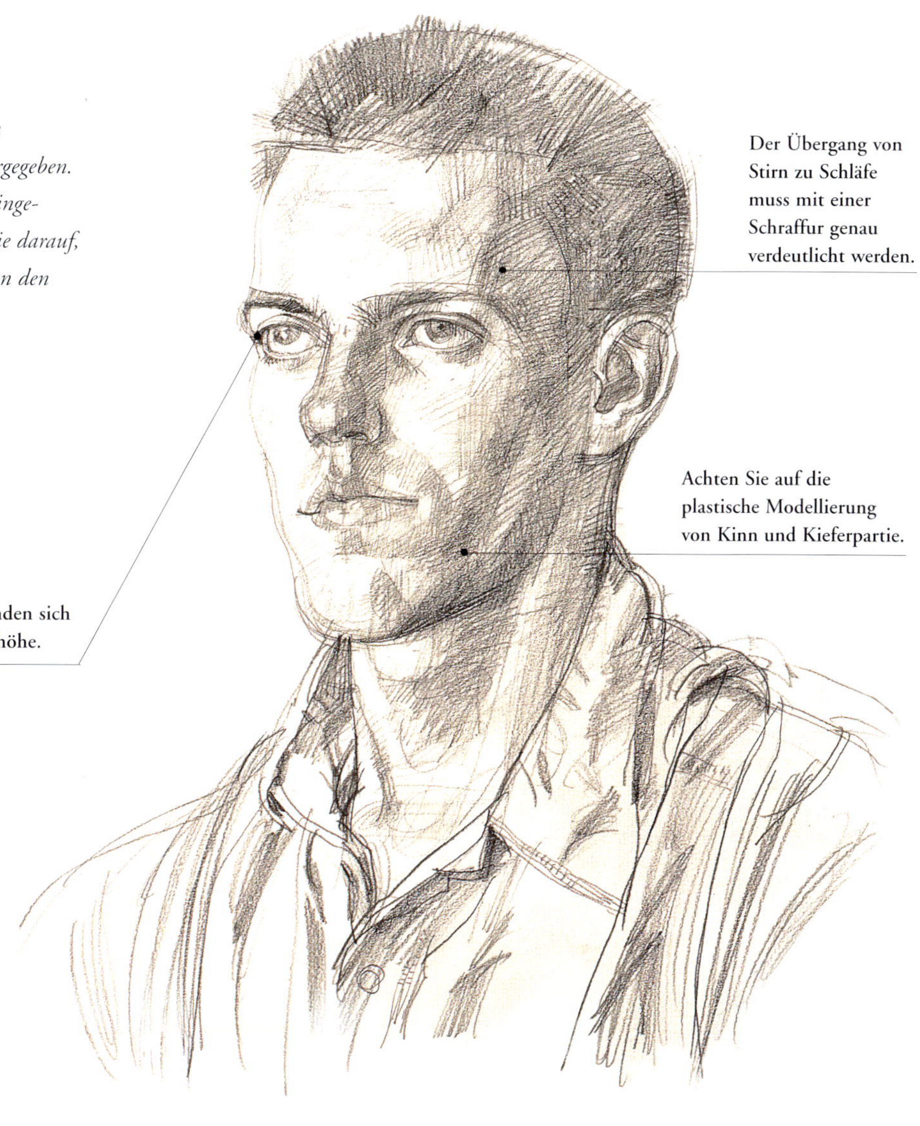

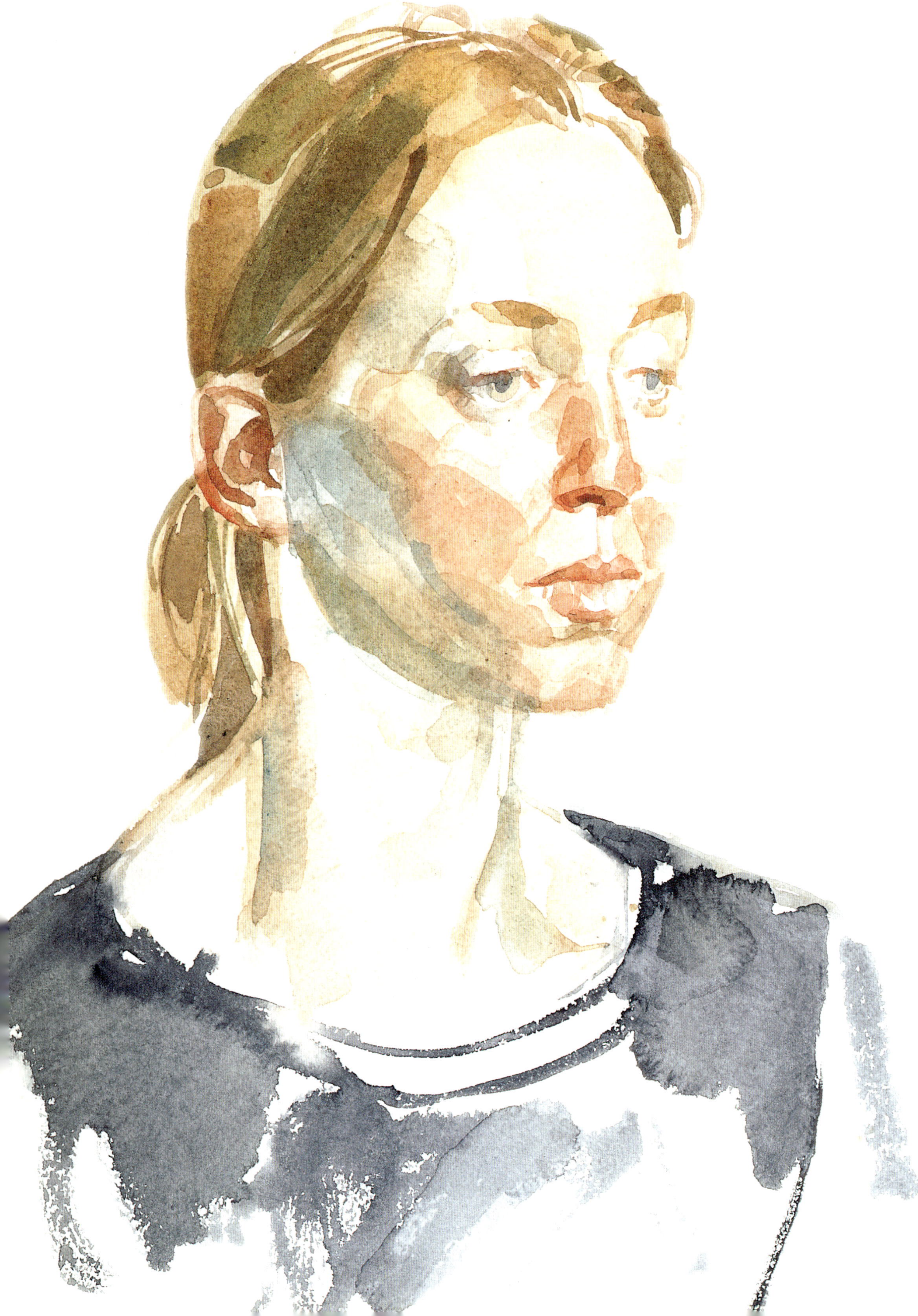

Haut- und Haarfarbe

Egal welcher Rasse ein Mensch zugehört, immer wird in den Haut- und Haarfarben eine große Vielfalt von Farbtönen und Schattierungen zu finden sein. Bei jedem Individuum entdeckt man zahlreiche Farbvariationen und Kontraste, von blauen Lichtern auf schwarzem Haar bis zu kühlen, grünlichen Schatten auf heller Haut und warmen, dunkelvioletten auf dunkler Haut. Die genaue Beobachtung und Wiedergabe der Farben ist wesentlich, um Ähnlichkeit im Porträt zu erreichen.

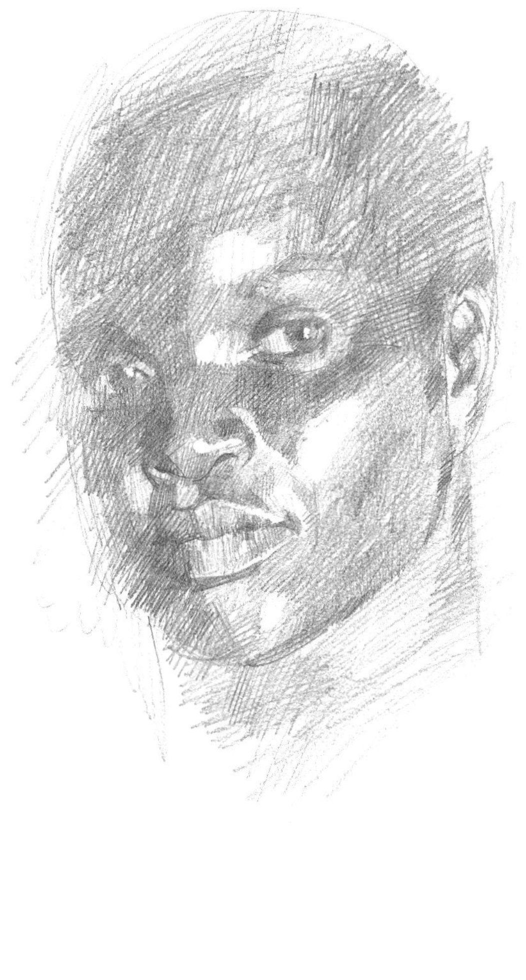

Farbe

Um in einer Zeichnung oder einem Gemälde die richtige Stimmung zu treffen, ist ein Verständnis der Farbgesetze unabdingbar. Beim Porträt finden Sie die richtigen Farben für Haut und Haar sowie die optimalen Schatten- und Lichtpartien nur durch genaue Beobachtung und durch ein präzises Wissen um die Einsatzmöglichkeiten von Farbe.

DAS FÜR UNS sichtbare Spektrum des Lichts zeigt an einem Ende Rot und geht über Orange, Gelb, Grün und Blau zu Violett auf der anderen Seite über. Die Farben zwischen Rot und Gelb bezeichnen wir als „warm", die von Grün zu Violett als „kalt". Die Kategorisierung in warme und kalte Farben ist jedoch etwas willkürlich. Wenn man in der Natur Gegenstände betrachtet, die rot oder orange sind, wirken diese nicht unbedingt wärmer als andere mit grüner oder blauer Färbung.

Die Lokalfarbe jedes Gegenstandes wird natürlich von der Intensität und Farbe des einfallenden Lichts beeinflusst. Schattige Flächen erhalten lediglich reflektiertes Licht und sind daher im Farbwert kühler. Direkt im Licht liegende Flächen wirken dagegen warm. Allerdings kann dies in Ausnahmefällen auch genau umgekehrt sein. Deshalb ist es besonders wichtig, Temperaturunterschiede genau zu beobachten und sie einzusetzen, um Licht und Schatten zu definieren und die Farbgebung spannend zu gestalten.

Beim Anlegen der Farben auf der Palette sollte man nach einem System vorgehen, damit man die jeweilige Farbe bei Bedarf rasch wieder findet. Auf meiner hier gezeigten Palette werden die Farben, ausgehend vom Weiß in der Mitte, zur einen Seite hin zunehmend wärmer, zur anderen kälter. So lassen sich Mischungen mit kalten Farben gut von den Mischungen mit warmen Farbtönen auseinander halten. Die Farben, die eng beieinander liegen, lassen sich harmonisch mischen, während diejenigen, die ein Grau ergeben würden, weit auseinander liegen.

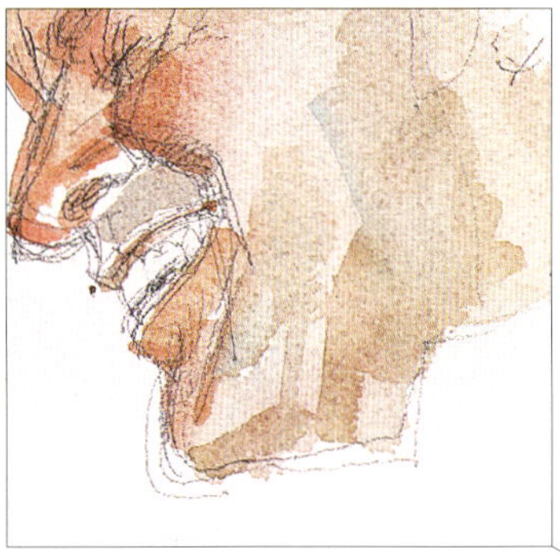

Kühle Farbtöne
Kinn und Kieferpartien sind hier blau getönt, obwohl sie ziemlich hell wirken. Solche Farbtöne werden erreicht, indem man entweder Weiß beimischt oder das weiße Papier durchscheinen lässt.

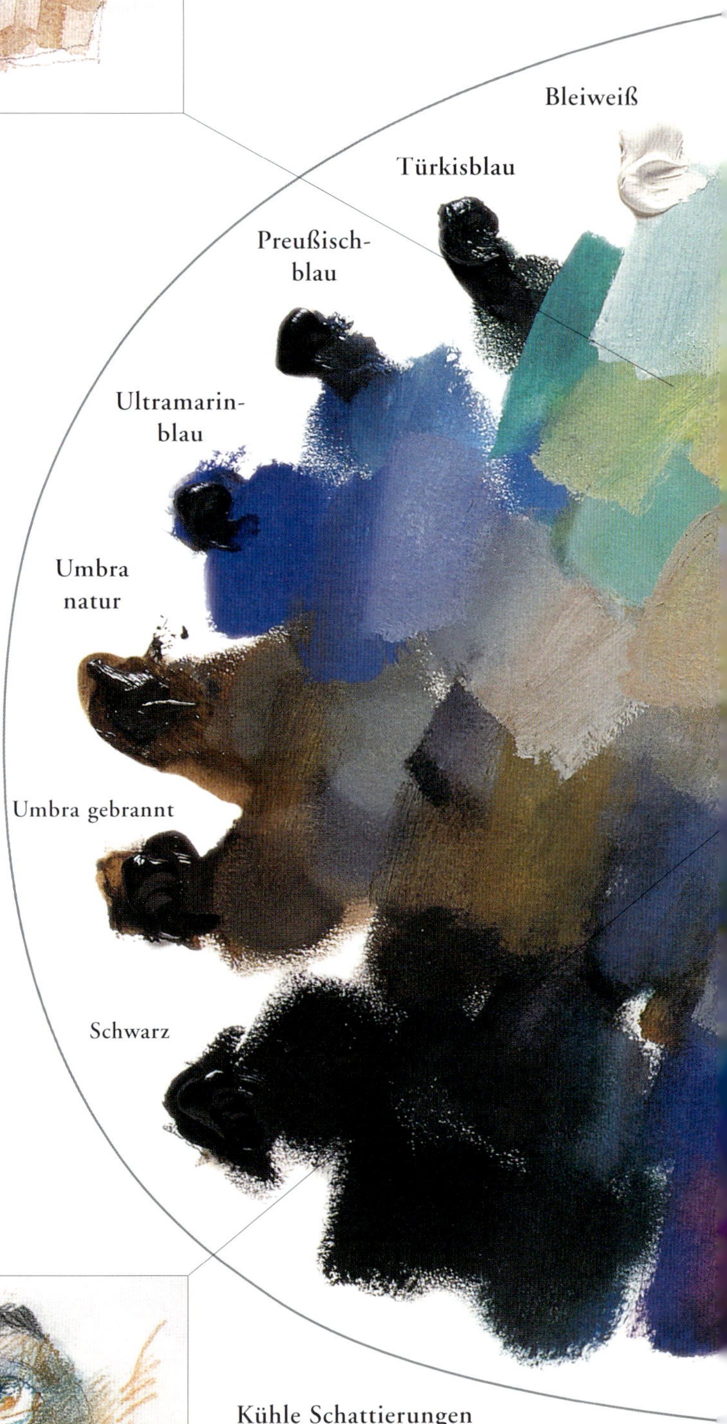

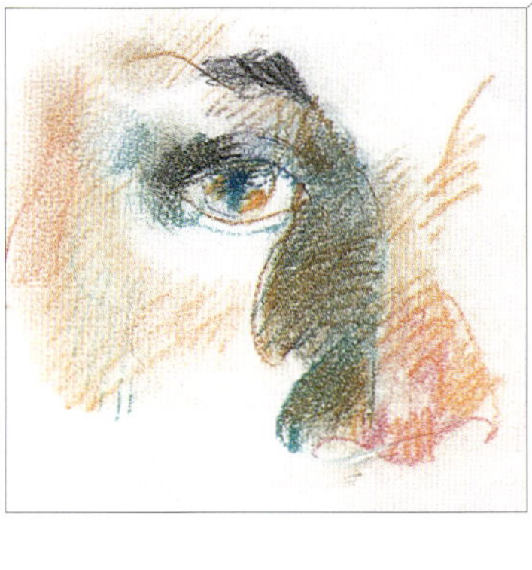

Kühle Schattierungen
Der Schatten auf dem Nasenflügel ist nicht nur dunkler im Tonwert als der Nasenrücken, sondern auch kühler. Er wird aus den kühlen Farben am Ende der Palette ohne Weiß ausgemischt.

Warme Farbtöne

Diese Farbtöne wurden für die hellen Teile des Ohres mit Weiß ausgemischt. Die Farbtemperatur der schattigen Partien kann als warm, ja sogar „heiß", charakterisiert werden.

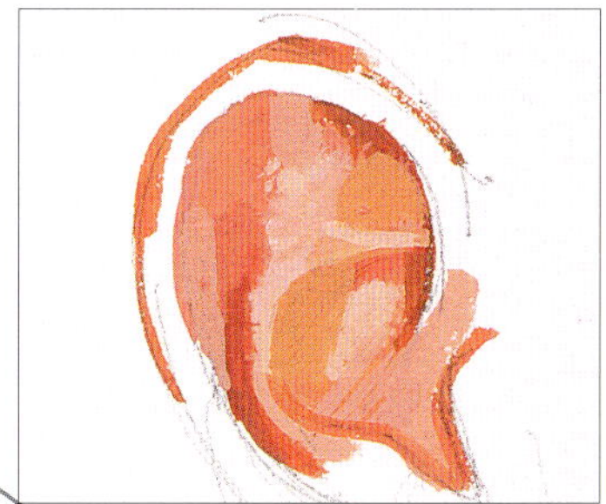

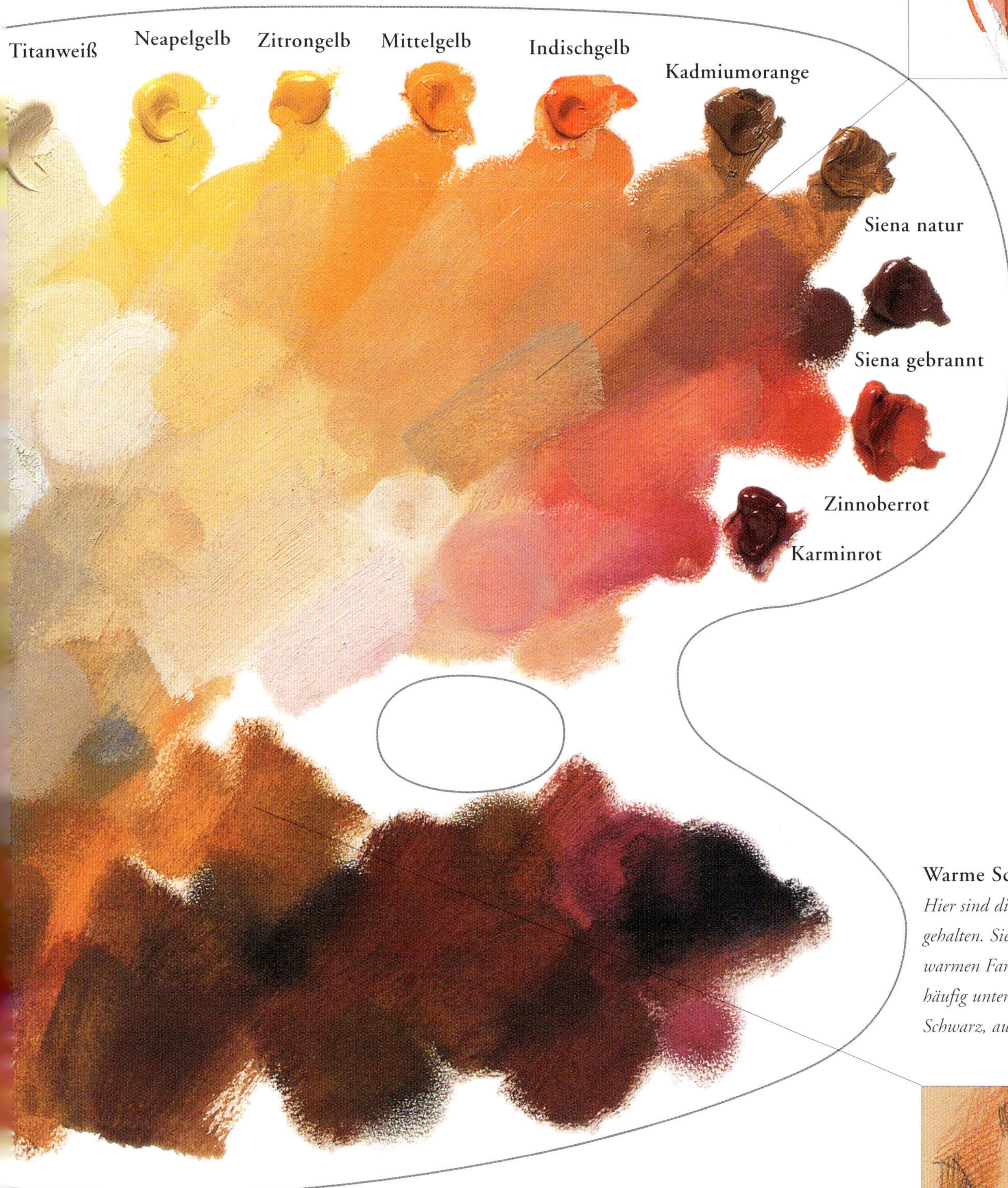

Warme Schattierungen

Hier sind die Schatten warm gehalten. Sie werden aus den warmen Farben ohne Weiß, häufig unter Beigabe von viel Schwarz, ausgemischt.

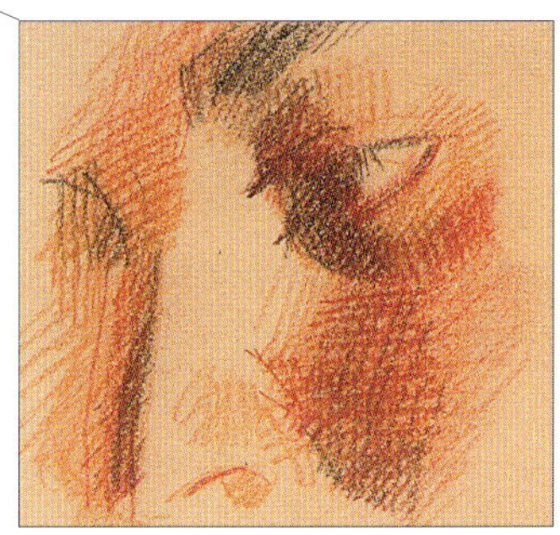

Warme und kühle Hauttöne

Gesichts- oder Körperteile, die gut durchblutet sind, erscheinen rötlicher und sind deshalb schon im physischen Sinne wärmer. Dagegen wirken die weniger gut durchbluteten Körperteile bläulicher. So werden ja zum Beispiel Hände als „blau vor Kälte“ beschrieben.

FARBNUANCIERUNGEN AUF GRUND unterschiedlicher Blutverteilung sind besonders gut bei Menschen mit heller, durchscheinender Haut zu beobachten. Wählen Sie dazu ein Modell mit blondem oder rötlichem Haar und blauen Augen. Die Röte der Wangen ist kaum zu übersehen. Aber die bläulichen oder grünlichen Töne der kühlen Partien sind sehr viel feiner und fast schon eine Sache der Vorstellungskraft oder abhängig von der persönlichen Interpretation.

Solche Farbnuancen gehen auf Fotografien oft verloren, vor allem in den schattigen Teilen. Bei einem Modell lassen sie sich jedoch bei genauer Beobachtung auch in den Schatten durchaus erkennen. Sobald man nur den kleinsten Farbunterschied erkannt hat, darf man ihn ruhig übertreiben. In Filmen sieht man oft leuchtende Schattenzonen in Blau-, Grün-, Orange- oder Purpurtönen. Unsere Wahrnehmung akzeptiert das, weil die hellen Flächen, wie erwartet, „fleischfarben“ aussehen.

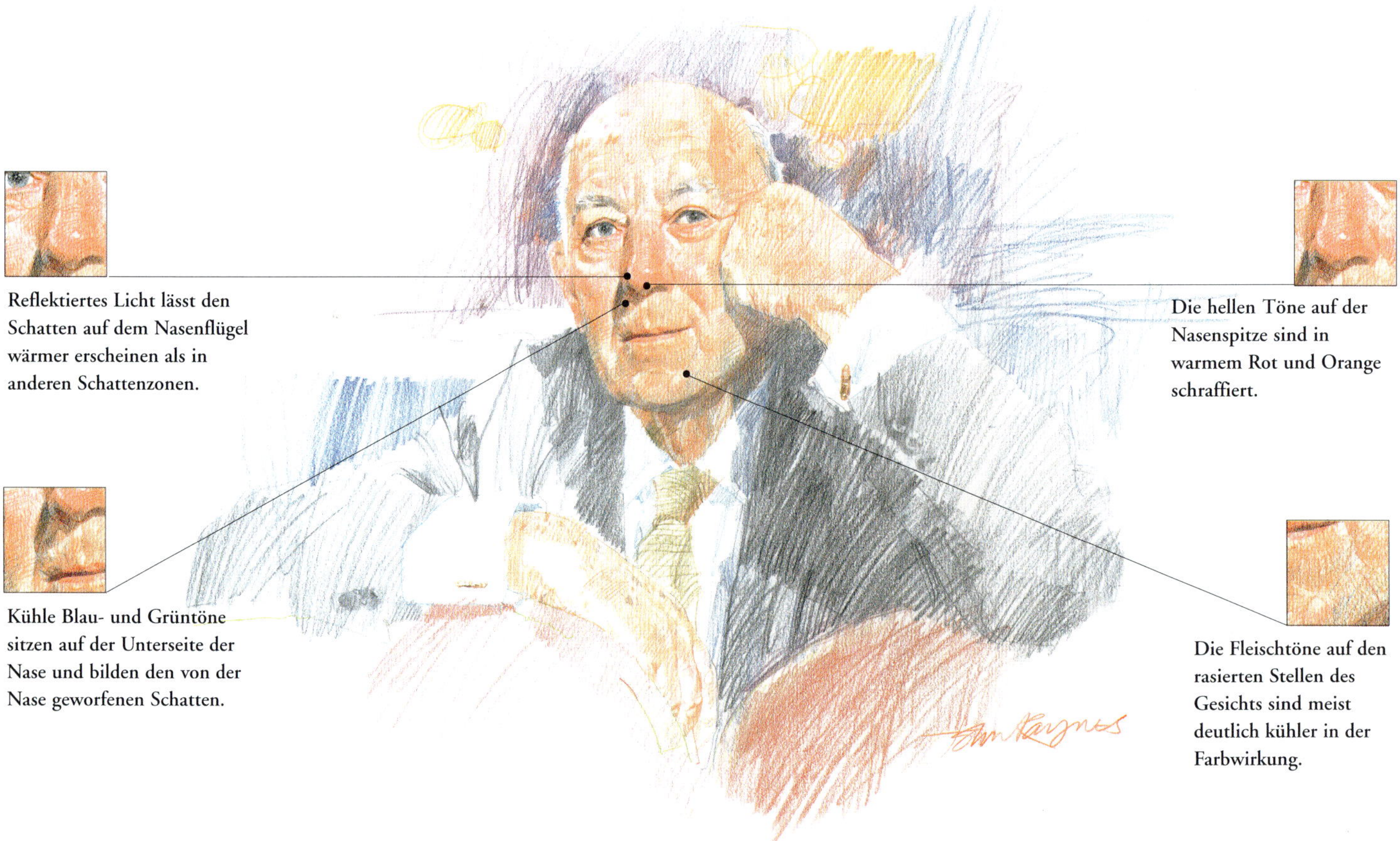

Warme Lippen und Nase

OBEN: *Diese Zeichnung wurde mit Wachsstiften gemacht. Neben dem Hintergrund mit seinem Zusammenspiel aus roten und blauen Tönen zeigen auch die Schraffuren im Gesicht sowohl in den hellen wie auch in den schattigen Stellen Unterschiede in der Farbtemperatur.*

Praktische Übung: WARME UND KÜHLE HAUT

Wenn Sie eine Studie von Hauttönen anfertigen möchten, sollten Sie darauf achten, dass das auf das Modell fallende Licht genau eingestellt wird. Hier fällt das Licht vor allem auf die Stirn und die abgewandte Seite des Gesichts.

1 Mit einer stark verdünnten Lavierung in kühlen Farben werden die dem Betrachter zugewandten Teile des Gesichts angelegt, die Schläfenpartie und die Augenrundung. Nase und Wangen erhalten eine ähnliche Lavierung, diesmal mit wärmeren Farben. Die gelbliche Stirn steht als neutrale Fläche dazwischen.

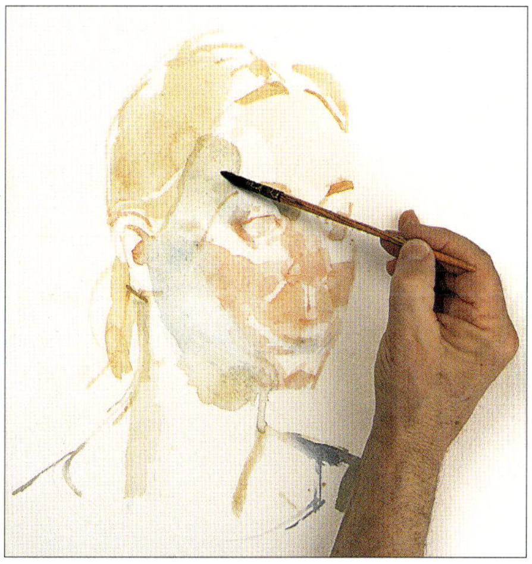

2 Etwas intensivere, aber immer noch helle Lavierungen geben einen Eindruck von den Gesichtszügen und legen auch die Hauttöne fest. Das Ohr ist sehr warm, die Augenbrauen sind kühl. Die kühlen Lavierungen des Kieferbogens gehen in das Grüngelb des Halses über.

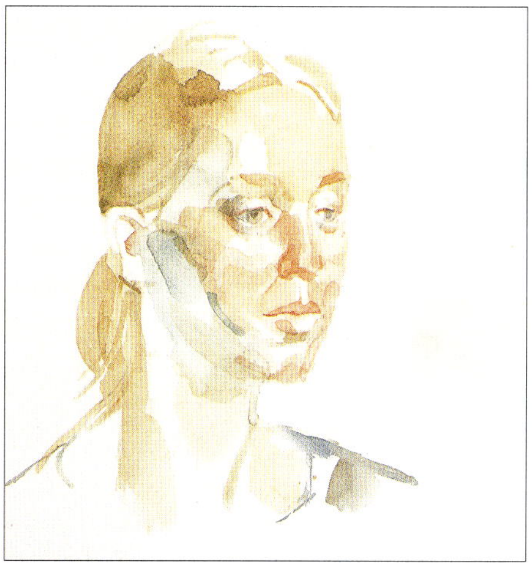

3 Deuten Sie Mund und Pupillen der Augen nur leicht an, um sie später noch korrigieren zu können. Dann verstärken Sie die Lavierungen und legen warme über kalte und umgekehrt. Offene Stellen weißen Papiers deuten Lichter an.

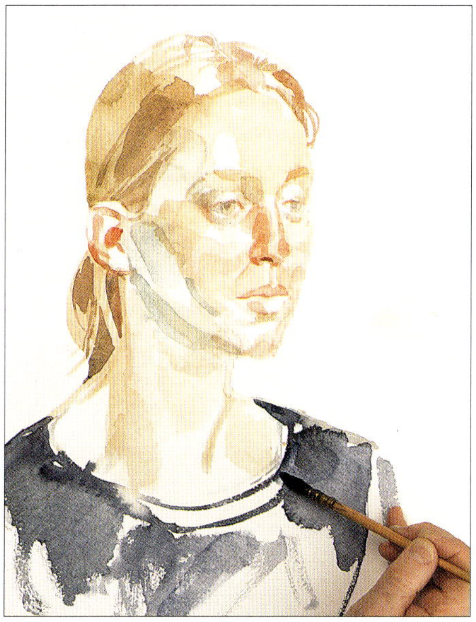

4 Nachdem die Gesichtszüge festgelegt sind, werden noch einmal die Farben in den hellen Teilen in Augenschein genommen. Für die Nasenlöcher nimmt man statt Schwarz am besten eine intensive warme Farbe. Unterschiede in der Farbtemperatur können sehr schwach sein. Es ist jedoch legitim, zarte Farbtöne zu übertreiben.

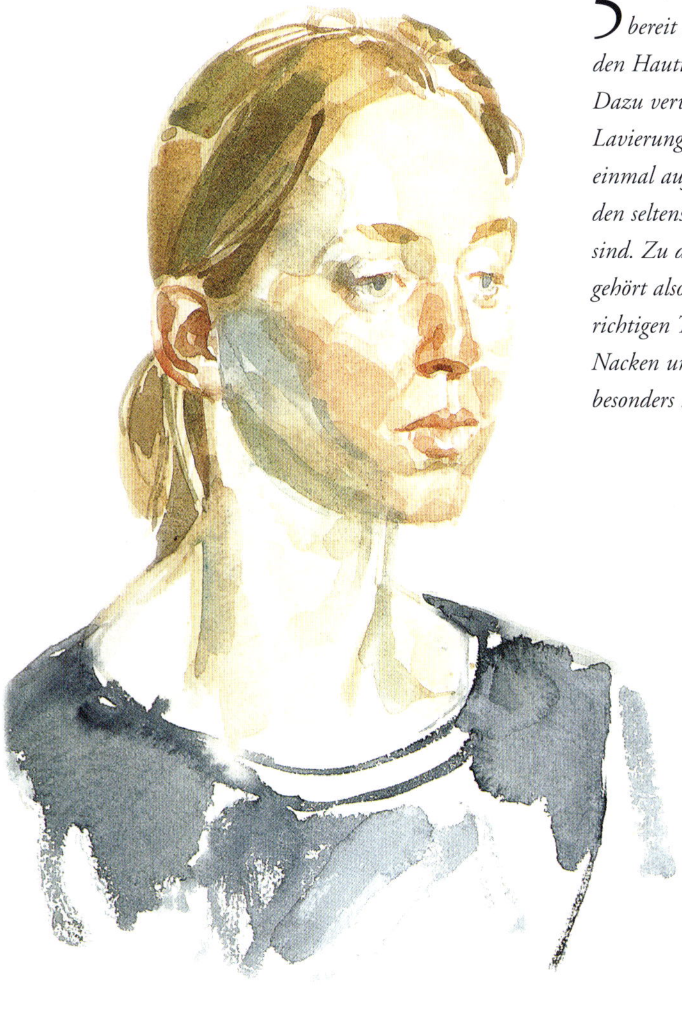

5 Bis zum Schluss sollte man bereit sein, Veränderungen in den Hauttönen vorzunehmen. Dazu verwendet man transparente Lavierungen. Achten Sie noch einmal auf die Lichter, die nur in den seltensten Fällen ganz weiß sind. Zu den letzten Schritten gehört also das Suchen nach den richtigen Tönen für solche Lichter. Nacken und Hals sind hier besonders kühl.

Gebräunte Haut

Obwohl sich bei dunkelhäutigen Menschen oder bei Personen mit gebräuntem Teint Farbvariationen weniger stark abheben als bei hellhäutigen Menschen, erfordert die Wiedergabe dieser Farbtöne eine genauso subtile und sorgfältige Beobachtung. Es gibt auch bei brauner Haut sehr viele verschiedene Farbtöne zu entdecken.

DIE VERÄNDERUNGEN DER Lokalfarbe, die bei transparenter, heller Haut so deutlich zu sehen sind, sind auf dunklerer Haut schwerer zu entdecken. Helle Haut wird unter Sonneneinwirkung dunkler (außer bei Albinos). Diese Bräunung wird oft von Flecken und Rötungen, vor allem an Stellen wie Nase und Stirn, begleitet.

Die Haut südländischer Menschen ist jedoch immer dunkler pigmentiert und daher gleichmäßiger gefärbt. Der Farbton ist meist wärmer, aber nicht fleckig. Im Winter oder in einer kühlen Klimazone, wenn diese Haut heller ist als sonst, erscheint sie etwas gelblich oder blassgelb im Licht und daher generell kühler, jedoch nie so blauweiß und rosafarben wie eine helle Haut.

Eine ähnliche Reihe von einigen wenigen warmen Farben findet man bei asiatischer Haut. Die Farbgebung wirkt hier leicht etwas wenig abwechslungsreich. Schauen Sie sich aber daraufhin einmal Paul Gauguins Bilder von polynesischen Menschen an und Sie werden sehen, dass es auch bei der Wiedergabe dieser Farbtöne genügend Spielraum für Kreativität gibt.

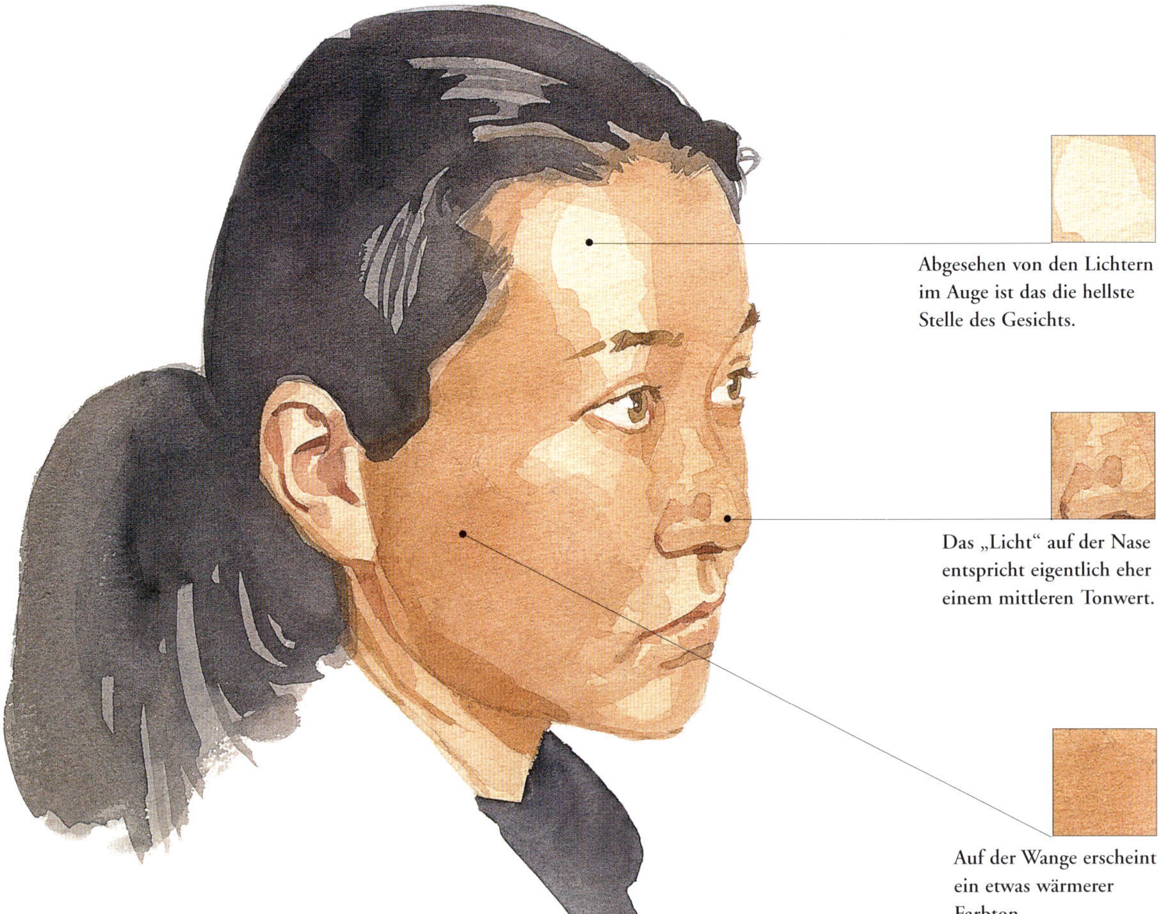

Gleichmäßige Hautfarben

OBEN: *Fernöstliche Haut ist oft nicht viel dunkler als mitteleuropäische, häufig sogar heller als die Haut südländischer Menschen. Die Farbe ist jedoch gleichmäßiger verteilt, ohne Rötung an den Wangen, der Nase oder den Ohren.*

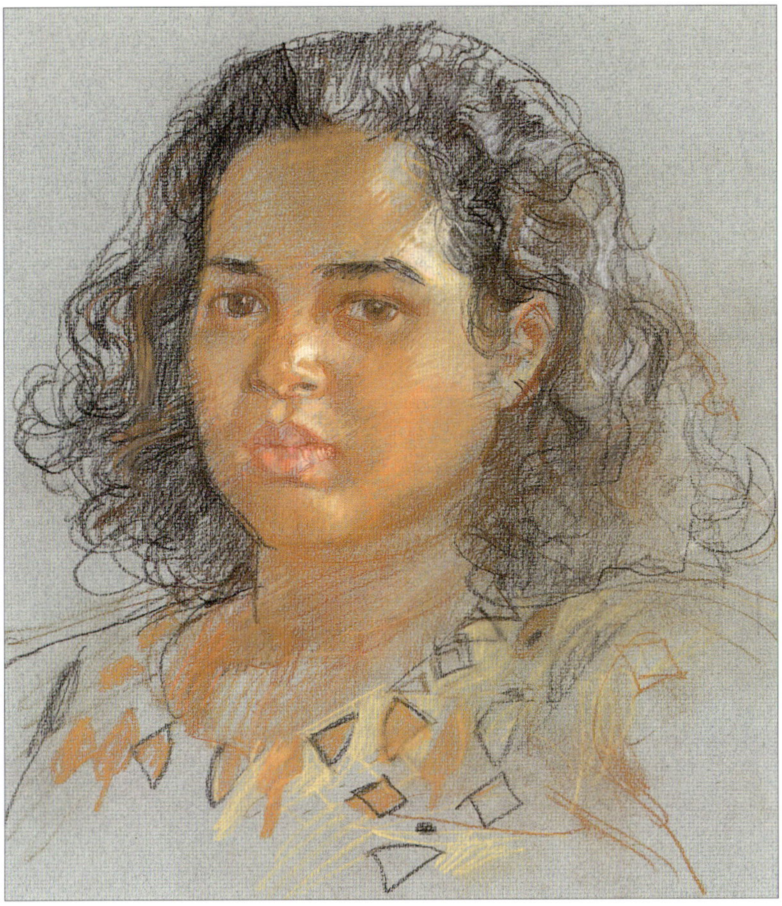

Die Farbtemperatur festlegen

LINKS: *Diese Zeichnung einer Studentin aus Bombay wurde mit Pastellstiften auf einem warm getönten Pastellpapier angelegt, wobei die Farbtemperatur gleich zu Anfang festgelegt wurde. Dunklere Haut wird oftmals von dunklem, meist schwarzem Haar umrahmt, in dem kühle Lichter zu sehen sind, die zeitweilig sogar einen deutlichen blauen Ton aufweisen (s. Seite 42-43).*

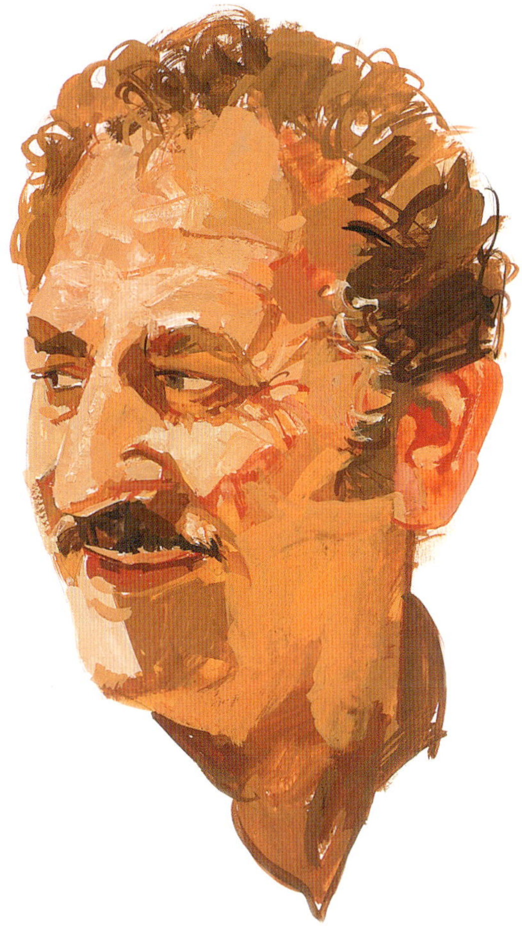

Warme Schatten

OBEN: *In dieser, in vollem Sonnenlicht gemachten Gouacheskizze sind selbst die Schatten warm. Bei anderen Lichtverhältnissen können die Schatten auch viel kühlere Farben reflektieren. Das hängt von der Farbtemperatur der Umgebung ab.*

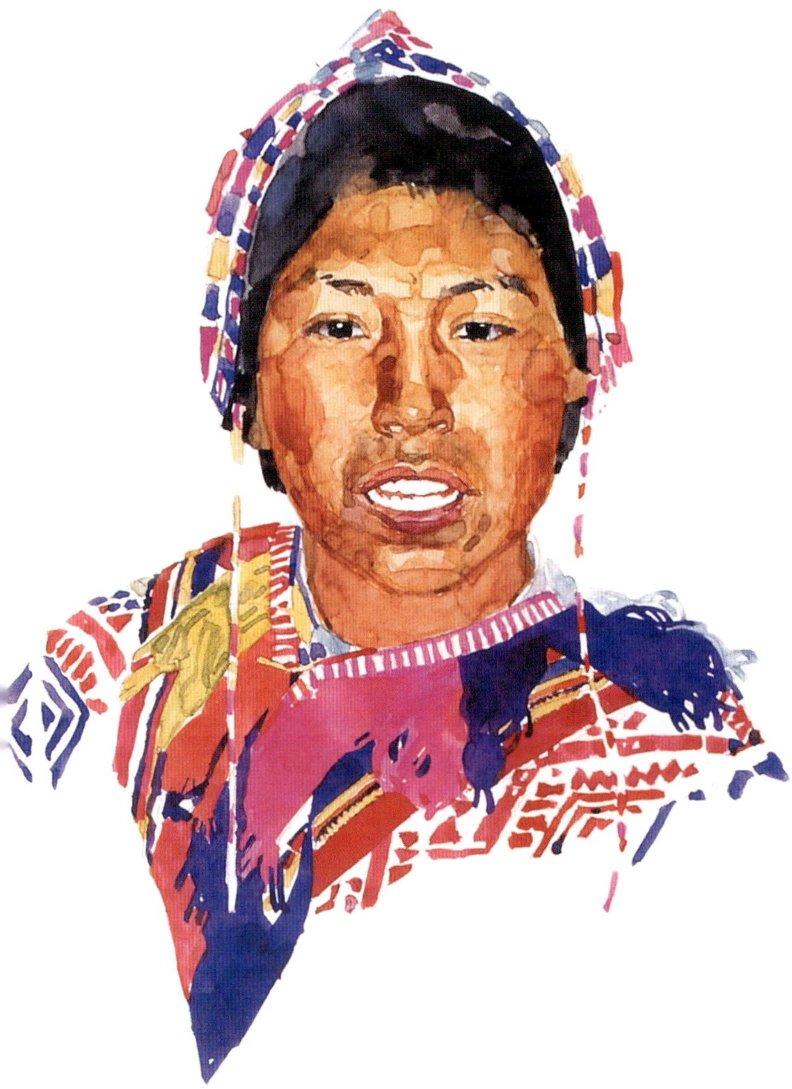

Brillante Farben

LINKS: *Die dunklen, warmen Indischrot- und Sienatöne dieses eindrucksvollen südamerikanischen Gesichts bilden einen wundervollen Kontrast zu den hellen Primärfarben von Kleid und Haarschmuck. Die Maltextur wurde mit Aquarellfarben auf einem nicht saugenden, grundierten Malkarton geschaffen.*

Lichtreflexe auf dunkler Haut

Im Bereich Malen und Zeichnen steht der Begriff „dunkle Haut" für eine breite Palette an Hauttönen, von hellem Mittelbraun bis zu glänzendem Tiefschwarz. Gemeinsam ist allen diesen dunklen Hauttönen die Art und Weise, wie sie Licht reflektieren.

EBENSO WIE DIE HAUTFARBE der lateinamerikanischen Bevölkerung, die meist gleichmäßig braun wirkt, ist auch die schwarze Haut zu opak, um viele Unterschiede in der Hauttemperatur anzuzeigen. Abgesehen davon, dass natürlich jede Hautfarbe aschgrau wirken kann, wenn das Blut daraus entwichen ist. Einige Stellen in Licht und Schatten können jedoch für das geübte Auge immer noch warme oder kalte Farben reflektieren. Es gibt allerdings auch jahreszeitlich bedingte Farbveränderungen. Selbst tiefschwarze Haut verändert sich je nach der auffallenden Lichtmenge.

Lichter treten an besonders glatten Hautpartien auf oder an Stellen, die von einer dünnen Schicht Feuchtigkeit, wie Schweiß, bedeckt sind. Jede Haut reflektiert Lichter, vor allem wenn sie nass ist. Besonders deutlich ist das aber bei dunkler Haut zu sehen, die den größten Kontrast zwischen Glanzlicht und Hintergrund zeigt, manchmal in einer Stärke, die andere Helldunkeleffekte überdeckt.

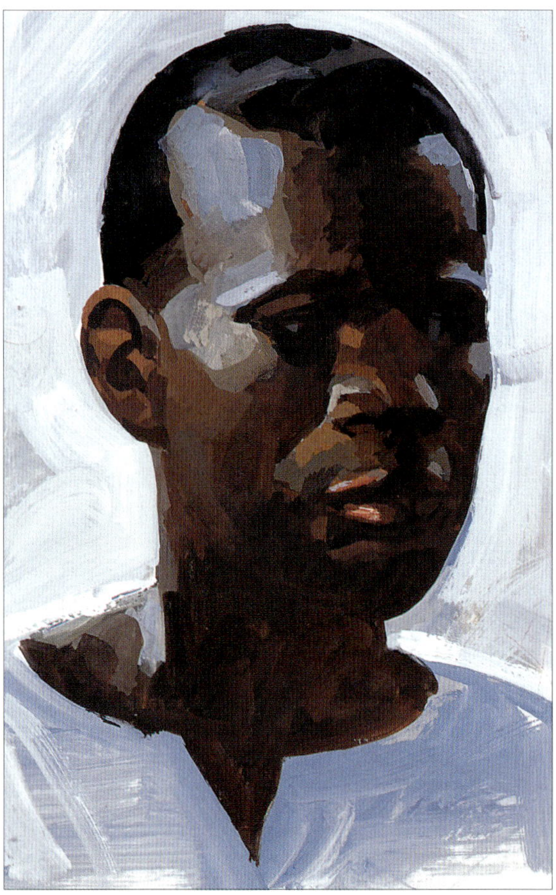

Lichter

OBEN: *Achten Sie sorgfältig auf die Farbe der Lichter. Sie sind selten ganz weiß. Nur auf Glas oder rein weißen Gegenständen nähern sie sich dem Weiß an. Auf jeder Haut weisen sie einen Hauch von Farbe auf.*

Kontraste einsetzen

UNTEN: *Bei diesem Kopfporträt, gezeichnet in dichten Schraffuren mit weichem Bleistift, wurde das weiße Papier verwendet, um die Lichter darzustellen. Der Kopf wird von rechts beleuchtet, die Lichter sind jedoch sehr markant nahe ans Zentrum des Gesichts gerückt.*

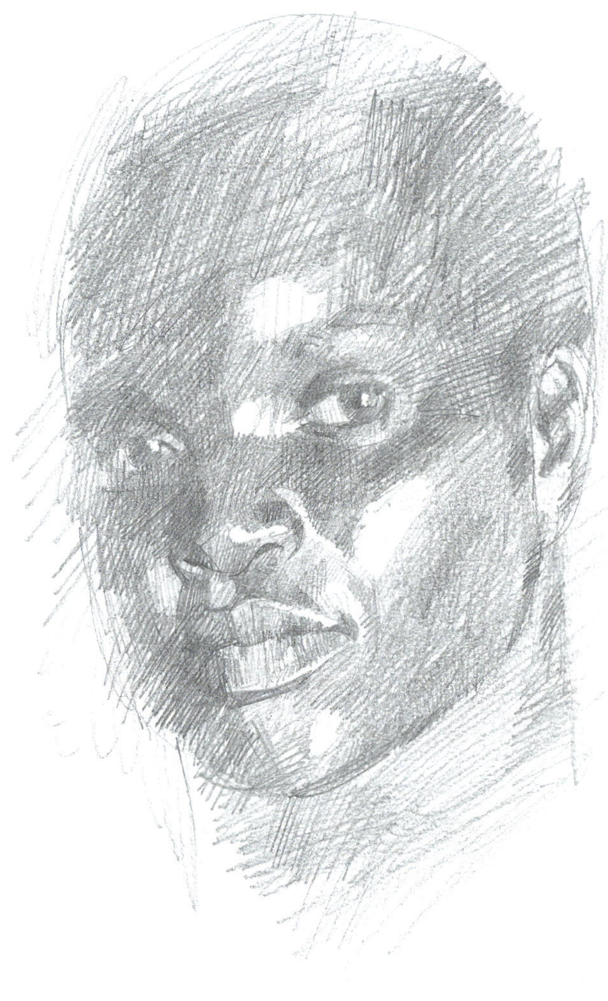

Praktische Übung: LICHTREFLEXE MALEN

Wenn Sie Lichter auf einer dunklen Haut malen, die von einer starken Lichtquelle beleuchtet wird, werden Sie überrascht sein, wie viele Mischungen Sie benötigen werden, um alle Lichter korrekt wiederzugeben.

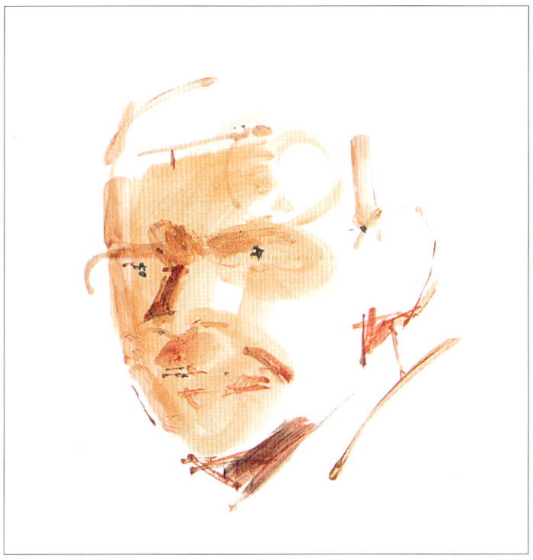

1 Legen Sie zuerst die Tonwerte der Gesichtsflächen und die Struktur des Kopfes fest. Mit einem schnell trocknenden Malmittel, wie Acrylfarbe, die man transparent aufträgt, kann man relativ schnell arbeiten. Markieren Sie die Stellen, wo später die Pupillen erscheinen sollen.

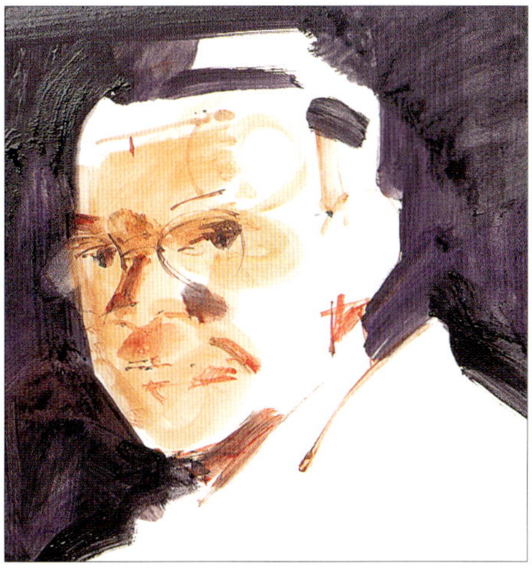

2 Sobald die Grundstruktur und die ersten Tonwerte festgelegt waren, legte ich rasch den dunklen Hintergrund an. Das dient zwei Funktionen: Zum einen wird dadurch die Position des Kopfes fixiert, zum anderen erhält man eine dunkle Grundlage, von der aus man die Hautfarbe und die Lichter entwickeln kann.

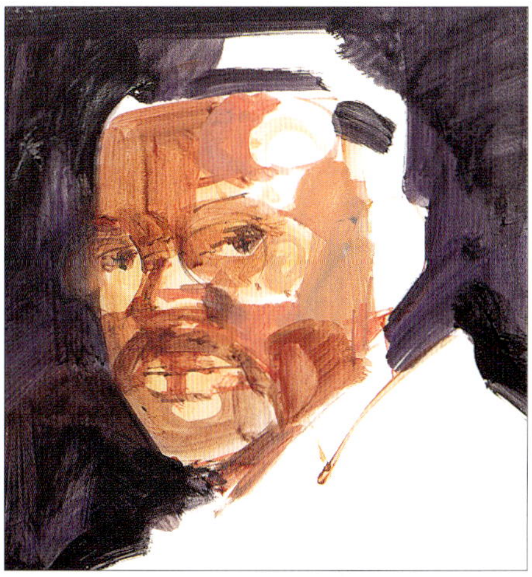

3 Im nächsten Schritt habe ich die Hautfarbe der schattigen Gesichtsseite mit deckenden Farben eingetragen. Die Schläfen sind kühler als der übrige Kopf. Die Form des Kopfes beginnt sich langsam herauszuschälen. Die noch offenen Stellen dienen als Anhaltspunkte für die Form und sind noch keine Lichter.

4 Nun kann man etwas großzügiger arbeiten, sollte dabei aber nicht vergessen, genau zu beobachten. Wenn die ersten Lichter gesetzt sind, ist immer noch genügend Platz für Korrekturen. Diese hellen Töne sind deckend gesetzt, während für die dunkleren transparente Lasuren verwendet wurden, um die schattigen Flächen besser absetzen zu können.

5 Erst wenn alle weißen Stellen mit Farbe bedeckt sind, lassen sich Ton und Farbe richtig einschätzen. Die extrem warmen Farben wurden für das Ohr verwendet. Mit deckenden kühleren Farben habe ich das Haar vom Hintergrund abgesetzt. Die Reflexionen auf der Brille und die warmen Farben für die Details im Gesicht wurden ganz zum Schluss eingesetzt.

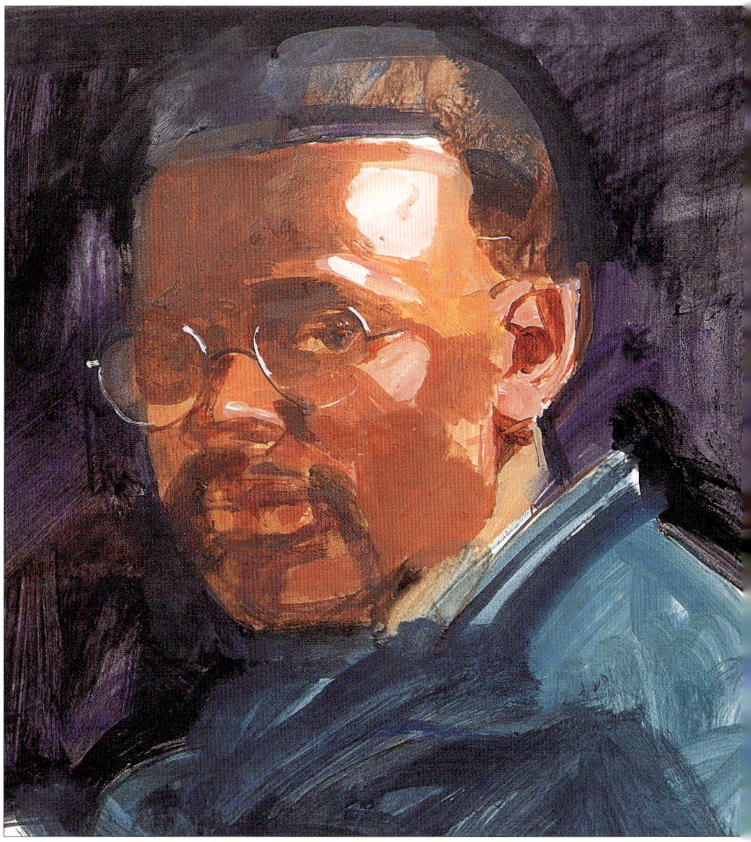

Haarfarbe

Bei der Darstellung von Kopfhaar sollte man sich das Haar als massive Form vorstellen und nicht jede einzelne Strähne wiedergeben. Diese Formen zeigen je nach Farbe, Schattierung und Typ des Haares durch das einfallende und reflektierte Licht eine bestimmte Farbnuance und Textur.

BEI GLATTEM ODER welligem Haar gehen Glanzlichter von den Stellen aus, die deutlich beleuchtet sind. Die unterschiedlichen Schattierungen bei dunklem Haar sind fast nicht unterscheidbar, es sei denn man vergleicht sie mit der Farbe der Lichter. Dunkles, kastanienbraunes Haar kann orangerote Lichter reflektieren, dunkelbraunes Haar kann kühlere hell- oder mittelbraune Lichter aufweisen und ganz schwarzes Haar glänzt durch wunderschöne blaue Lichter. Helleres Haar zeigt kontrastreiche Farben zwischen den dunklen Stellen und den Lichtern. Selbst blondes Haar zeigt an einigen Stellen überraschend viele dunkle Töne, vor denen die Lichter glänzen können. Schauen Sie sich diese Lichter gut an. Selbst die hellsten sind niemals ganz weiß, sondern haben eine farbige Tönung, die als Anhaltspunkt für die allgemeine Farbgebung dienen kann. Bei lockigem Haar (s. Seite 26-27) sind die Lichter weniger klar definiert als bei glattem oder welligem Haar. Jede Locke scheint ein eigenes Muster aus Lichtern und dunklen Stellen aufzuweisen.

Die Farben der Lichter

In den drei Zeichnungen haben die Haare einen ganz ähnlichen Grundton. Nur durch die verschiedenfarbigen Lichter unterscheiden sich die Haarfarben.

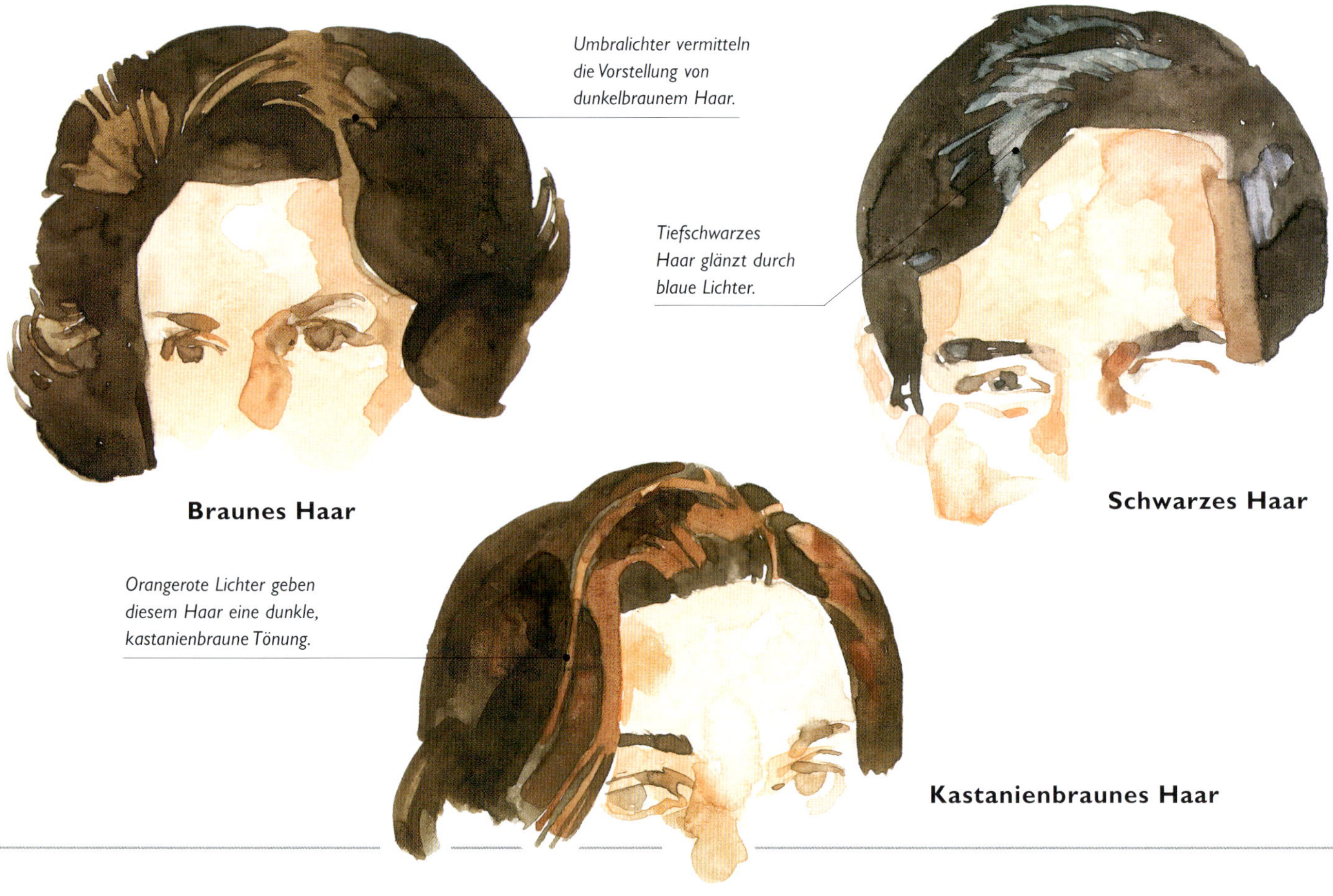

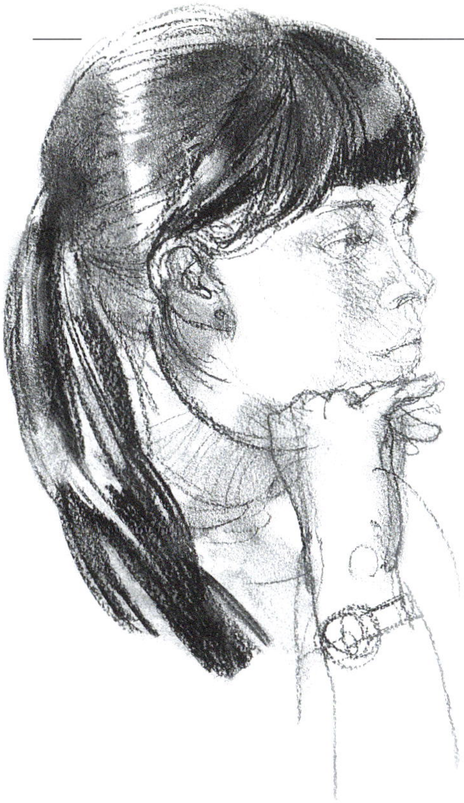

Glatt und dunkel

LINKS: *Dunkles Haar, das zu einem Pferdeschwanz zurückgebunden wurde und eng am Kopf anliegt, erinnert an einen Helm. Die glänzende Oberfläche zeigt nur einen glatten leuchtenden Streifen. Da wo das Haar frei herunterfällt, kann es mit kräftigen Lichtern aufgehellt werden.*

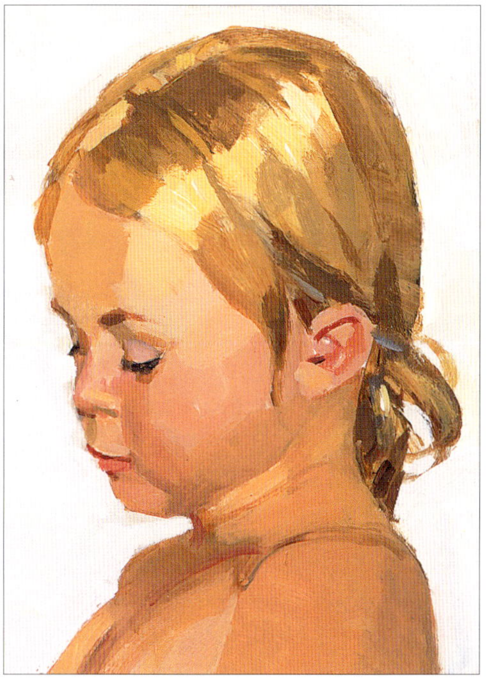

Nasses, blondes Haar

RECHTS: *Obwohl blondes Haar einen helleren Grundton hat als dunkles Haar, zeigt es doch an einigen Stellen überraschend dunkle Partien. Die Lichter sind, auch bei nassem und glänzendem Haar wie hier, nicht rein weiß, sondern getönt.*

Praktische Übung: HAAR ZEICHNEN

Will man eine Studie des Haares anfertigen, sollte das Modell eine Pose einnehmen, in der es die meiste Haarfülle zeigt.

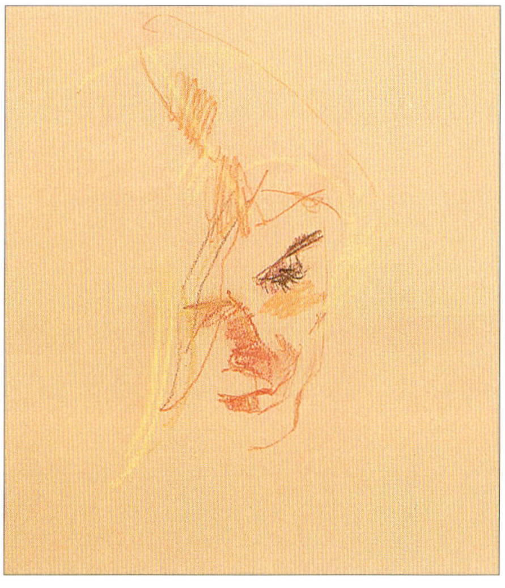

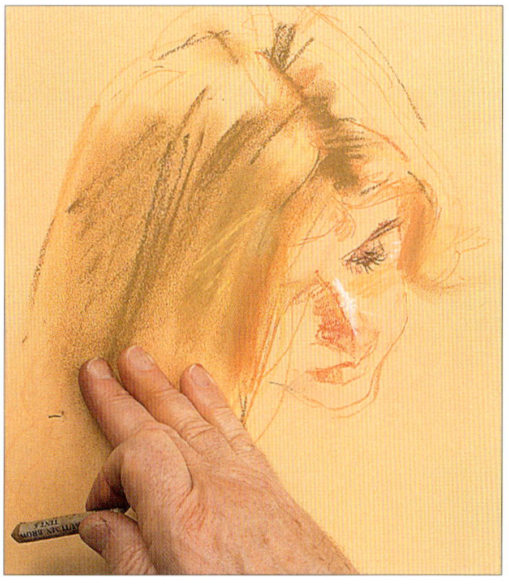

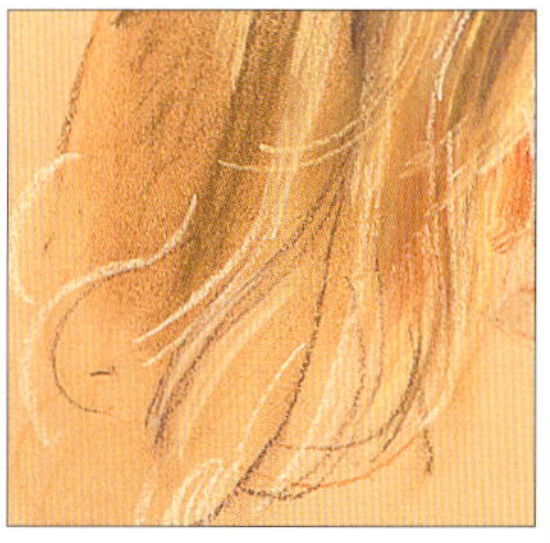

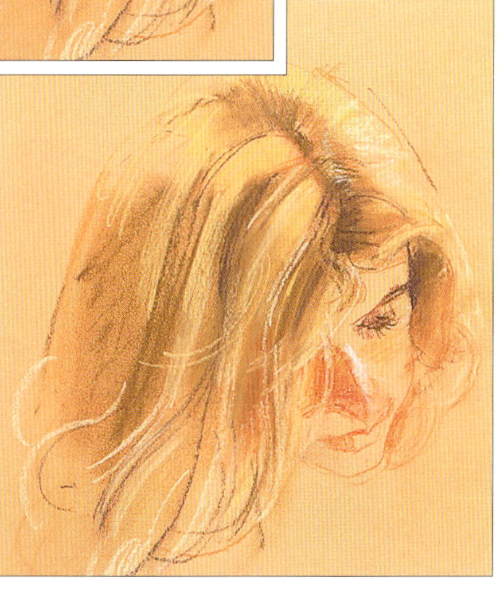

1 *Wenn das Haar den meisten Platz in der Zeichnung einnehmen soll, sollte man mit der Darstellung der Gesichtszüge beginnen. Ich habe hier nur den Kieferbogen angedeutet und mit wenigen hellen Pastellstrichen das über das Gesicht fallende Haar skizziert.*

2 *Beginnen Sie mit breiten, kräftigen Strichen, die die Richtung und die Fülle des Haars vom Scheitel aus andeuten. Folgen Sie mit den Pastellstrichen der Form des Kopfes. Tragen Sie bei einem Pastellbild zuerst die dunkleren Töne auf. Mit drei Fingern habe ich die schraffierten Striche und die „Tolle“ auf der vom Betrachter abgewandten Seite verwischt.*

3 *Die helleren Striche weisen auf die verschiedenen Haarschichten und die Richtung hin, in die das Haar fällt. Am Scheitel findet sich eine Art „Doppelglanz“. Dafür habe ich einen blauen Pastellstift verwendet.* Kleines Bild: *Deuten Sie das Volumen des Haares an, indem Sie die äußere Kontur betonen und einige Haarsträhnen skizzieren.*

Komponieren

Wie auf Seite 38 besprochen, ist braune und asiatische Haut weniger transparent und in der Farbtönung einheitlicher als die Haut eines blonden Mitteleuropäers. Im Gesicht gibt es keine auffälligen Unterschiede in der Farbtemperatur. Warme Töne herrschen vor. Das Modell hier ist indianischer Abstammung und zeigt eine intensive Hauttönung und die klassischen Gesichtszüge – eine kräftige Nase, starke Wangenknochen und fast schwarze, mandelförmige Augen.

Im Atelierlicht erscheinen Lichter wie auch Schattenpartien vorwiegend warm. Daher entschloss ich mich, einen Farbkontrast einzuführen und suchte ein hellrosafarbenes T-Shirt heraus. Rot und Rosa liegen zwar am warmen Ende des Spektrums, doch enthält Rosa keine gelben Farbanteile und wirkt daher im Kontrast zu Rot eher kühl.

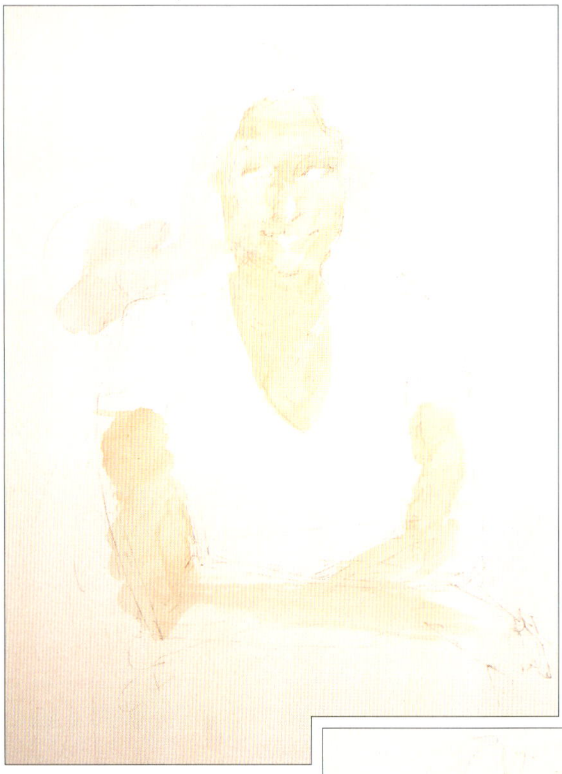

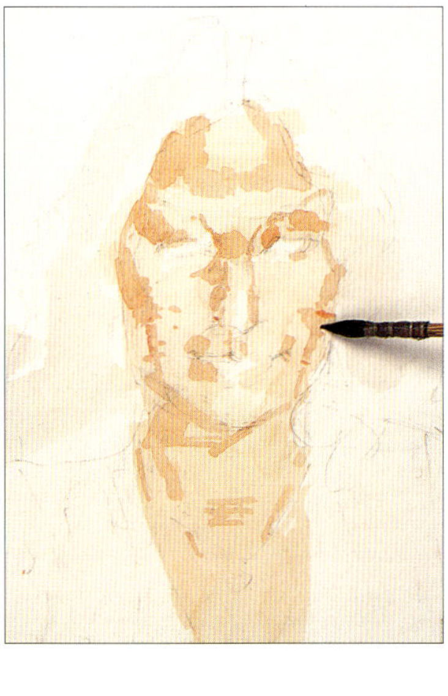

1 *Legen Sie ganz helle Lavierungen für die Haut an und halten Sie die Position von Kopf und Armen fest. Auch wenn Sie eine genaue Vorzeichnung gemacht haben, sollten Sie die Körperteile durch die Farbe gestalten und nicht nur die Konturen ausmalen.* Kleines Bild: *Um die wichtigsten Formen aufzubauen, habe ich nur warme Farben verwendet und kleine Tupfen mit dem Pinsel aufgetragen.*

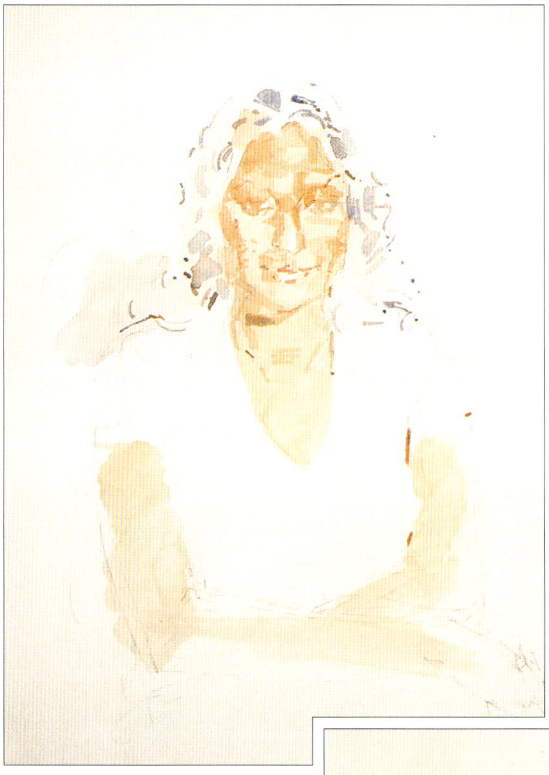

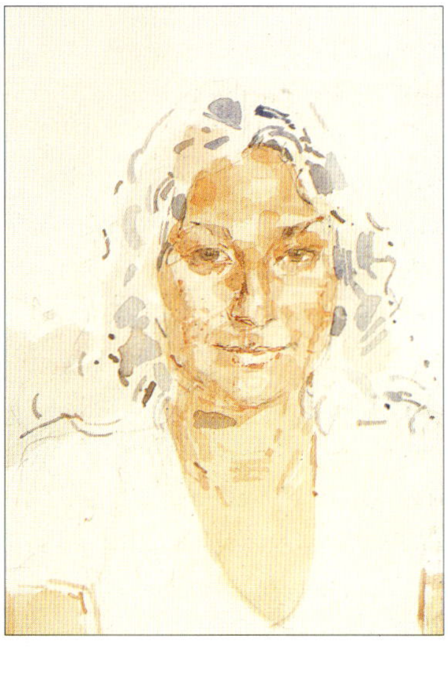

2 *Mit einer hellen Lavierung wird die Lage der Iris angedeutet. So kann sie später eventuell noch verändert werden. Die Wellen des Haares werden angelegt und blaue Lavierungen als Akzente eingesetzt.* Kleines Bild: *Bevor die etwas wärmeren Farbtöne für Nase und Mund angelegt wurden, habe ich die Form der Augenlider verändert und das Zentrum der Pupillen festgelegt.*

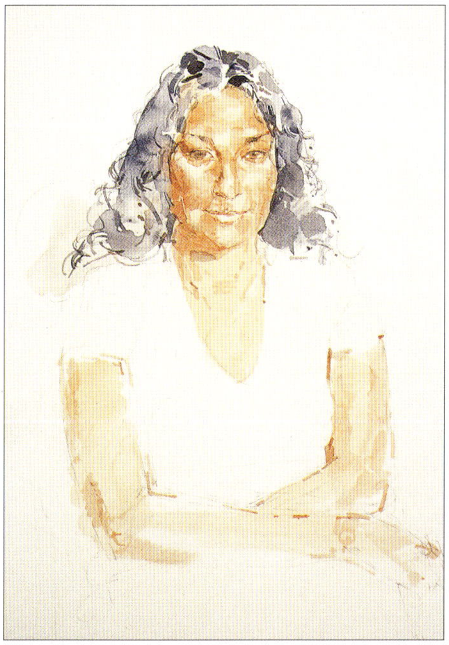

3 Wenn die Proportionen des Gesichts stimmen, sollten Sie sich dem Haar widmen, das hier zu beiden Seiten des Gesichts in langen Wellen vom Scheitel herabhängt. Setzen Sie kurze Pinselstriche, die die Bewegung dieser Wellen wiedergeben. Die schattige Seite des Gesichts erhält dann intensive, kühle Farblavierungen.

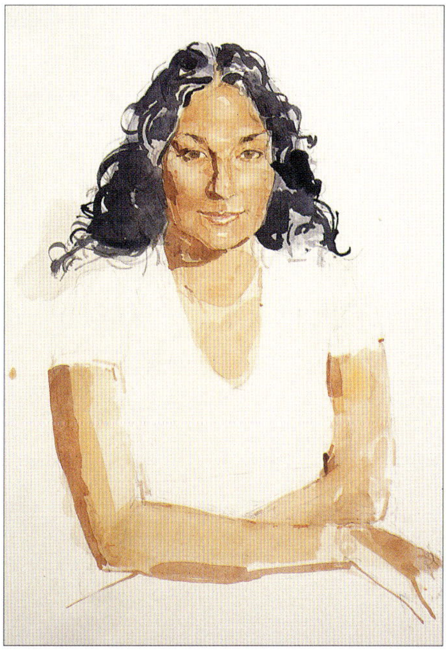

4 Von den schattigen Stellen ausgehend kann man nun überall die Tonwerte verstärken. Prüfen Sie vorher noch einmal, ob alle Proportionen stimmen. Während ich warten musste, bis die Lavierungen trocken waren, habe ich an Augen und Augenlidern noch schwarze Linien zugefügt. Jede Lavierung im Haar sollte Bewegung zeigen.

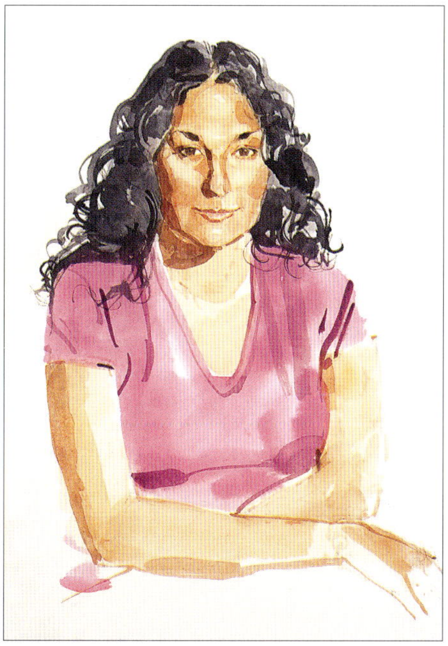

5 Tragen Sie intensivere Farben, wie zum Beispiel das Rosarot der Lippen, immer in verdünnten Lavierungen auf, da die Farbtöne sonst zu hart wirken. Für das Hemd habe ich ein sehr intensives, leuchtendes Moosrosenrot genommen, mit dem ich selbst bei den Falten kaum Fehler machen konnte.

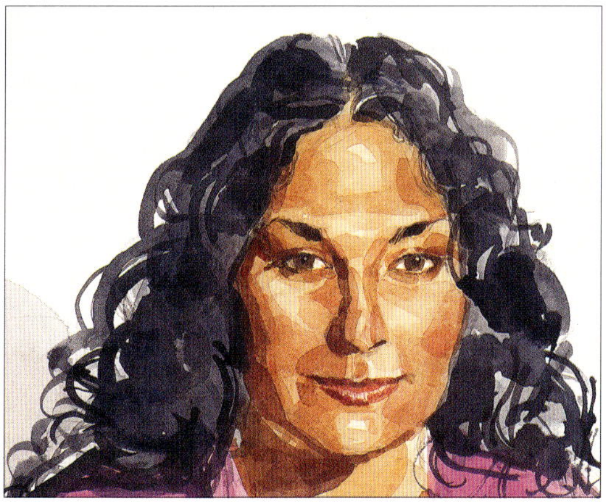

6 Nun werden die Haarmasse sowie die abstehenden Strähnen und Locken aufgebaut. Verstärken Sie die Falten im Hemd und fügen Sie dann Schatten auf den Armen zu, um ihnen Form zu geben und die Figur zu rahmen. Kleines Bild: *Auch die Gesichtszüge werden weiter verstärkt, wie zum Beispiel das Rot auf den Wangenknochen, sodass die Persönlichkeit des Modells besser herauskommt.*

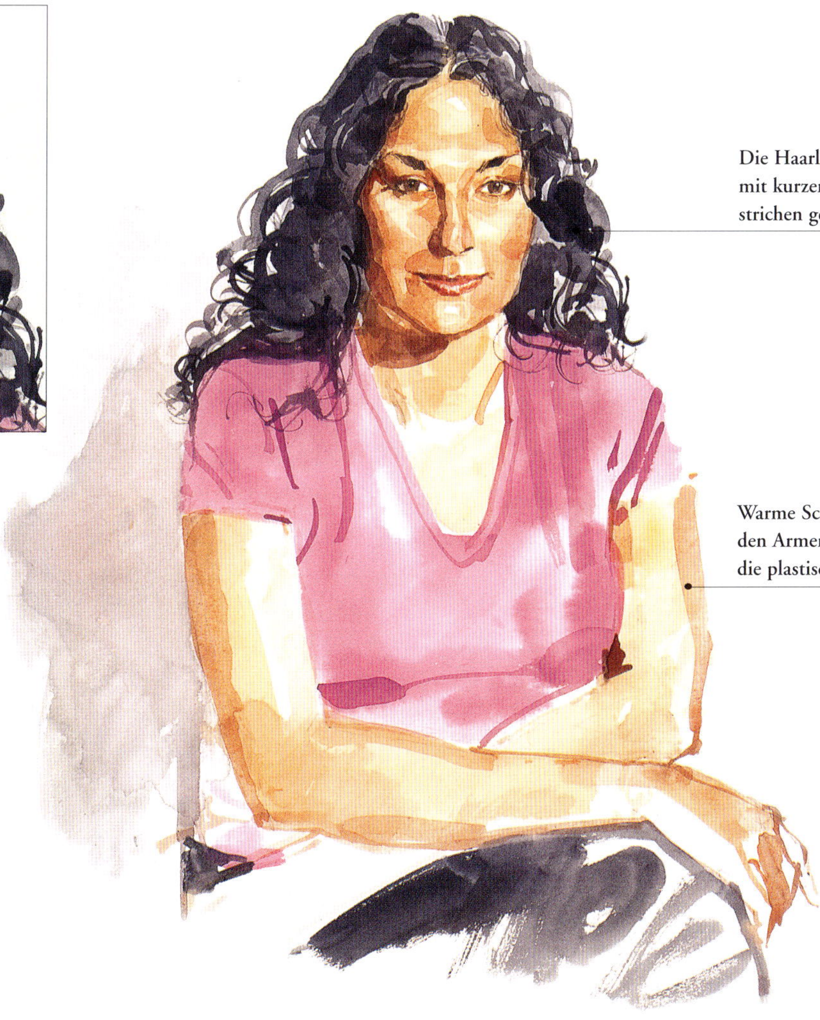

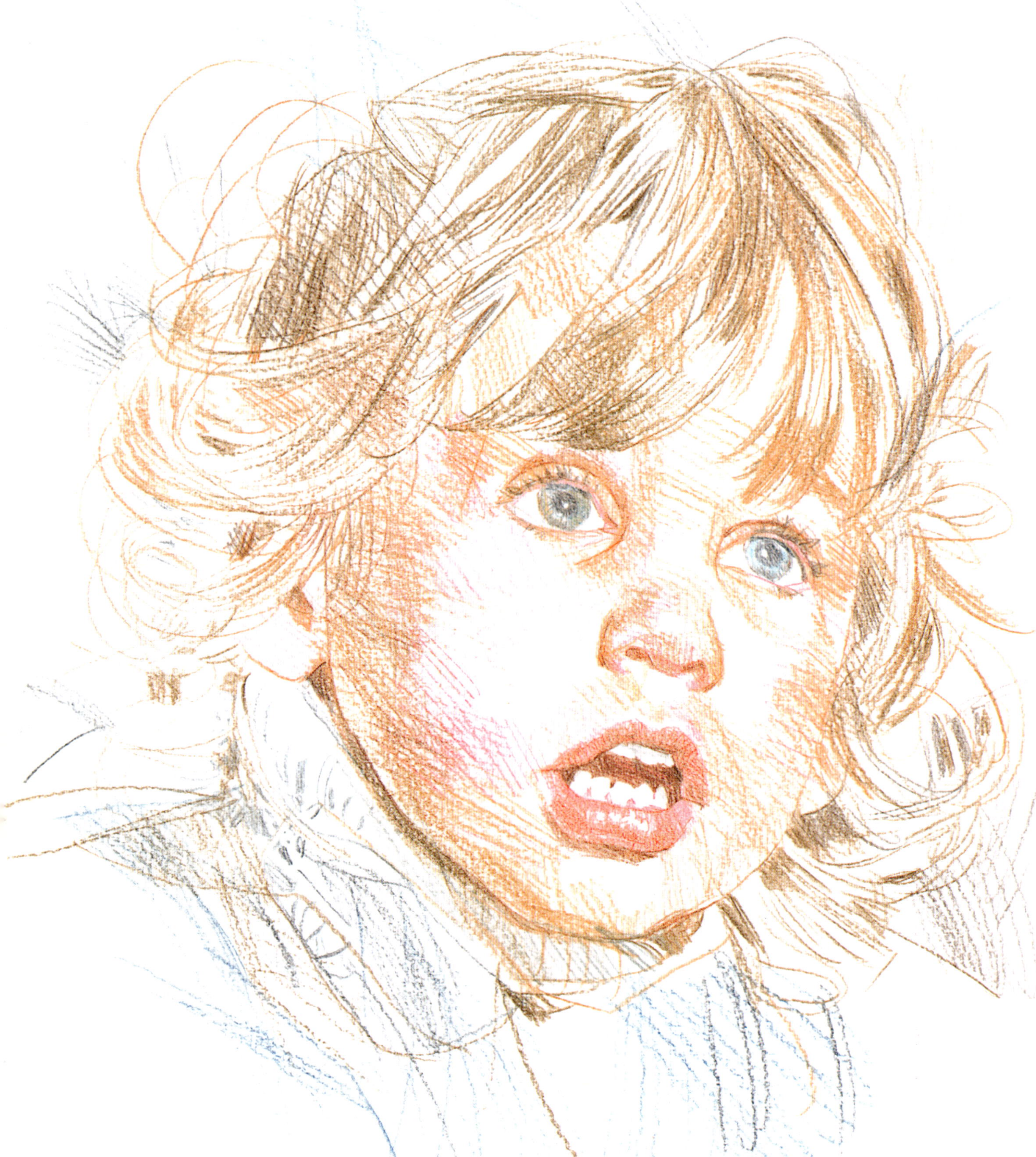

Charakter und Ausdruck

Um ein Porträt oder eine Personenstudie zum Leben zu erwecken, muss man nicht allein die physischen Details richtig wiedergeben, sondern vor allem die Persönlichkeit erfassen. Viele Faktoren, nicht nur die Gesichtszüge, spiegeln den Charakter der Person. Wenn es gelingt, sowohl extreme Gesichtsausdrücke als auch die kleinste Regung im Gesicht einzufangen, hat man einen weiteren wichtigen Schritt auf dem schwierigen Weg der künstlerischen Ausbildung getan.

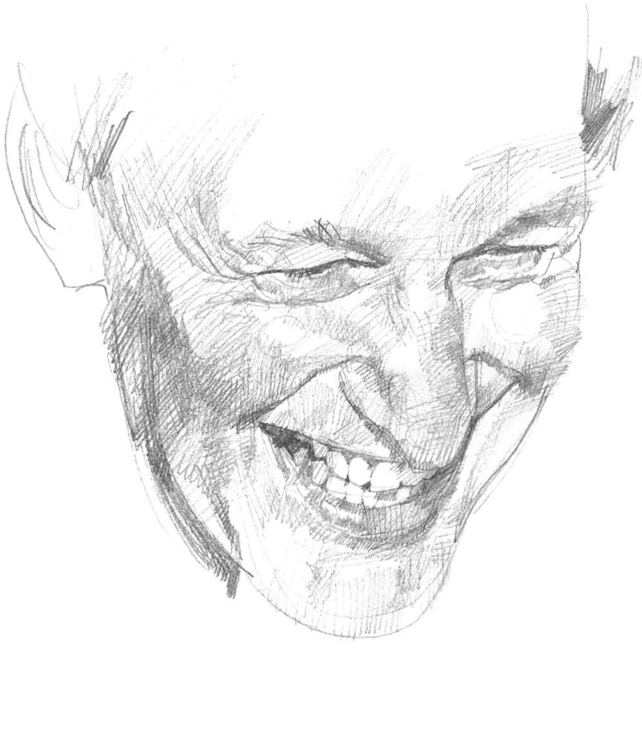

Gesichtsausdrücke

Der Schädel besitzt nur einen beweglichen Teil, den Unterkiefer, der von einigen kräftigen Muskelgruppen bewegt wird. Die anderen Gesichtsmuskeln sind in der gleichen Weise befestigt. Sie arbeiten zusammen, um die Gewebeteile des Gesichts zu bewegen und schaffen so eine erstaunliche Vielfalt an Ausdrücken im Gesicht.

Einige Muskelbewegungen steuern die Gesichtsreflexe, wie die Verengung der Augen in starkem Licht oder das Öffnen des Mundes beim Sprechen oder Essen. Vor allem aber ermöglichen sie die sehr vielseitigen Gesichtsausdrücke. Einige dieser Ausdrücke sind bewusste Verstärkungen des gesprochenen Wortes, andere senden eigene Botschaften und Signale und wieder andere sind gänzlich unbewusst. Wir alle können diese Ausdrücke im Gesicht der Mitmenschen lesen, selbst die, die nicht bewusst ablaufen. Die kleinste Muskelbewegung kann von einem aufmerksamen Beobachter registriert werden und steht mitunter im Kontrast zum gesprochenen Wort.

Die Anspannung der Gesichtsmuskeln, sei sie bewusst oder unbewusst, schafft Falten im Gesicht, die sich bei ständiger Wiederholung tief ins Gesicht graben. Stirn- und Lachfalten vertiefen sich mit der Zeit und erzählen dem Gegenüber eine ganze Menge über den Charakter und das Temperament dieses Menschen.

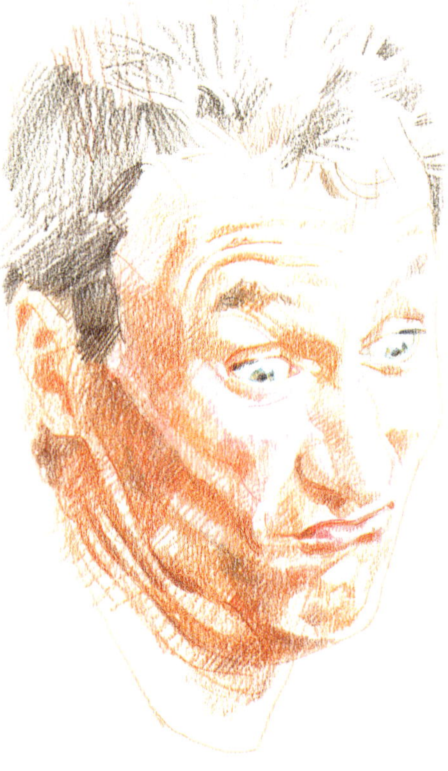

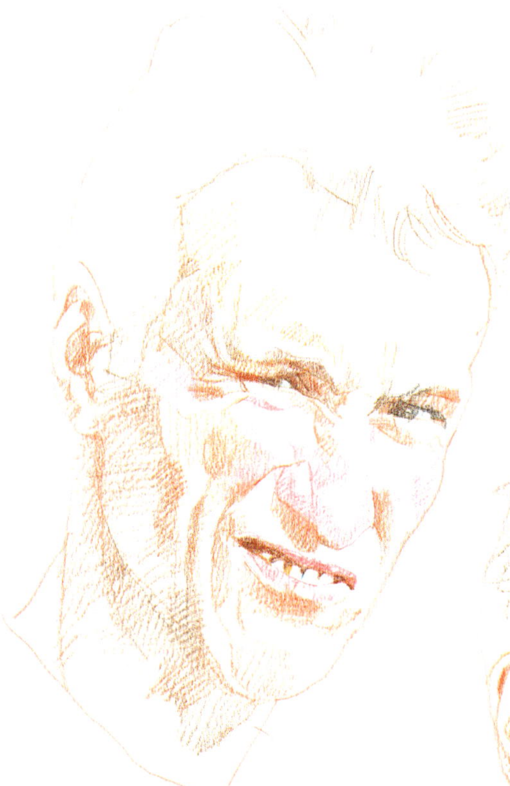

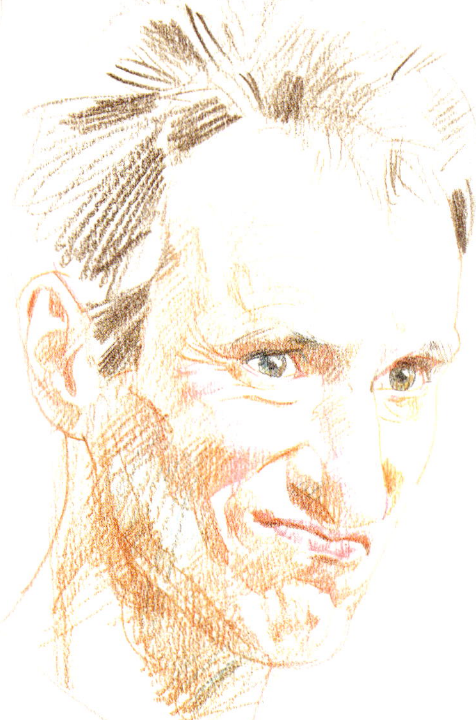

Die Beweglichkeit der Haut

OBEN: *Diese Zeichnungen zeigen die erstaunliche Beweglichkeit der menschlichen Gesichtshaut. Ich hätte allein von diesem Modell noch viel mehr Varianten zeichnen können. Der Unterkiefer ist in allen drei Zeichnungen fest geschlossen und gibt so die Knochenstruktur deutlich wieder. Die Vielfalt rührt einzig von den Bewegungen der Gesichtsmuskeln her.*

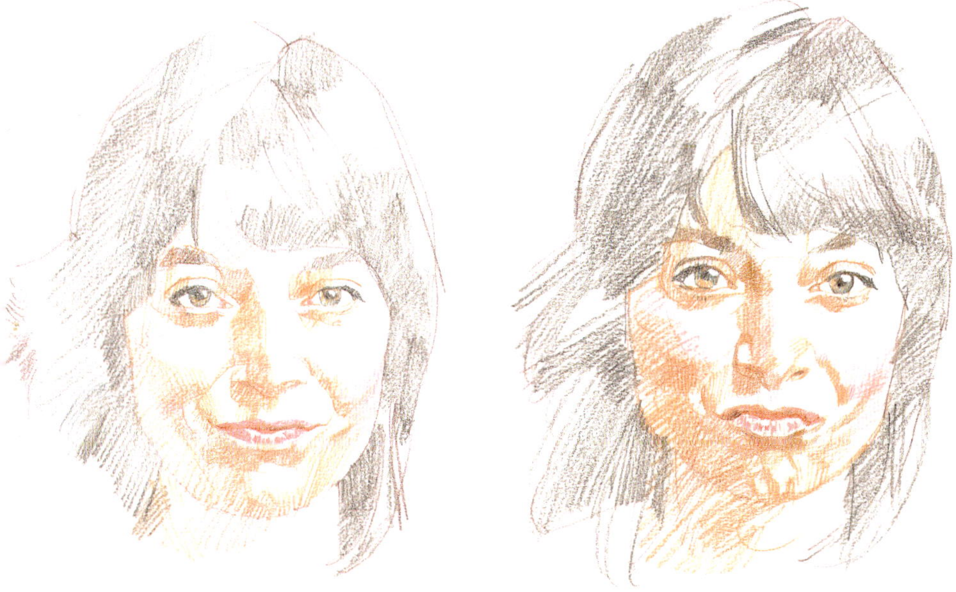

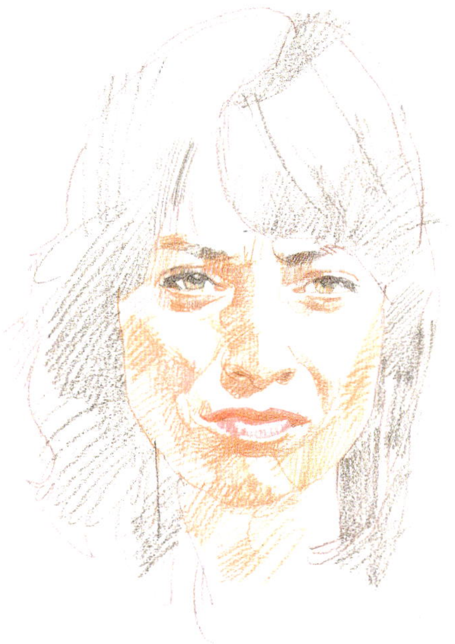

Steigerung des Ausdrucks

OBEN: *Hier bat ich das Mädchen, das zunächst die Lippen leicht nach oben zog, eine ernstere Miene aufzusetzen. In der zweiten Zeichnung zieht sie die Lippen nach vorne und schiebt ihr Kinn zusammen. Der dritte Gesichtsausdruck zeigt, wie sich die Augen langsam verengt haben und die Augenbrauen zu einem fast ärgerlichen Ausdruck zusammengezogen wurden.*

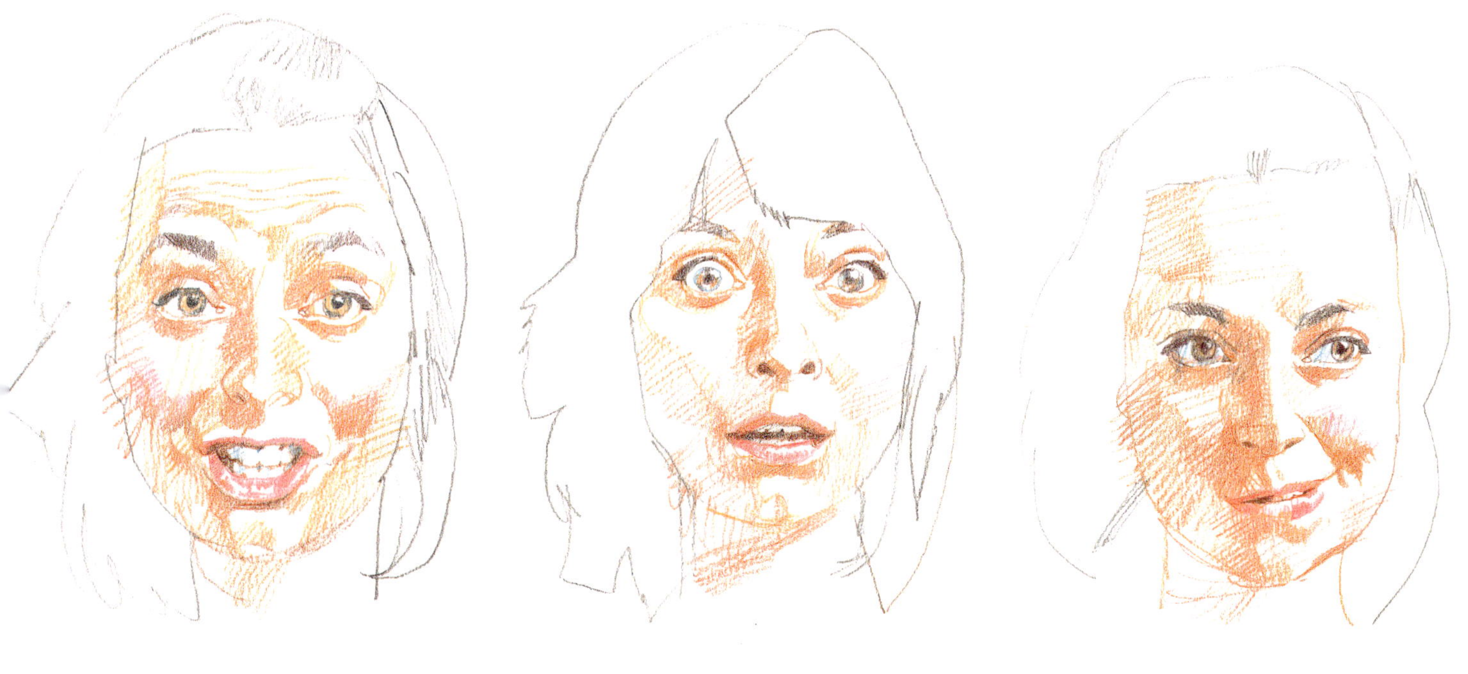

Mit einem Modell arbeiten

OBEN: *Wenn jemand aus Ihrem Bekanntenkreis (oder vielleicht Sie selbst) gerne Grimassen schneidet, beobachten Sie doch einmal genau, was passiert, wenn die Augenbrauen gehoben oder zu einem Runzeln zusammengezogen werden und die Augen dabei weit offen bzw. leicht geschlossen sind. Experimentieren Sie mit verschiedenen Mundstellungen, die man durch den Einsatz der Wangenmuskeln erreichen kann. Machen Sie einige Schnappschüsse von ihrem Modell und achten Sie auch auf asymmetrische Verschiebungen der Gesichtsmuskeln.*

Nach Fotos skizzieren

Nach dem Leben zu zeichnen ist immer noch die beste Übung. Es gibt keinen Ersatz für die dreidimensionale Qualität der Wahrnehmung. Probleme tauchen dann auf, wenn sich das Modell zu schnell bewegt oder wenn die Gesichtsausdrücke zu schnell wechseln, sodass man sie nicht mehr zeichnerisch festhalten kann.

UNSER VISUELLES GEDÄCHTNIS ist begrenzt, sehr viele Informationen lassen sich optisch kaum speichern. In solchen Fällen kann die Fotografie helfen. Wechselnde Gesichtsausdrücke, momentane Blicke und schnelle Drehungen des Kopfes lassen sich mit Kamera und Blitzlicht rasch festhalten.

Als Gedächtnisstütze sind Fotos durchaus legitim. Allerdings finde ich, dass eine Zeichnung nach einem Foto leblos und nicht richtig plastisch wirkt, da nur die optische Illusion durch Licht und Schatten wiedergegeben wird. Deshalb ist es eigentlich ziemlich schwer, eine gute Zeichnung nach einem Foto zu machen. Meistens versucht man doch nur, einfach zu kopieren. Bei einer Zeichnung nach einem Modell muss man dagegen jedes Motiv neu interpretieren. Dennoch kann man von Fotos sehr viel lernen.

Rasche Skizzen vor laufendem Fernseher zu machen ist ebenfalls eine gute Übung. Stehende Bilder von einer Videoaufzeichnung lassen dem Künstler noch mehr Zeit, um größere Studien zu machen.

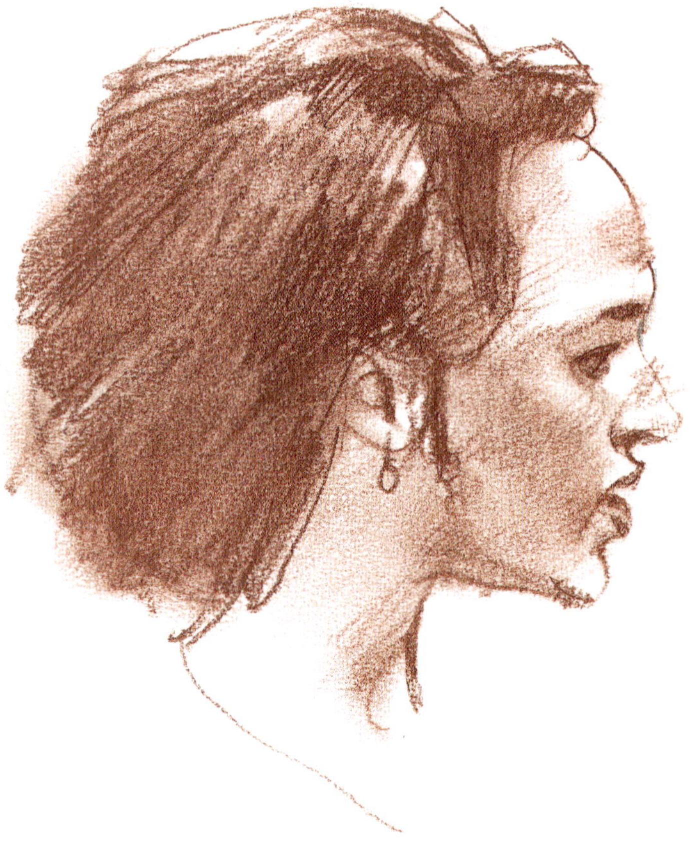

Schnell arbeiten

OBEN: *Um rasche Bewegungen festzuhalten, eignen sich Conté-Stifte am besten. Große Tonflächen können mit der Breitseite schnell angelegt werden. Präzise Linien lassen sich mit einer Bruchkante schaffen und hellere Töne können mit dem Finger eingewischt werden.*

Die Bewegung stoppen

UNTEN: *Standaufnahmen aus dem Fernsehen oder Film sind manchmal etwas verzerrt, geben aber immer noch genügend Anhaltspunkte und wirken besonders lebendig und bewegt.*

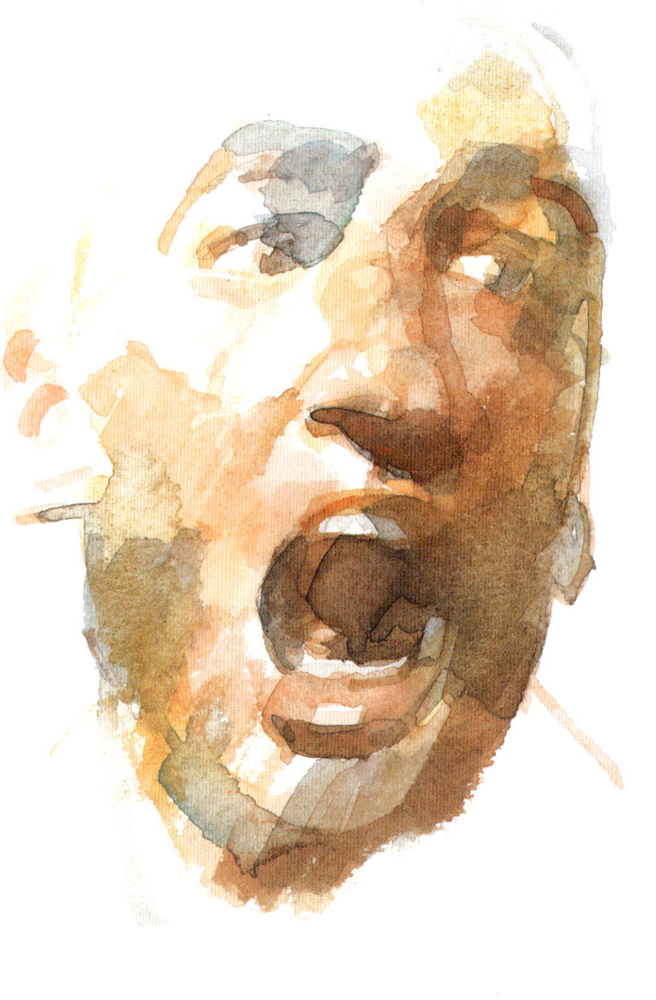

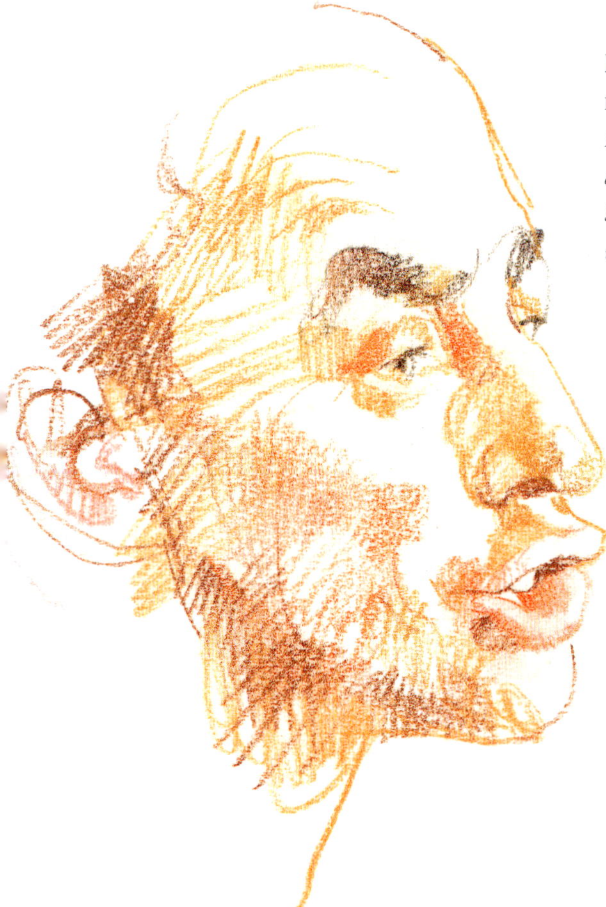

Mundformen

LINKS: *Der Mund lässt sich sehr leicht formen, um verschiedene Laute zu bilden. Dieser extrem zugespitzte Mund wurde während des normalen Sprechens gezeichnet, bei dem, im Unterschied zum Schreien oder Rufen, der Mund normalerweise nicht übermäßig weit geöffnet ist.*

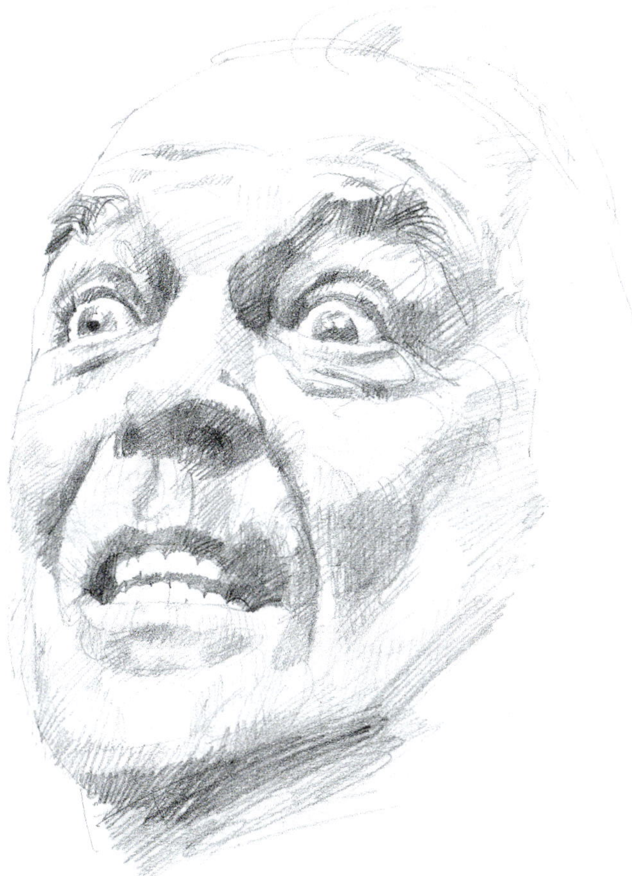

Überraschung

OBEN: *Zeigen Augen sehr viel von dem Weiß über der Iris, wird meist ein Lachen assoziiert. Überprüfen Sie dies, indem Sie die untere Hälfte des Gesichts abdecken. Die Hinzufügung eines die Zähne zeigenden Mundes hat die Mimik zu einem Ausdruck völligen Erstaunens verändert.*

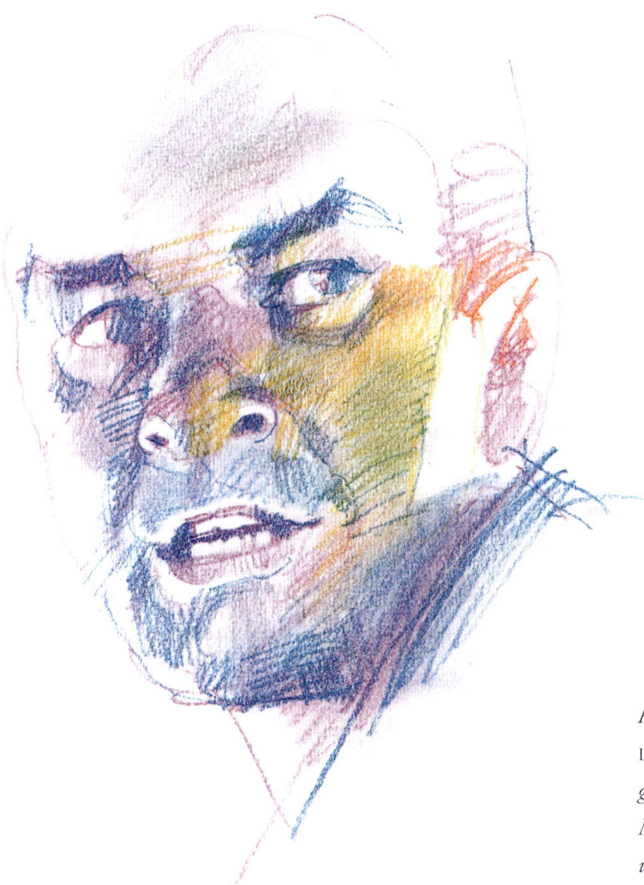

Aufmerksamkeit

LINKS: *Die Zeichnung dieses vorsichtigen, aber aufmerksam gespannten Ausdrucks gibt keine Auskunft darüber, ob der Mann spricht. Achten Sie auch auf die wachsamen Augen und die leicht geblähten Nasenflügel.*

Kinder skizzieren

Von kleinen Kindern kann man nicht erwarten, dass sie während einer Zeichnung lange stillsitzen. Sie sind zwar wundervolle Motive, aber meist hoffnungslos untaugliche Modelle. Babys sind da etwas einfacher zu handhaben. Sie sind in der Regel ruhig, wenn sie gefüttert werden. Außerdem schlafen sie viel. Das ist die beste Zeit, um eine vollständige Studie nach dem Leben zu machen.

SCHLAFENDE KINDER ZU ZEICHNEN ist eigentlich recht Erfolg versprechend. Als ich meine Tochter zeichnete (unten), konnte ich beim Aufwachen gerade noch ihre leicht geöffneten Augen einfangen, bevor sie endgültig munter und unruhig wurde. Hat man keinen Zugang zu schlafenden Babys, muss man eben so schnell wie möglich arbeiten und die Kinder beim Spielen skizzieren. Dabei können sehr lebendige, spontane Skizzen entstehen. Aber es wäre unehrlich zu behaupten, das sei ganz einfach. Am Ende hat man oft nur Fragmente auf dem Skizzenblock. Einfacher wird es, wenn die Kinder groß genug sind, um sich mit etwas zu beschäftigen, mit einem Buch zum Beispiel oder mit einer Sendung im Fernsehen.

Eine andere Möglichkeit sind natürlich Fotos. Nehmen Sie Fotos aber nicht als einziges Anschauungsmaterial. Wie skizzenhaft und unvollständig Ihre Zeichnungen nach dem Leben auch sein mögen, die direkte Beobachtung ist unerlässlich, da Sie Ihnen bei der Interpretation der Fotos helfen wird.

Das richtige Zeichenmittel suchen

Beim Zeichnen von schlafenden Kindern hat der Bleistift einige Vorteile. Er ist sehr leicht und lässt sich gut führen. Deshalb können die vielen flüchtigen Nuancen rasch erfasst werden. Zudem ist er relativ sauber, während Kohle, Pastellkreide und Gouache neben einem Kinderbett nicht so gerne gesehen sind.

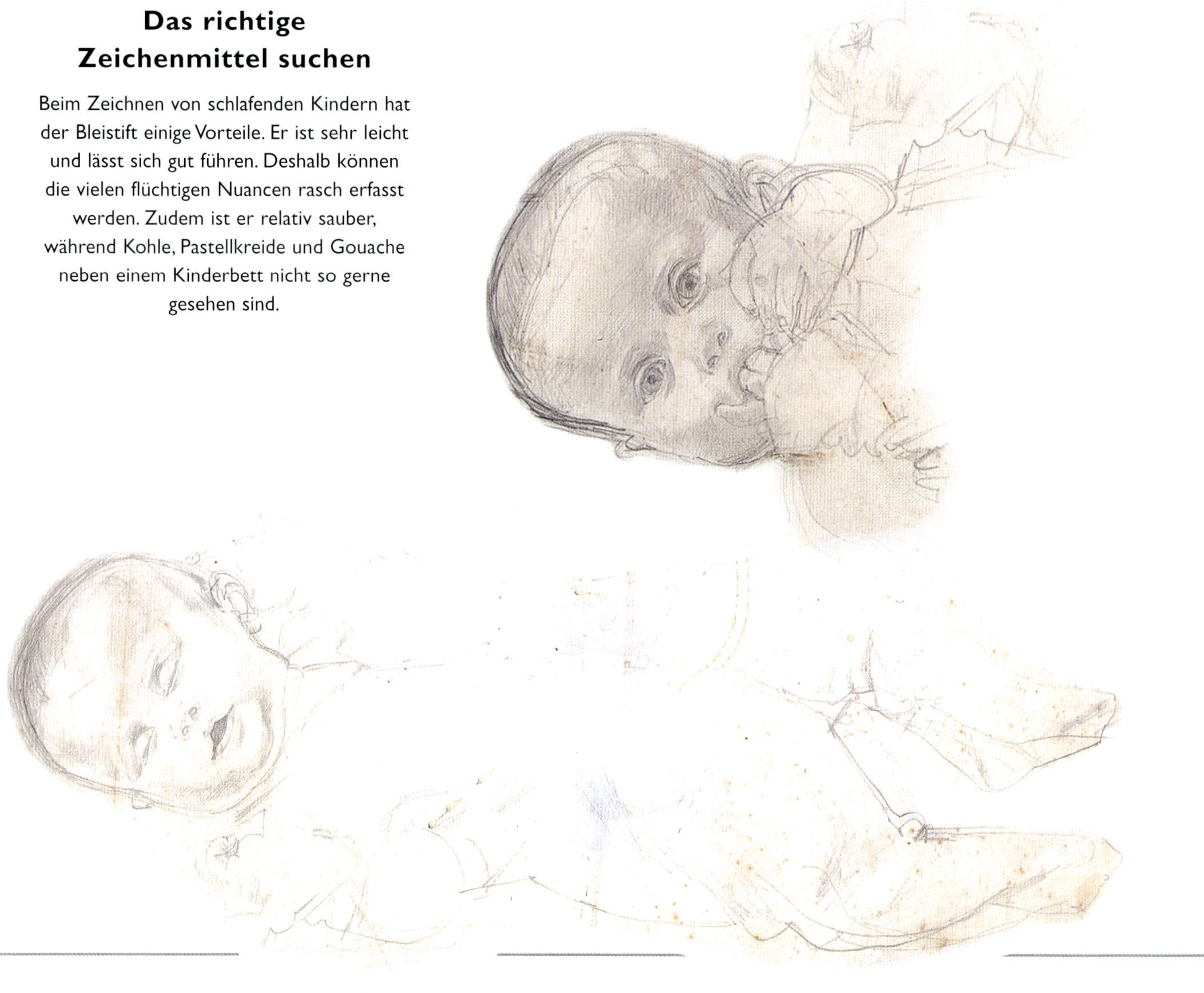

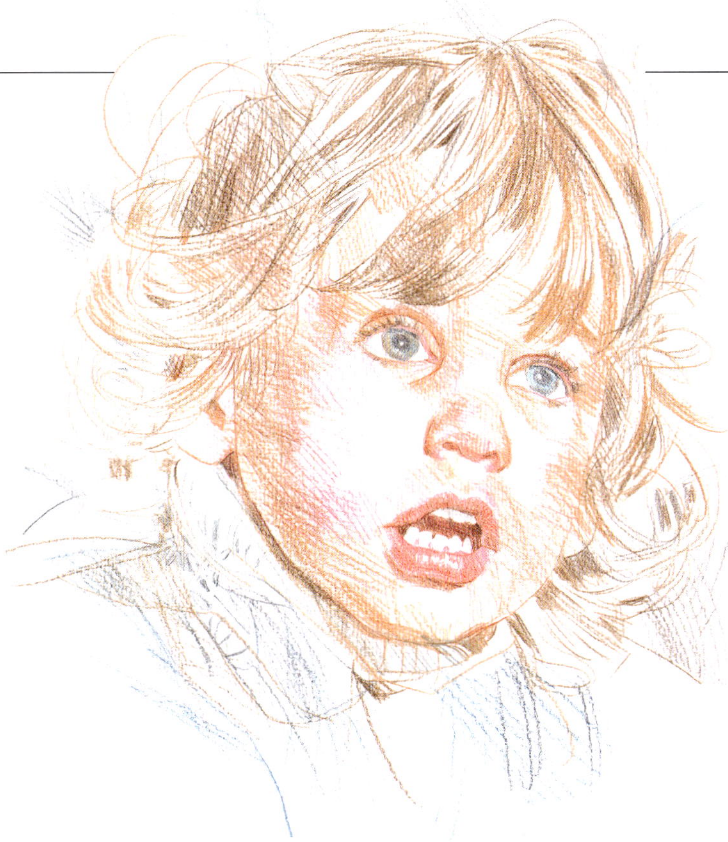

Den Moment erfassen

UNTEN: *Diese Zeichnung hält einen spontanen Gesichtsausdruck fest, den das Kind nur einige Sekunden lang zeigte. In einem solchen Fall greift man am besten schnell zum Fotoapparat.*

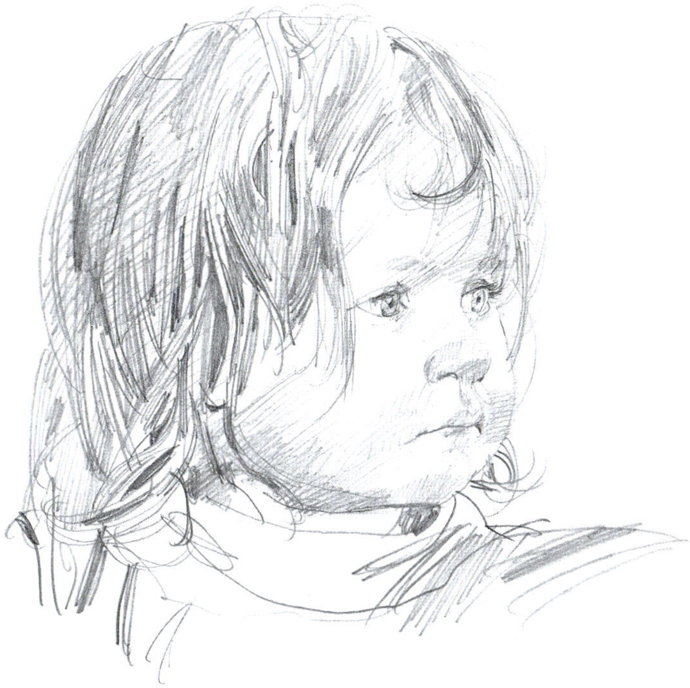

Nach Fotos arbeiten

OBEN: *Für beide Zeichnungen, oben und rechts, wurden Fotografien verwendet. Der Ausdruck mit geöffnetem Mund konnte nur mit Foto festgehalten werden. Denken Sie immer daran, dass Sie es beim Zeichnen nach Fotos vermeiden sollten, einfach zu kopieren. Suchen Sie – genau wie beim Zeichnen nach dem Leben – nach der richtigen Form.*

Die richtige Pose finden

RECHTS: *Kinder (und gelegentlich auch Erwachsene) nehmen beim Fernsehen oft interessante Posen ein. Achten Sie immer auf solche Gelegenheiten. Schnelle Skizzen können mit einer weichen Pastellkreide gemacht werden und die Details zieht man dann mit Pastellstiften nach.*

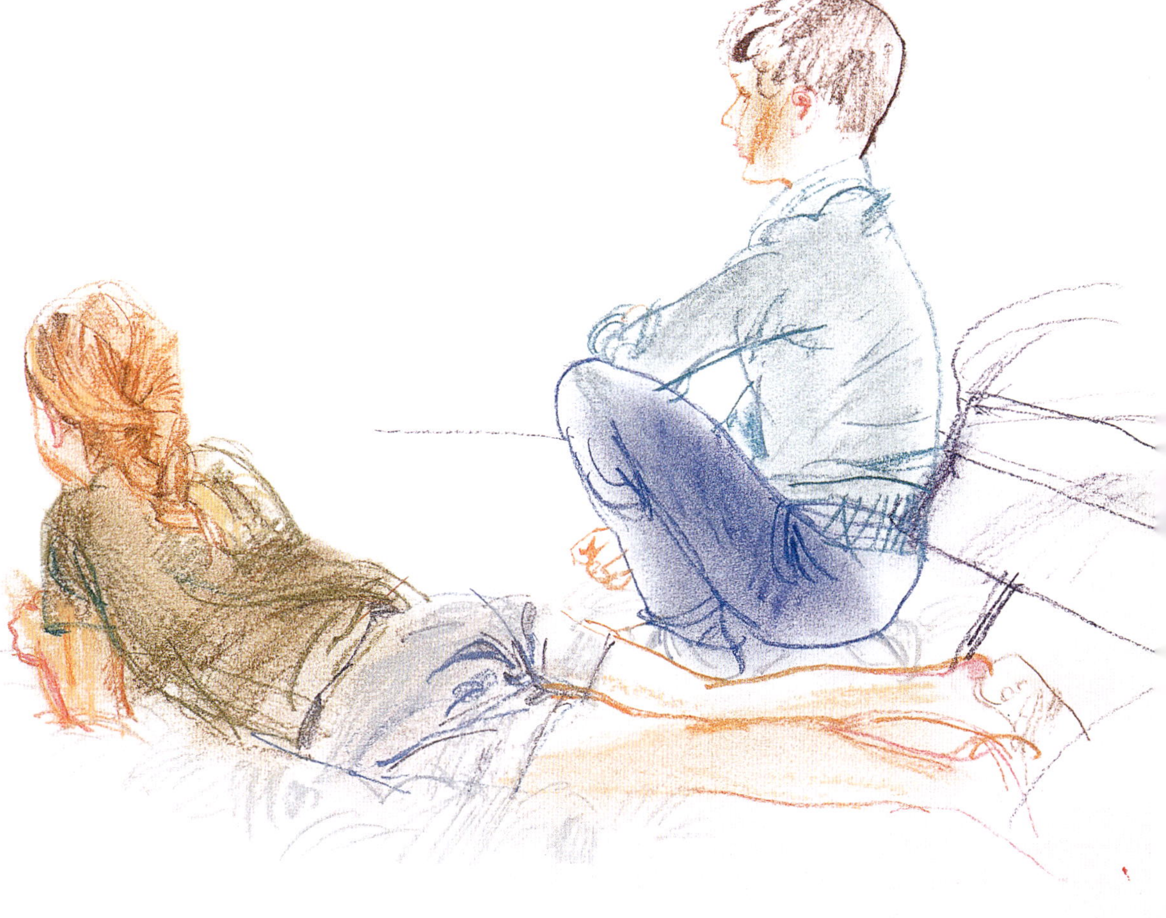

Das Lächeln

Die konventionelle Darstellung eines Lächelns besteht darin, dass man den Mund mit nach oben gezogenen Mundwinkeln zeichnet. Um jedoch ein Lächeln wirklich realistisch zu gestalten, muss man auf die feinen Veränderungen achten, die dabei im ganzen Gesicht passieren.

BEOBACHTEN SIE EINMAL, wie viele verschiedene Arten von Lachen und Lächeln im menschlichen Gesicht zu sehen sind. Ein Lächeln kündigt sich nicht nur in der Mundpartie an, sondern hängt auch genauso mit den Wangen und Augen zusammen. Die Gruppe der Wangenmuskeln weitet den Mund und zieht die oberen Lider hoch, wobei die Augen verengt werden. Bei einem wirklich breiten Lachen mit offenem Mund können die Augen zu schmalen Schlitzen werden.

Die Kombination all dieser Aktionen führt zu einem Lächeln. Das Gesicht ist sehr flexibel und schafft eine große Anzahl von Ausdrucksmöglichkeiten mit sehr feinen Unterschieden. Ein geweiteter Mund, der nicht von verengten, „lächelnden" Augen begleitet wird, erinnert mehr an eine schmerzverzerrte Grimasse.

Es ist für ein Modell sehr schwer, ein Lächeln über lange Zeit zu halten, ohne dass es unnatürlich wirkt. Machen Sie daher Fotos, auf die Sie zurückgreifen können.

Der Unterschied zwischen einem Lächeln und einem Stirnrunzeln

Die Zeichnungen unten zeigen, wie man zwei völlig verschiedene Stimmungen mit nur wenigen Veränderungen im Gesicht wiedergeben kann. In beiden Zeichnungen hat der Mund im Grunde die gleiche Form. In der linken Zeichnung sind die Augen wie bei einem Lächeln verengt. In der rechten Zeichnung sind die Brauen nach innen heruntergezogen und bedecken die oberen Augenlider, während die unteren etwas gesenkt sind.

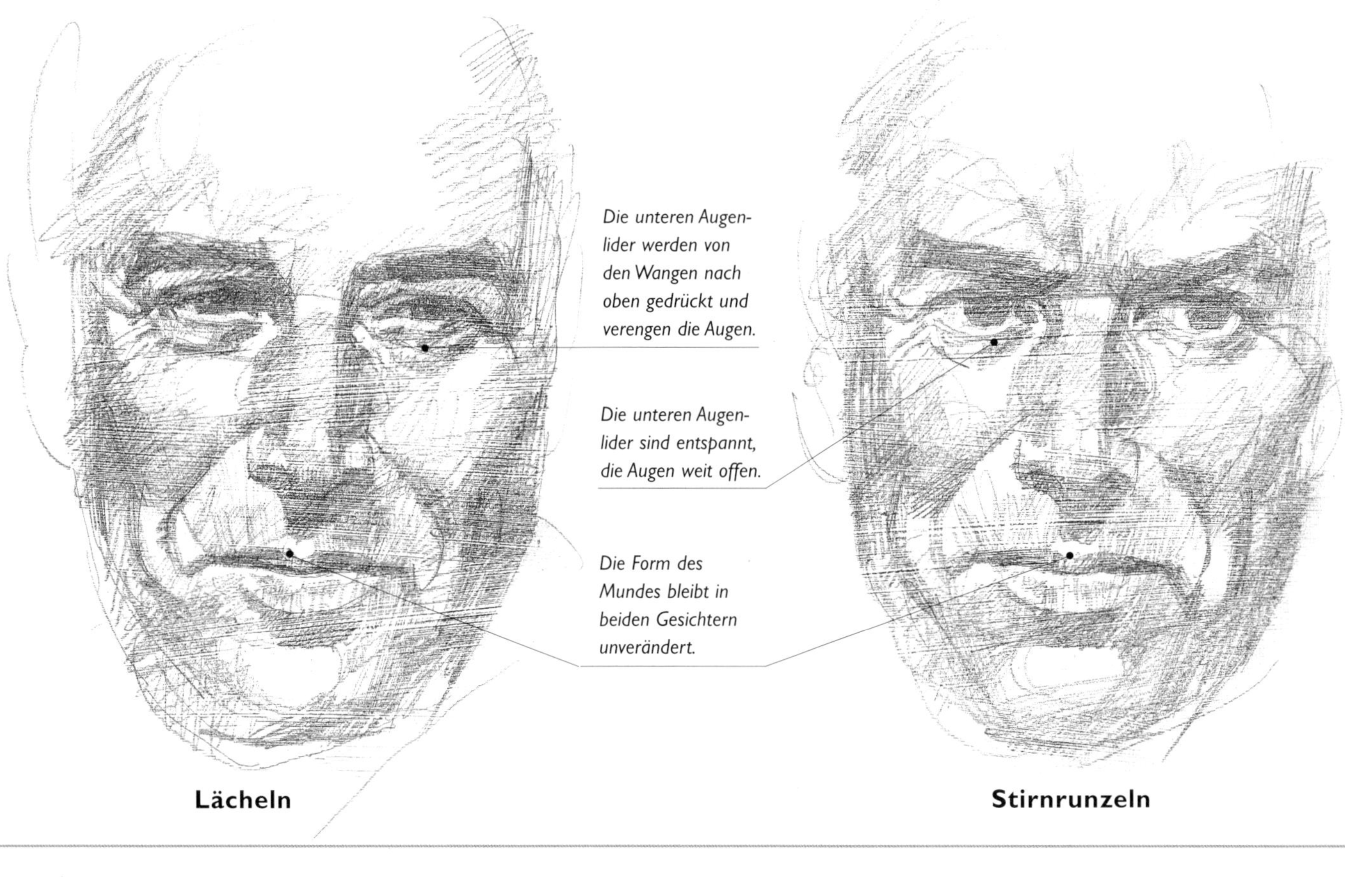

Lächeln **Stirnrunzeln**

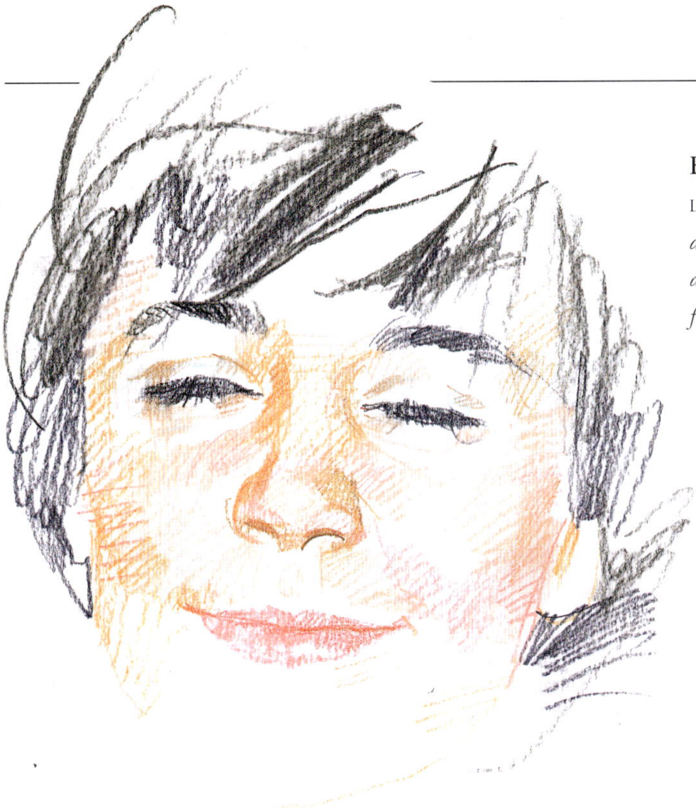

Ein zufriedener Ausdruck

LINKS: *Bei dieser Variante eines Lächelns mit geschlossenem Mund ist der Mund nur leicht geweitet und die Augen sind vollständig von den oberen Lidern bedeckt. Das Ergebnis ist ein zufriedener, friedlicher Gesichtsausdruck.*

Ein spöttisches Lächeln

RECHTS: *Obwohl bei diesem Gesichtsausdruck der geweitete Mund, die angespannten Wangenmuskeln und die verengten Augen eine Rolle spielen, die für ein Lächeln typisch sind, sieht die Person eher spöttisch und fragend aus. Das mag an den zusammengezogenen Brauen und den leicht gespitzten Lippen liegen.*

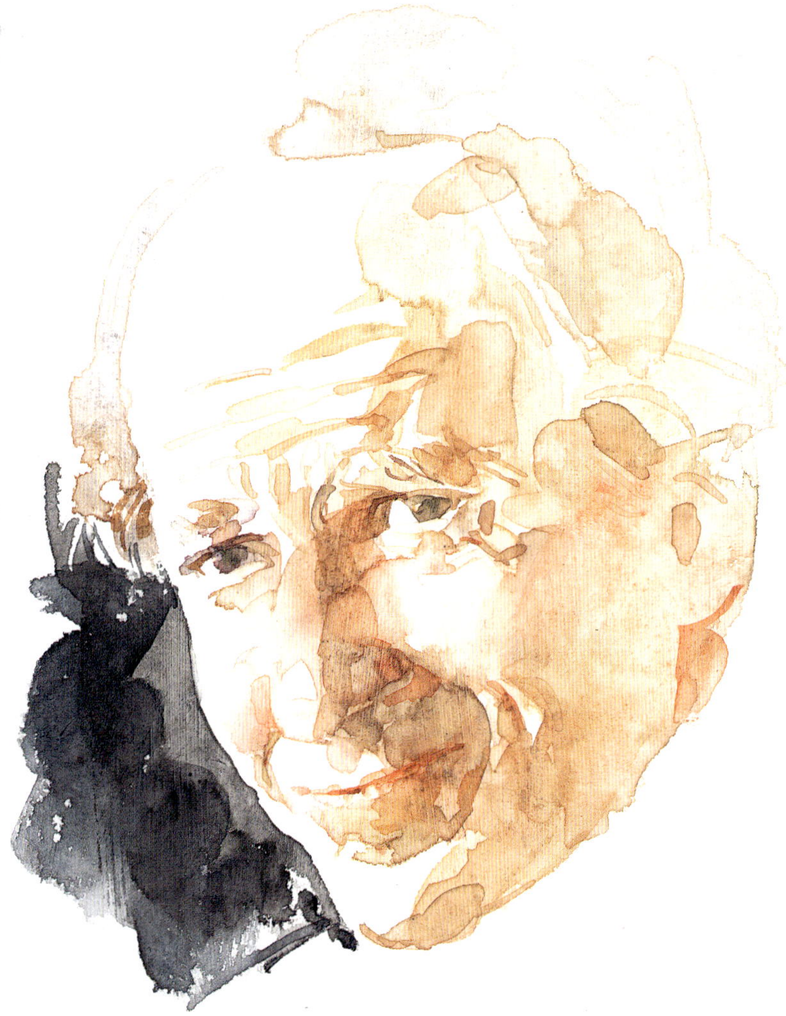

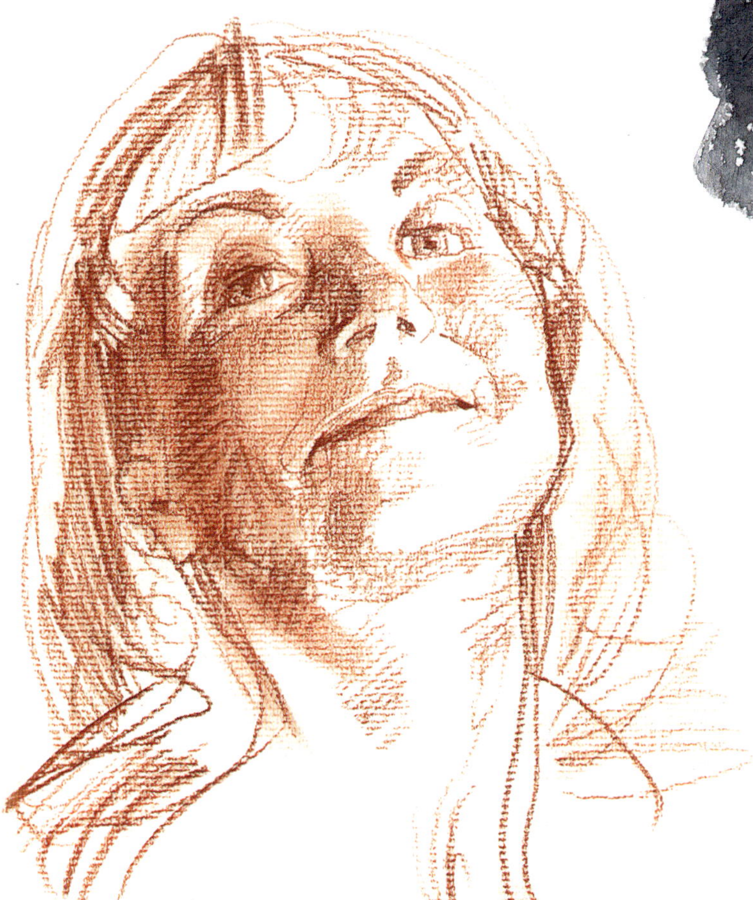

Aus einem niedrigen Blickwinkel

LINKS: *Aus der Perspektive eines niedrigeren Blickwinkels sieht sogar ein lächelnder Mund wie eine nach unten verlaufende Kurve aus. An den angespannten Wangen und den leicht geschlossenen Augenlidern erkennt man jedoch sofort den lächelnden Gesichtsausdruck.*

Lächeln mit offenem Mund

Wenn sich ein Lächeln verbreitert und sich dem Lachen annähert, teilen sich die Lippen und enthüllen die Zähne. Es handelt sich um einen spontanen Ausdruck von Freude oder Vergnügen und um eine unwillkürliche Reaktion auf bestimmte Reize. Natürlich wäre es zu viel verlangt, wenn man das Modell bitten würde, während der ganzen Sitzung mit offenem Mund zu lächeln oder zu lachen.

EIN BREITES LÄCHELN erfordert ein starkes Zusammenziehen der Gesichtsmuskeln. Denken Sie daran, wie das Gesicht nach einem Lachanfall schmerzen kann. Zudem wirkt ein breites Lächeln immer etwas künstlich, wenn es zu lange gehalten wird, ohne von äußeren Reizen motiviert zu sein. Studieren Sie zunächst einmal Fotografien, damit Sie erkennen, was bei einem solchen Lächeln im Gesicht vorgeht. Bei allen Formen eines breiten Lächelns wird die obere Zahnreihe entblößt sowie ein jeweils unterschiedlich großer Teil des oberen Zahnfleischs. Oft sind auch die unteren Zähne sichtbar, aber nur die Zähne oder deren Spitzen, das Zahnfleisch sieht man fast nie. (Sind auch die unteren Zähne vollkommen sichtbar, ist das typisch für einen völlig anderen Gesichtsausdruck, wie zum Beispiel Aggression, Angst und Ärger.) Vergessen Sie die Augenpartie nicht. Sobald die Muskelgruppen der Wangen den Mund breit ziehen, drücken sie auch die unteren Augenlider hoch und verengen die Augen oder schließen sie manchmal ganz.

Zähne und Zahnfleisch

Die bogenähnliche Formung des Zahnfleischs betont die Form der einzelnen Zähne sehr deutlich. Unterstreichen Sie die Besonderheit jedes Zahns zusätzlich durch Betonung der Beißkante. Weitere Linien zur Abgrenzung der Zähne sind dann fast überflüssig und sollten in jedem Fall ganz fein sein.

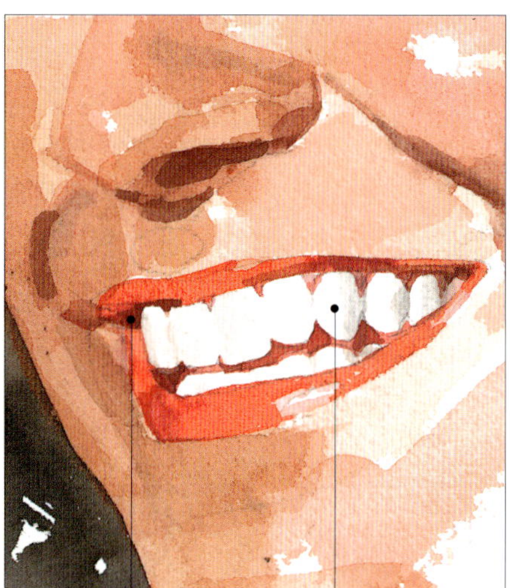

Die Mundwinkel sind dunkel, aber nicht schwarz, sondern eher dunkelrot.

Setzen Sie ganz leichte Schattierungen ein, um die Wölbung der Zähne anzudeuten.

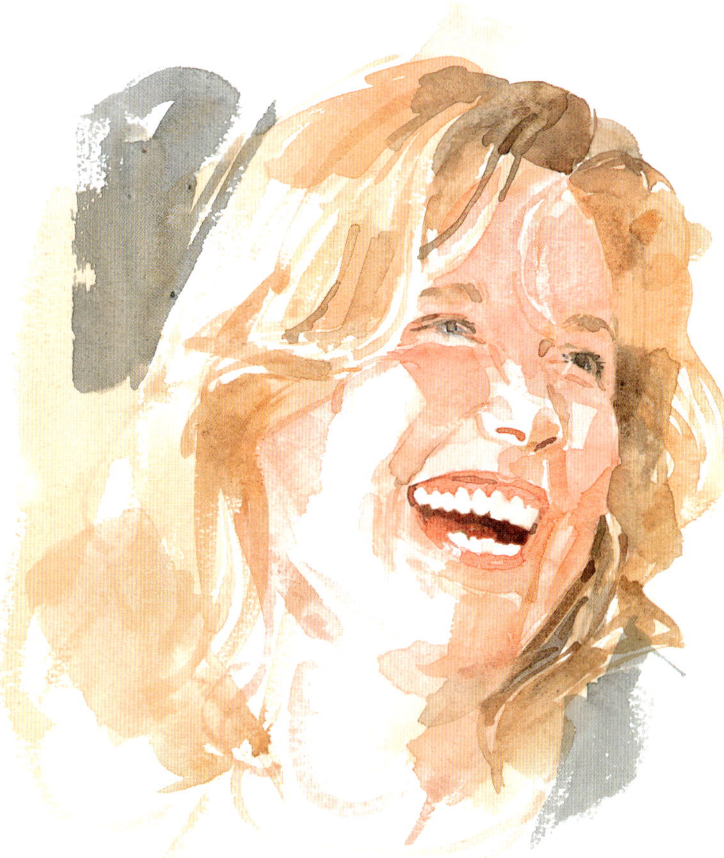

Das Innere des Mundes

OBEN: *Ein offenes Lachen wird erzeugt, wenn die Wangenmuskeln den Mund stark nach außen ziehen und der Unterkiefer gesenkt wird, um den Mund zu öffnen. Die Mundhöhle wird oft in Dunkelbraun oder sogar Schwarz wiedergegeben. Realistischer wirken allerdings dunkelrote, auf Orange basierende Schattierungen.*

Fast geschlossene Augen

UNTEN: *Die Wangenmuskeln haben den Mund stark nach oben und in die Breite gezogen, die Augen sind dadurch fast ganz geschlossen. Aus diesem hohen Blickwinkel sieht man die gebogene Form des Gaumens sehr deutlich.*

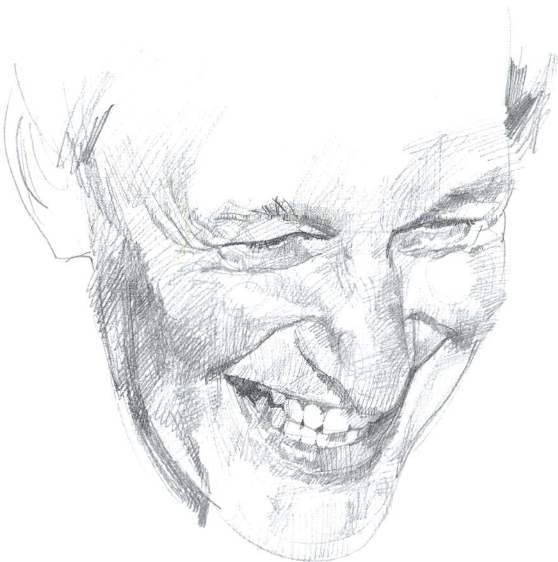

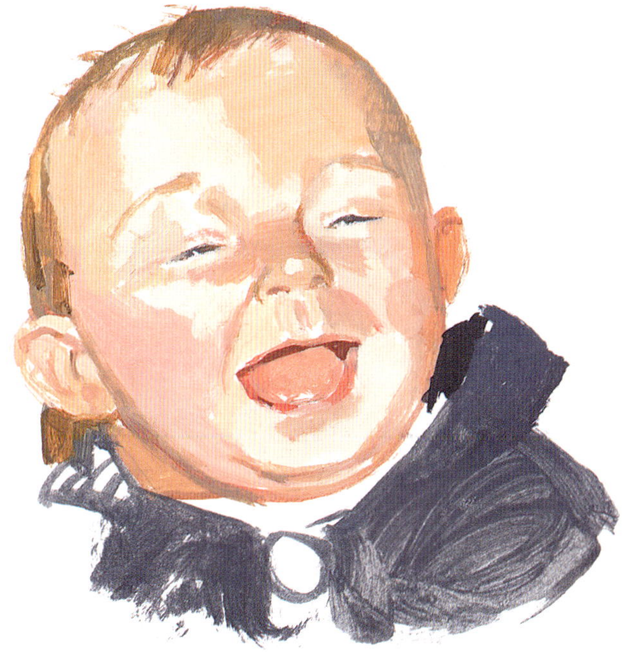

Lächelndes Baby

OBEN: *Das Baby hat zwar keine Zähne, sein Gaumen, der die Milchzähne und die zweiten Zähne schon enthält, bildet jedoch die gleiche Bogenform. Auch seine Augen sind beinahe ganz geschlossen.*

Praktische Übung: LÄCHELN MIT OFFENEM MUND

Diese Studie mit Conté-Kreide beschäftigt sich mit den direkten Auswirkungen des Lächelns auf Wangen, Augen und Mund.

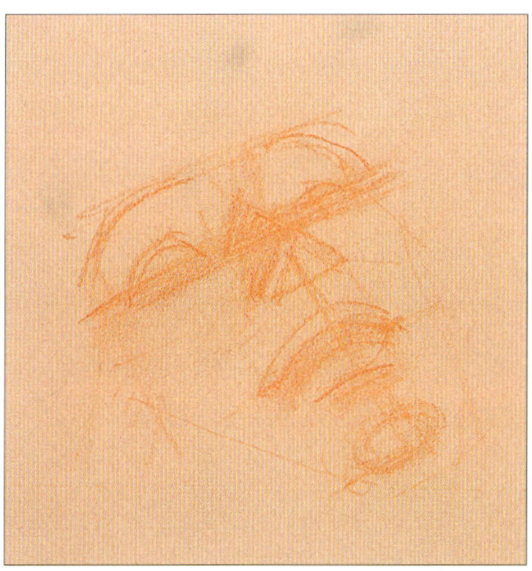

1 *Legen Sie die frontalen Flächen des Gesichts fest. Beachten Sie die Nähe von unterer Augenpartie zur oberen Wangenpartie, die durch die Untersicht entsteht. Die Zähne folgen dem normalen Mundbogen und liegen mit ihm auf einer Ebene.*

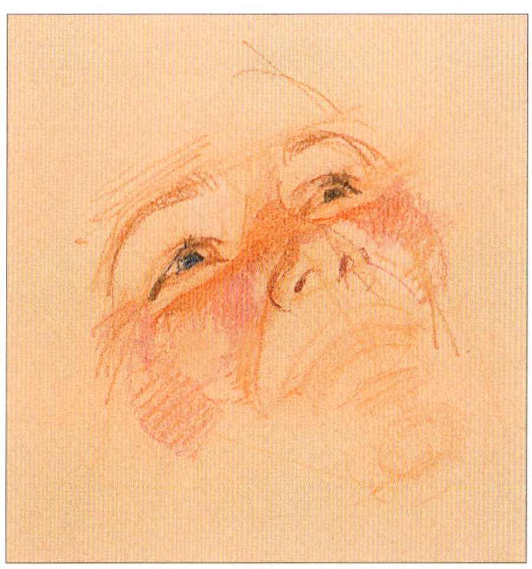

2 *Suchen Sie nun weiter nach der Form. Um anzudeuten, dass sich die Wangen zu den Augen hochschieben, ziehen Sie die unteren Augenlider nach oben und „beschneiden" die Pupillen etwas. Aus diesem Blickwinkel sehen Sie auch, wie dick die oberen Augenlider tatsächlich sind. Die nicht sehr tiefen Lachfalten definieren die Grenzen der Wangenpartien.*

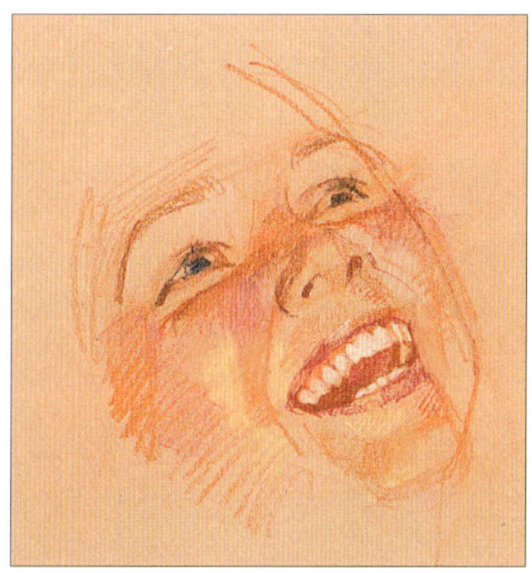

3 *Zeichnen Sie dann die Ober- und Unterlippen, die sich über die Zahnreihen spannen. Mit warmen roten Farben legen sie die Mundhöhle an und definieren die Zahnkanten. Wenn die Wangen derart hart angespannt sind, heben sie sich von der Form des Kinns ab.*

Extreme Gesichtsausdrücke

Auch bei den wirklich extremen Gesichtsausdrücken wie Wut, Angst, extreme Anspannung, verhält es sich ähnlich wie beim vollen Lächeln: Diese Stimmungen kommen aus der Tiefe der Seele und können daher nicht auf Kommando eingenommen werden. Man muss also mit Fotovorlagen vorlieb nehmen.

Alle extremen Gesichtsausdrücke haben bestimmte Elemente gemeinsam, zum Beispiel ist die untere Zahnreihe meist sichtbar. Es ist aber durchaus möglich, sie voneinander zu unterscheiden. Schauen Sie zuerst auf die Augen. Eine entblößte untere Zahnreihe, kombiniert mit weit offenen Augen und zur Mitte hin zusammengezogenen Augenbrauen, drückt Ärger aus. Der gleiche Mund mit nach unten gezogenen Augen und Brauen vermittelt einen ängstlichen Eindruck. Durch deutliches Stirnrunzeln in Verbindung mit geschlossenen Augen erhält man einen Gesichtsausdruck, wie man ihn von Sportlern kennt, die sich ins Zielband werfen oder ein schweres Gewicht stemmen. Bei einem Angstschrei werden die Augen häufig weit aufgerissen und der Mund weit geöffnet.

Wir können die Botschaft dieser Gesichtsausdrücke zwar sofort deuten, bemerken aber nicht unbedingt, wie die Gesichtszüge jeweils zusammenwirken. Wenn Sie einen bestimmten Ausdruck zeichnen, sollten Sie auf jeden Fall die Verknüpfungen der verschiedenen Teile des Gesichts, manchmal auch des Halses, analysieren.

Wechsel der Ausdrucksform

Ein typisch aggressiver Ausdruck wird erzeugt, wenn die Unterlippe nach außen und nach unten gezogen wird und sowohl die obere wie die untere Zahnreihe sichtbar wird. Offene Augen und zusammengezogene Brauen verstärken die wütende Miene. Wenn der verzerrte Mund jedoch mit geschlossenen Augen kombiniert wird, erhält die Mimik etwas Qualvolles oder Angestrengtes.

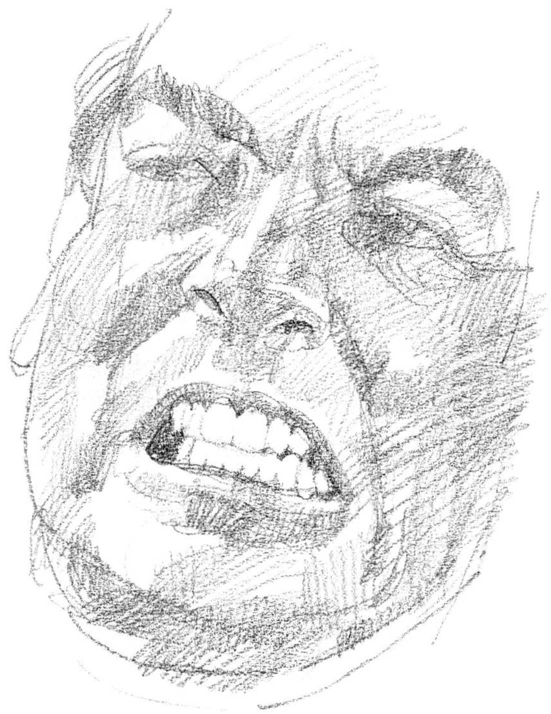

Aggression

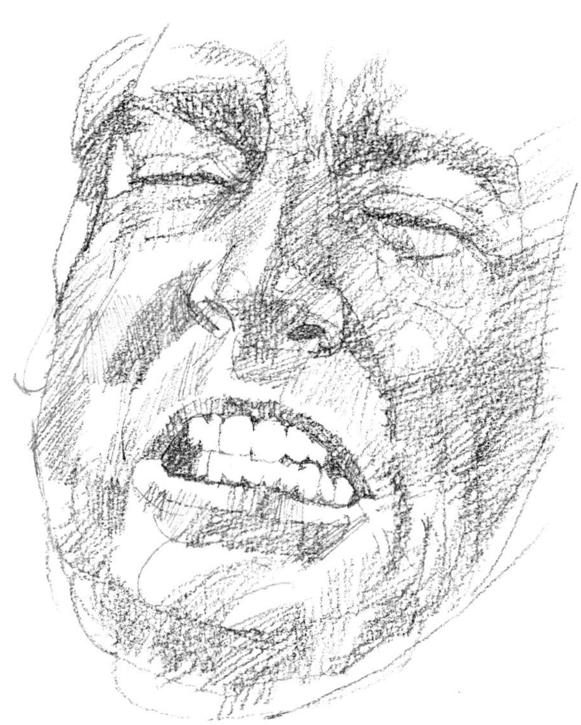

Schmerz

Ungleichmäßige Gesichtszüge einsetzen

RECHTS: *Achten Sie auch auf asymmetrische Gesichtszüge. In diesem Beispiel steigern der verdrehte Mund und die ungleichmäßig geöffneten Augen den extremen Gesichtsausdruck.*

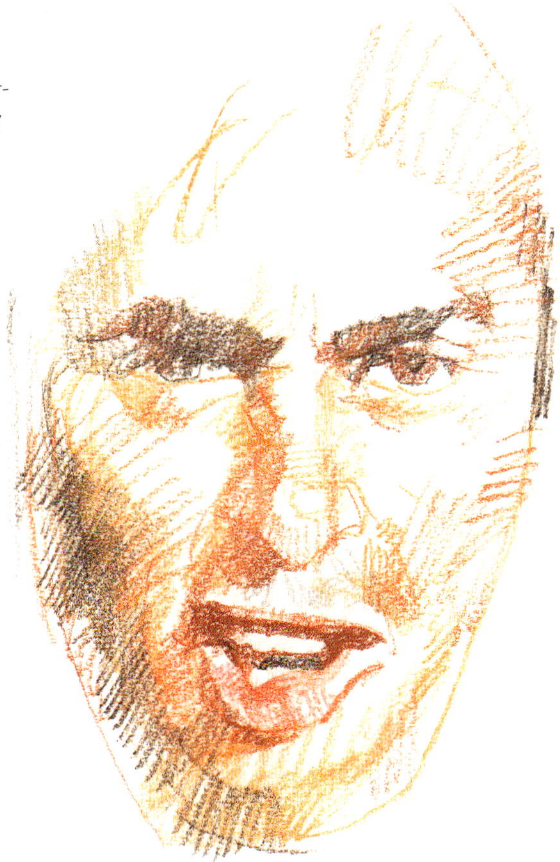

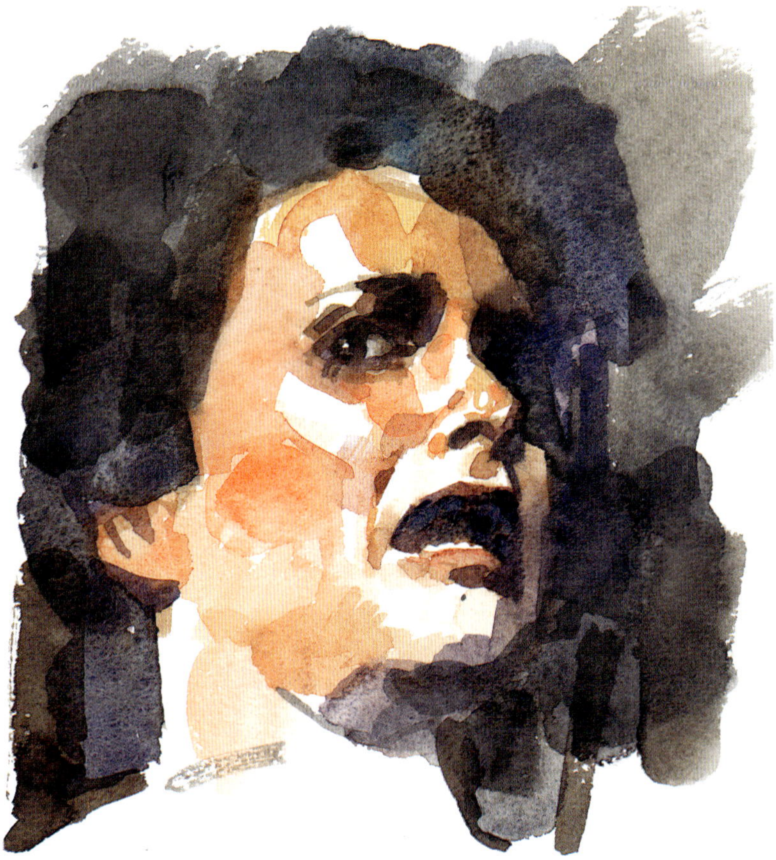

Ängstlicher Ausdruck

OBEN: *Der Mund ist hier so stark nach unten gezogen, dass nicht nur die unteren Zähne sichtbar, sondern auch die oberen wieder bedeckt sind – ein typischer Ausdruck von Schrecken und Angst. Die angstgeweiteten, starren Augen steigern diesen Effekt noch.*

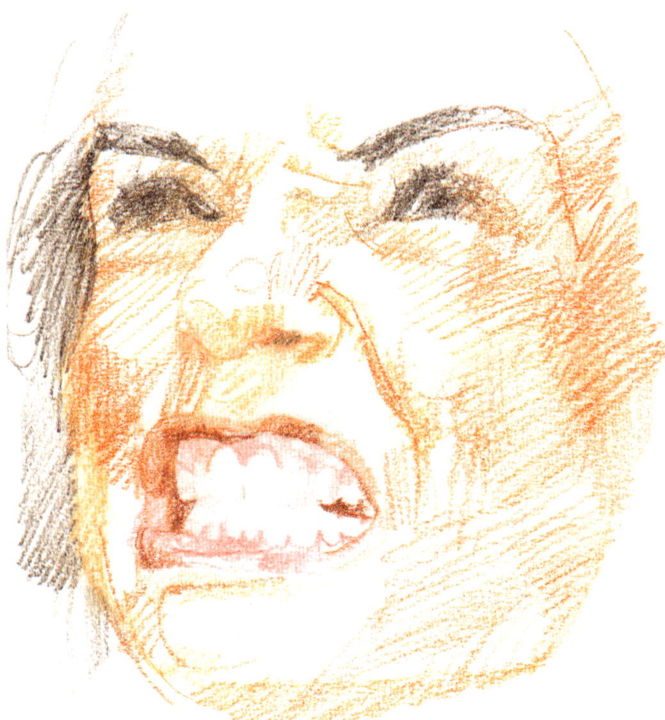

Angriffsmiene

RECHTS: *Dieser Gesichtsausdruck ist noch aggressiver als der auf der linken Seite. Er gleicht dem Fletschen eines angriffsbereiten Hundes. Achten Sie darauf, wie die Lippen nach oben und unten „gerollt" sind, sodass das obere wie das untere Zahnfleisch freiliegt.*

Wie man einen gelangweilten Gesichtsausdruck vermeidet

Ein ewiges Problem für den Porträtzeichner ist die Tendenz des Modells, nach einer Weile in einen schläfrigen Zustand zu verfallen und eine gelangweilte Miene zu machen beziehungsweise mit glasigen Augen ins Nichts zu blicken. Es gibt jedoch einige Möglichkeiten, dieses Problem zu umgehen, und man sollte sich die Zeit nehmen, die beste Lösung herauszufinden.

EINE GUTE METHODE, das Modell bei Laune zu halten, ist ein Gespräch während der Sitzung oder ein wenig Musik im Hintergrund. Stellen Sie einen Spiegel so auf, dass das Modell Ihnen beim Arbeiten zuschauen kann. Bitten Sie Ihr Modell zu Beginn der Arbeit, einen bestimmten Punkt zu fixieren, aber bestehen Sie nur, wenn es unbedingt erforderlich ist, darauf, dass es genau diese Position wieder einnimmt. Wenn Sie gerade nicht an den Augen arbeiten, kann das Modell zum Beispiel seine Augen schließen und sich entspannen. Häufige Pausen sind sowohl für den Maler wie für das Modell wichtig. Nach 15 Minuten kann man entspannt wieder ans Werk gehen.

Letzlich muss man jedoch mit einkalkulieren, dass sich das Modell bewegt. Das schadet nicht, solange sichergestellt ist, dass es häufig genug in die gewünschte Pose zurückkehrt, damit Sie die Struktur erfassen können. Sie können dann die wechselnden Gesichtsausdrücke einfach an sich vorbeiziehen lassen, einen besonders typischen herausgreifen und immer dann einsetzen, wenn er in der Sitzung wiederkehrt.

Die Blickrichtung wechseln

Wenn das Modell lange Zeit in eine Richtung schauen musste, kann es einen tranceähnlichen Zustand einnehmen. Die Augenlider fallen herunter, die Muskeln des Gesichts werden schlaff und entziehen dem Gesicht seine Lebendigkeit.
Der entscheidende Unterschied zwischen beiden Porträts wurde hier allein durch den Wechsel der Blickrichtung erzielt. Die physischen Veränderungen sind nur ganz fein. Die Augen sind weiter offen und fokussieren einen Punkt. Die Rundungen der Wangen in den Mundwinkeln sind deutlicher. Insgesamt ist der Gesichtsausdruck jedoch wesentlich lebhafter geworden.

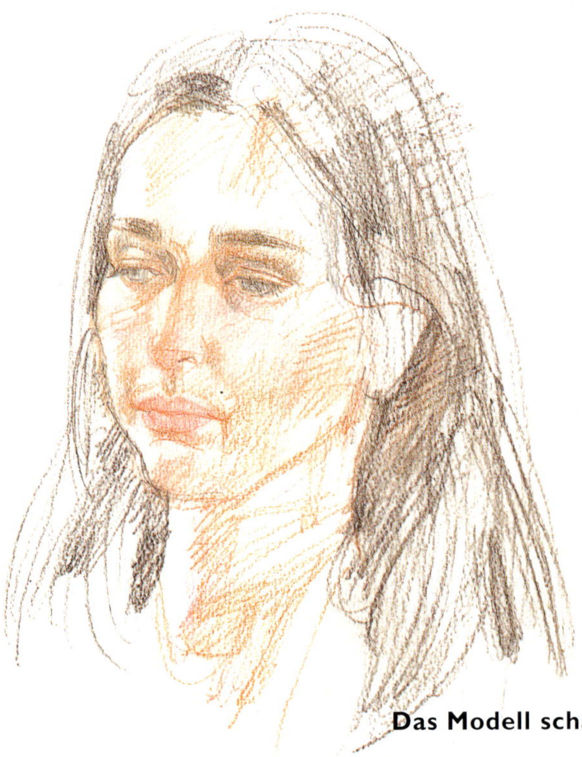

Das Modell schaut weg.

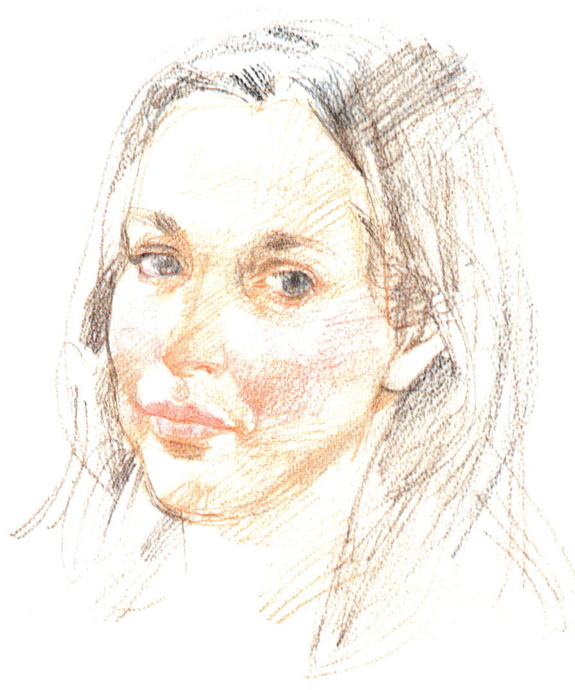

Das Modell schaut zum Künstler.

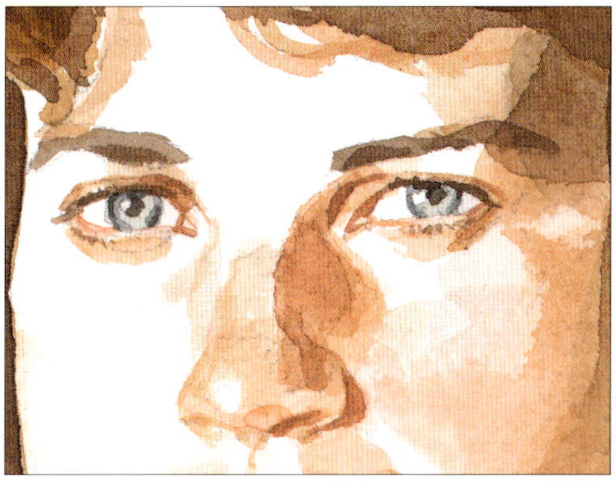

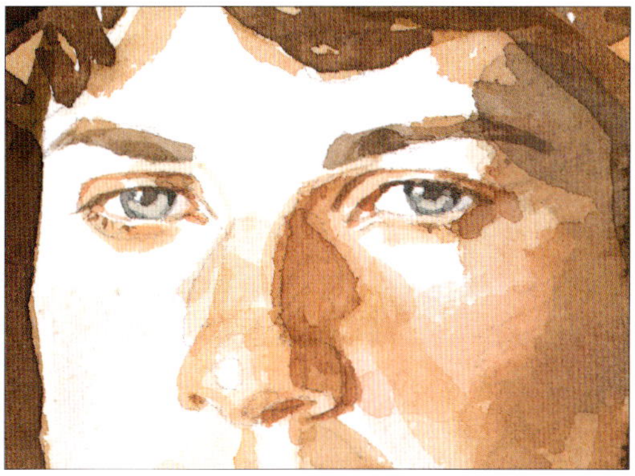

Unmerkliche Veränderungen

OBEN: *Diese zwei weniger extremen Beispiele zeigen, welche Auswirkung Langeweile auf den Gesichtsausdruck hat. Im Bild rechts sind die Augenlider nur ein wenig herabgesenkt und dennoch ist das Leben aus dem Gesicht gewichen.*

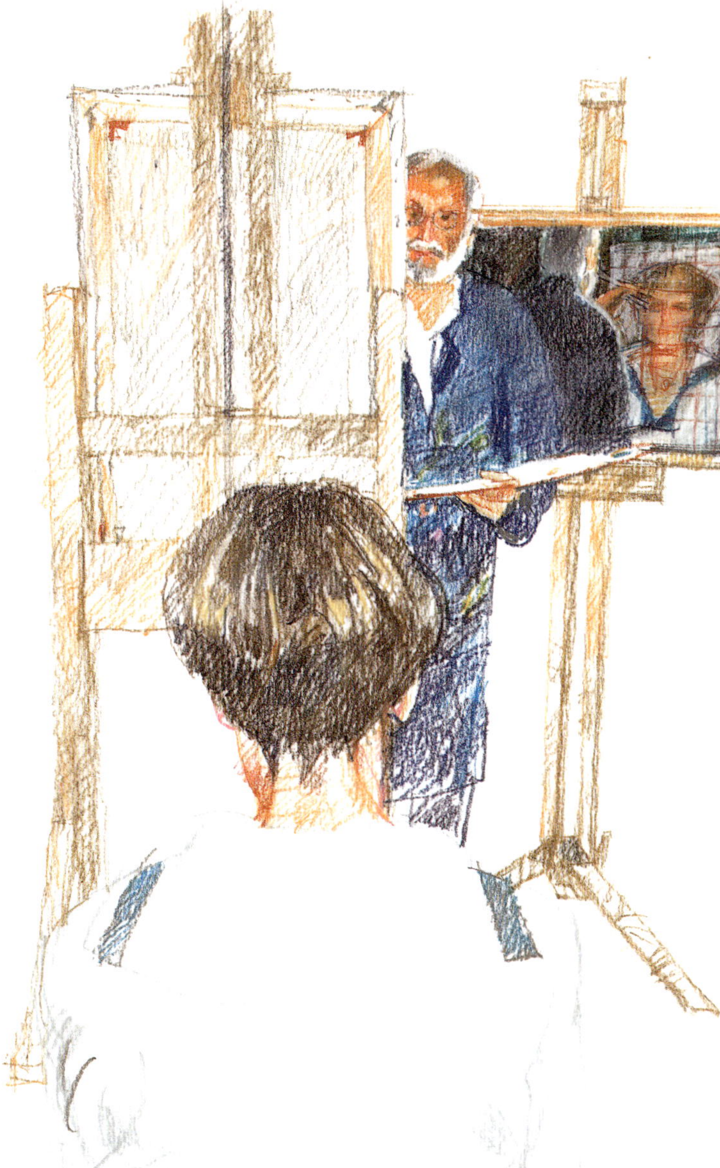

Einen Spiegel einsetzen

RECHTS: *Stellt man einen Spiegel hinter dem Künstler auf, so kann das Modell den Malprozess verfolgen. Es wird auf diese Weise bei Laune gehalten und behält einen angeregten Gesichtsausdruck. Ein solches Arrangement lenkt natürlich den Blick des Modells etwas seitlich am Künstler vorbei. Will man einen gerade gerichteten Blick haben, so muss man die Aufmerksamkeit des Modells hin und wieder vom Spiegel weg auf sich lenken.*

Die Hand

Die Hand gehört zu den ausdrucksstärksten Teilen des Körpers. Wir setzen sie fast unbewusst beim Sprechen ein. Gerade Gesten können aber Stimmungen und Gefühle in ungemein vielfältiger Weise zum Ausdruck bringen, vom wütenden Ballen der Fäuste bis zum entspannten Zuwinken oder einer liebevollen Berührung.

VON HÄNDEN WIRD BEHAUPTET, dass sie schwer zu zeichnen seien. Der Trick dabei ist, dass man die Hand als Ganzes sieht und beobachtet, wie die verschiedenen Teile innerhalb dieser Einheit zusammenspielen. Wenn man zum Beispiel jeden Finger einzeln zeichnet und nicht darauf achtet, wie er mit den anderen Fingern, dem Handrücken und dem Handgelenk verbunden ist, wird die Zeichnung höchstwahrscheinlich recht unbeholfen und unförmig wirken. Man ist außerdem versucht, den einzelnen Elementen der Hand zu viel Gewicht zu geben, und stellt die Finger in Relation zur gesamten Hand zwangsläufig zu groß dar.

Der Handteller wird oftmals als flache Scheibe gezeichnet, an die die Finger angehängt sind. In Wirklichkeit bewegt er sich zusammen mit Fingern und Daumen und sollte als Fortsetzung derselben gesehen werden, weil er die Bewegungen der Finger unterstützt.

Die Anatomie der Hand

Auf dem Handrücken zeichnen sich die Knochen und Sehnen deutlich unter der Haut ab. Sie bestimmen weitgehend die Form der Oberfläche, während der Handteller mit einer dicken Hautschicht und mehreren Muskelgruppen ausgekleidet ist (s. gegenüberliegende Seite, unten rechts).

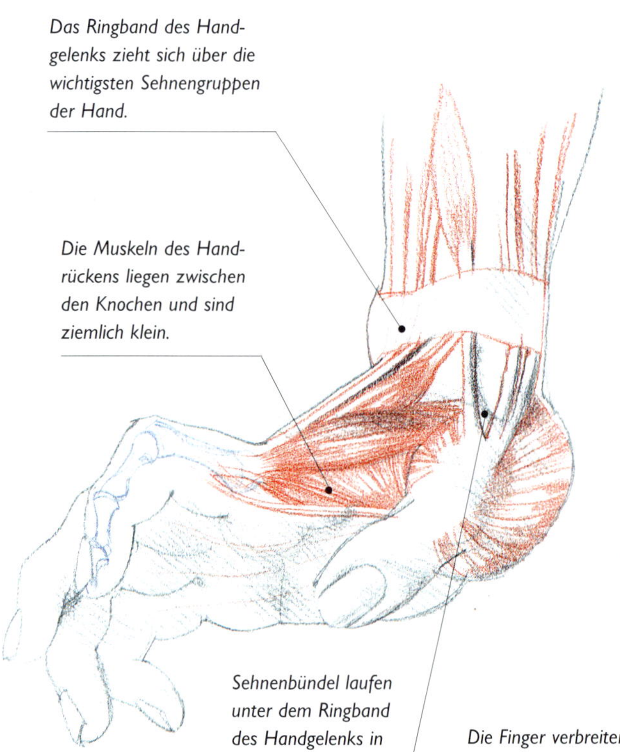

Muskeln unter der Haut

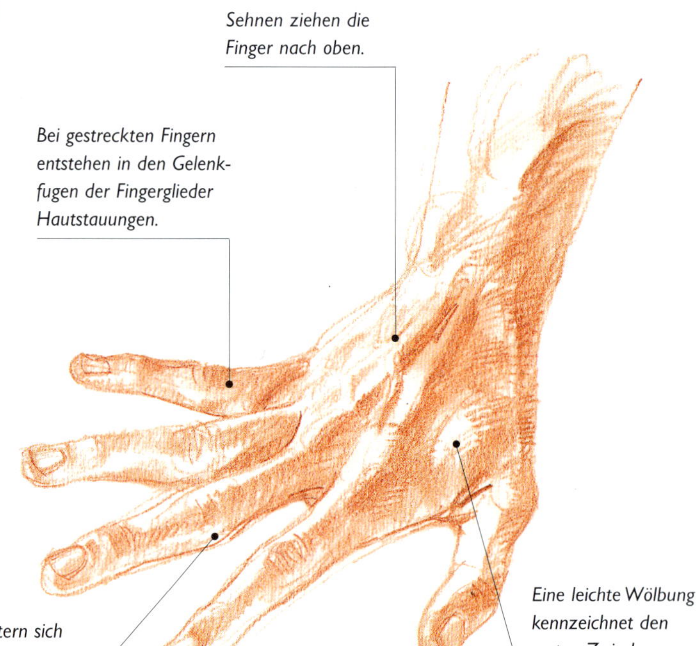

Muskeln, die durch die Haut zu sehen sind

Ausrichtungen innerhalb der Hand

RECHTS: *Die Formen der Hand variieren stark von Mensch zu Mensch. Es gibt jedoch einige Grundelemente, die als Basis für die Beurteilung individueller Unterschiede dienen können. Am besten betrachtet man zuerst einmal die eigene Hand, um die Grundformen zu analysieren.*

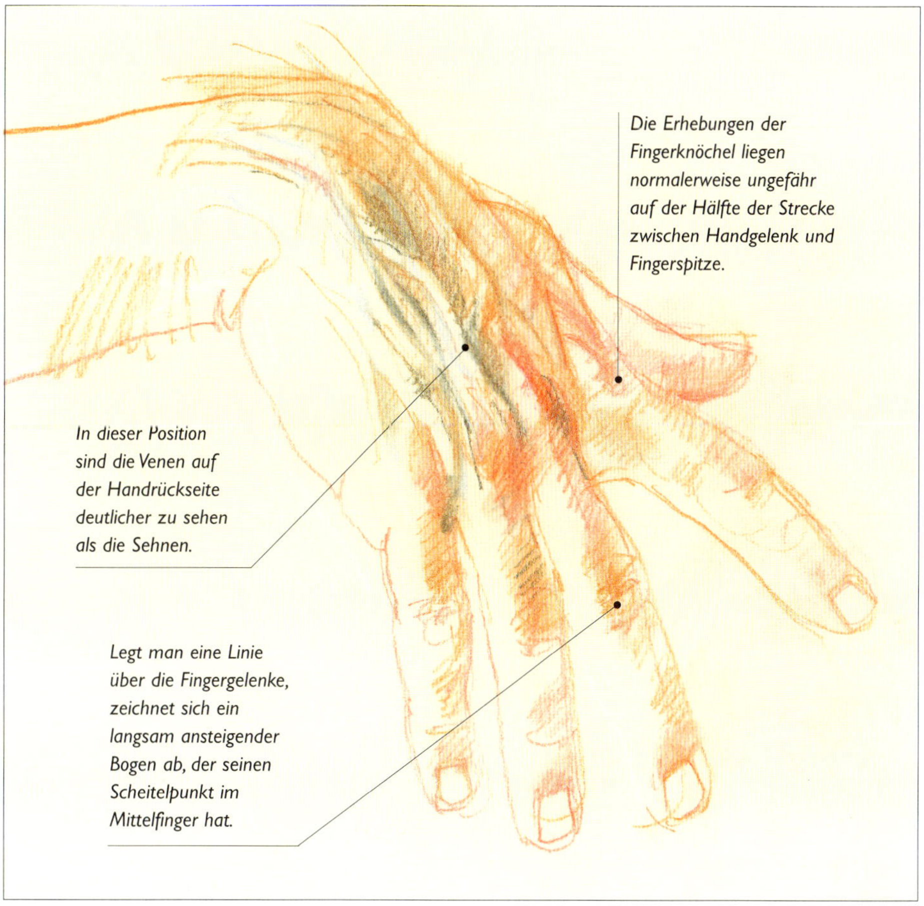

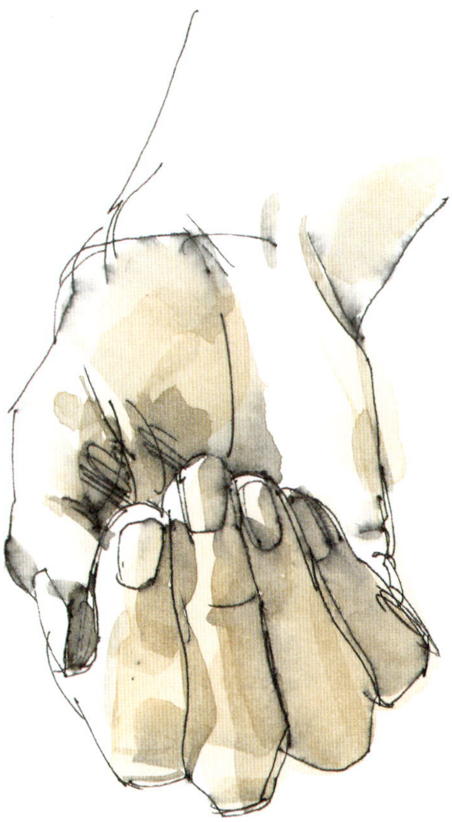

Die Form mit Linie und Lavierung wiedergeben

OBEN: *Mit einer so gekrümmten Hand kann man Wasser aufnehmen. Der dunkle Schatten an der Daumenwurzel deutet die von den Fingern verdeckte Höhlung an. Achten Sie auch auf die Fingernägel. Die Spitze des Zeigefingers ist noch hinter dem Nagel sichtbar, während die drei anderen Fingerspitzen durch die stärkere Beugung von den Nägeln verdeckt werden.*

Umgedrehte Hand

UNTEN: *Der Handteller unterscheidet sich sehr vom Handrücken. Er ist mit dicker Haut bedeckt, die über zähen Muskelfasern und zwei wichtigen Muskelgruppen liegt – die eine befindet sich an der Daumenwurzel, die andere erstreckt sich vom Handgelenk zum kleinen Finger. Beobachten Sie einmal, wie sich die Finger dank der Falten biegen lassen und wie sich der Handteller durch die Schwielenpolster zu einer Schale formt.*

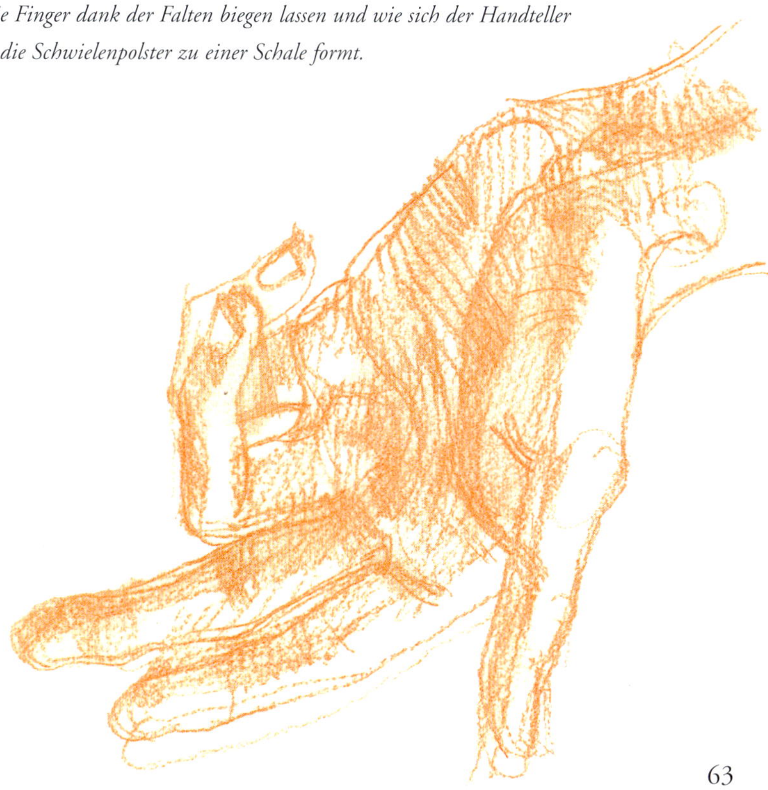

Expressive Hände

Neben den Gesichtszügen sind sicher die Hände die ausdrucksstärksten Teile des menschlichen Körpers. Ein kurzer Blick auf die Porträts und figürlichen Zeichnungen in einer Kunstgalerie oder einem Museum genügt schon, um zu erkennen, wie Hände wirkungsvoll und suggestiv zur Steigerung der Spannung eingesetzt werden können. Wiederholen Sie noch einmal die auf Seite 14 gezeigten Übungen und zeichnen Sie auch einmal Hände nach Skulpturen.

Die Darstellung von Bewegung wird in diesem Buch nicht gezeigt und würde an dieser Stelle auch zu weit führen. Dennoch soll darauf hingewiesen werden, dass es für Anfänger hilfreich sein kann, einfache, sich ständig wiederholende Bewegungen der Hände zu skizzieren. So können die Hände beispielsweise beim Nähen, beim Spielen eines Musikinstruments, beim Schreiben mit einem Stift, beim Brotschneiden oder beim Umrühren einer Tasse Kaffee gezeichnet werden.

Man ist leicht versucht, Hände vereinfacht darzustellen. Das führt aber kaum zum Erfolg. Schauen Sie beim Zeichnen lieber genau auf die Unterschiede in Form und Größe.

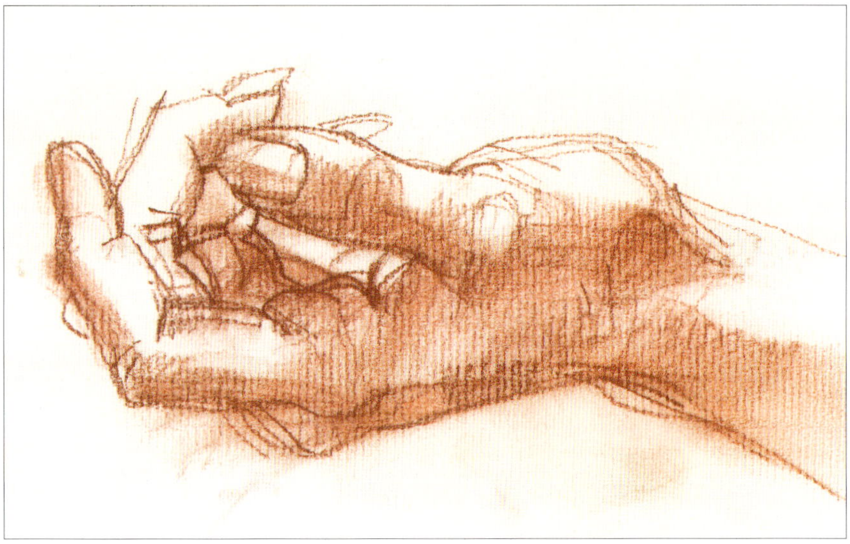

Entspannte Hand

LINKS: *Diese Seitenansicht der Hand ist interessant, da sie den Gegensatz von Fingern und Daumen deutlich macht. Der Daumennagel ist ganz sichtbar, während die übrigen Fingernägel nur teilweise zu sehen sind, da sie vom Betrachter abgewandt sind.*

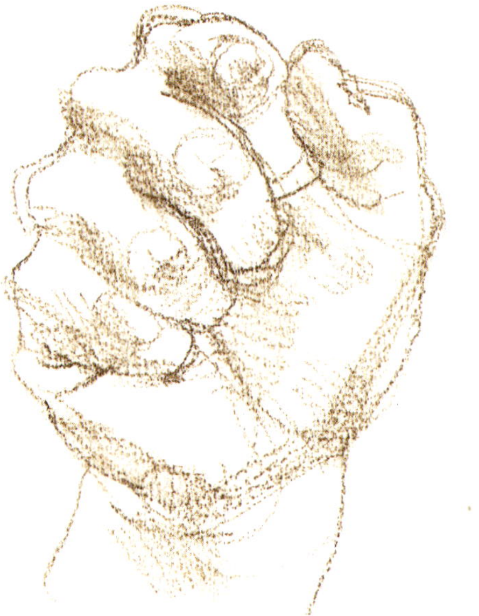

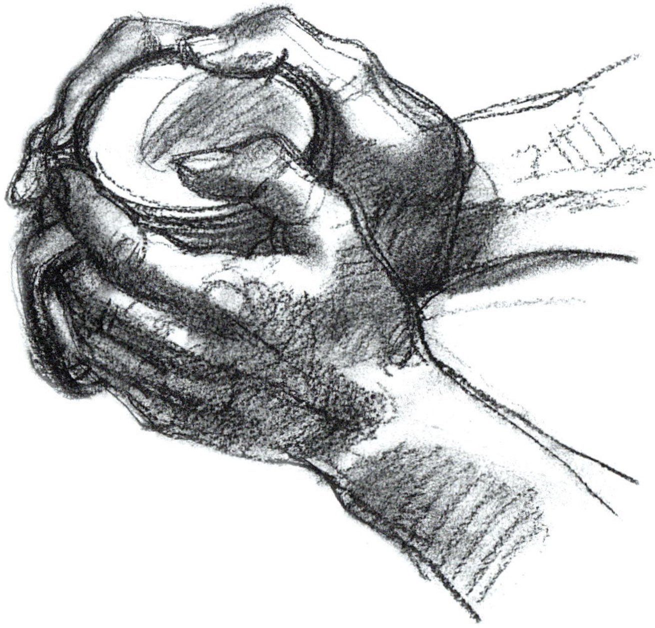

Geballte Faust

OBEN: *Zeichnen Sie nicht jeden Finger einzeln, sondern konzentrieren Sie sich auf die allgemeine Form der Faust, die einem etwas unförmigen Kubus entspricht. Achten Sie auf die harte, wellige Kante der Knöchel.*

Haltende Hände

OBEN: *Wenn Sie Hände zeichnen, die sich um einen Gegenstand schließen, denken Sie sowohl an die Form des Gegenstandes als auch an die Hände selbst. Die gesamte Zeichnung zentriert sich hier um die Ellipse der Kaffeetasse.*

Zwei Hände

RECHTS: *Wenn Hände eng verschränkt sind, sollte man sie sich als geschlossene Form vorstellen. Suchen Sie nach verbindenden Formen. Der Bogen, den die Knöchel der linken Hand bilden und der sich an der Oberseite der rechten Hand fortsetzt, könnte eine solche Form sein. Ein anderer Bogen verläuft von der Spitze des Mittelfingers der linken Hand über die Knöchel der rechten Hand bis zum ersten Gelenk des linken Daumens. (Beachten Sie bitte, dass die Angaben „rechts" und „links" hier auf den Betrachterstandpunkt bezogen sind und nicht auf das Modell.)*

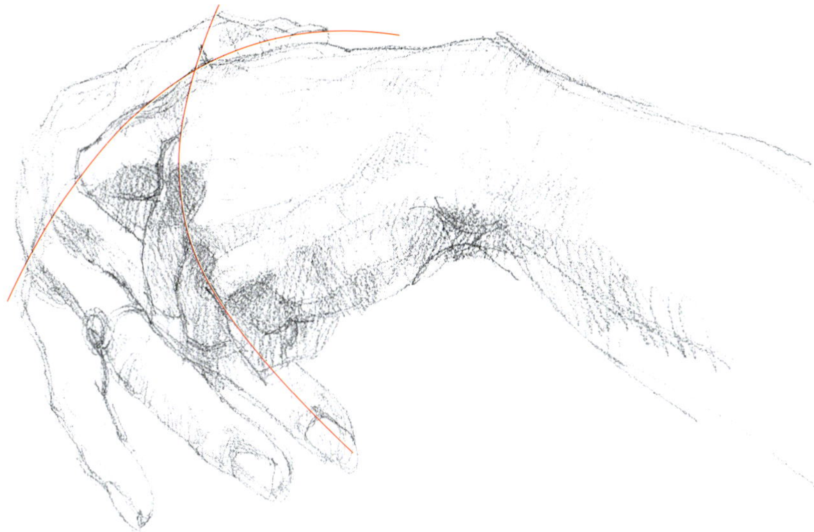

Praktische Übung: HÄNDE ZEICHNEN

In dieser Pose werden Hände in zwei verschiedenen Ansichten kombiniert: einer verkürzten Ansicht von vorne und einer von der Seite mit nach oben gedrehtem Handteller.

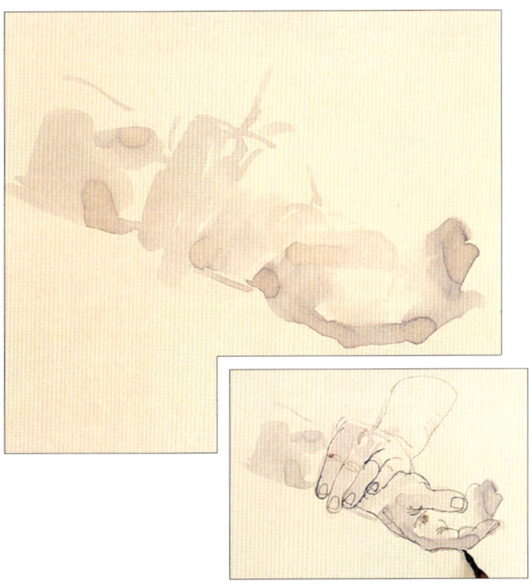

1 *Vor dem Zeichnen sollte man mit einer hellen Lavierung die Formen und Proportionen festlegen.* Kleines Bild: *Nachdem die Grundformen eingetragen sind, sucht man nach Details, wie Fingernägeln, um die Position der Finger und deren Verhältnis zur Gesamtform zu definieren.*

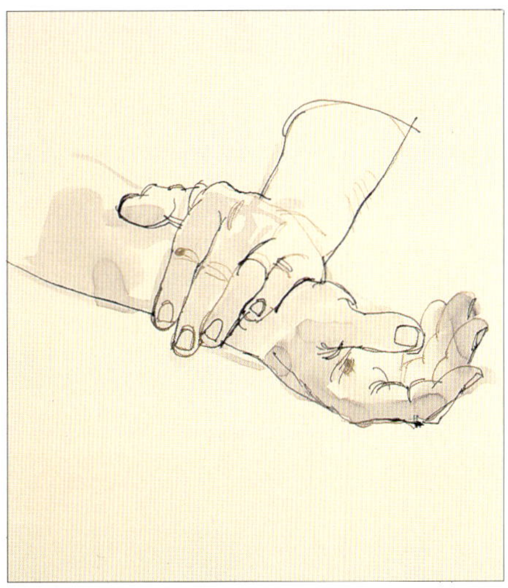

2 *Innerhalb der mit Tusche angelegten Konturzeichnung kann man nun mit dunkleren Lavierungen weiterarbeiten. Überprüfen Sie jetzt noch einmal die Umrisse und ziehen Sie sie nach.*

3 *Legen Sie weitere Lavierungen an, um die Konturen der Hände und der Unterarme deutlich zu machen. Verwenden Sie anschließend helle Lavierungen, um den Lichteinfall und die Form der Finger wiederzugeben. Die dunkelsten Töne zeigen den Schattenwurf auf der unteren Hand an.*

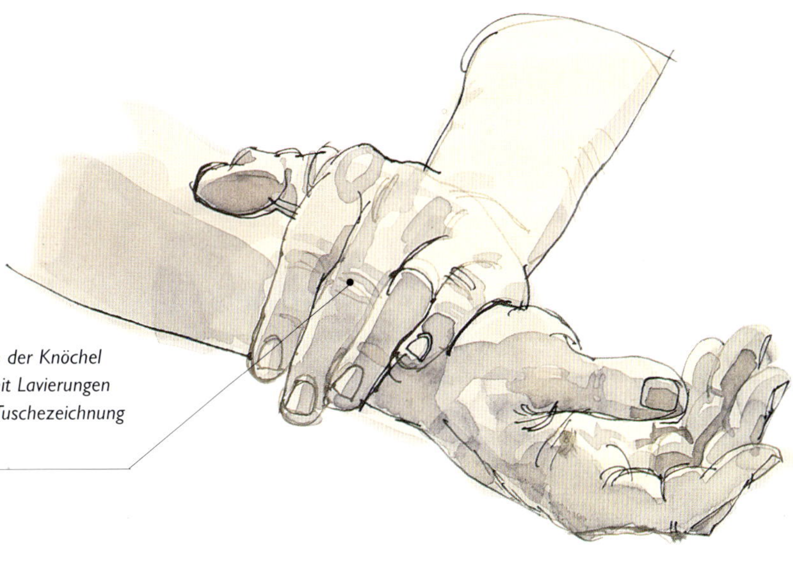

Die Linien der Knöchel werden mit Lavierungen über der Tuschezeichnung verstärkt.

Charakterlinien

Bestimmte Gesichtsausdrücke, die zur Gewohnheit geworden sind, führen zu Falten, die sich tief in die Haut graben und viel über den Charakter eines Menschen aussagen. Solche Linien offenbaren nicht nur vergangene Stimmungen und Empfindungen, sondern weisen auch auf die Erlebnisse hin, die sie hervorgerufen haben.

ES IST SICHER zu viel verlangt, alle Botschaften zu entschlüsseln, die in einem reifen Gesicht verborgen sind. Man sollte aber versuchen, die dominierenden Muster wiederzugeben, und dabei darauf achten, dass die zu Grunde liegende Knochenstruktur nicht zu stark von Falten überdeckt wird.

Man läuft schnell Gefahr, diese Muster zu sehr zu betonen, indem man jede Falte wie einen eintätowierten schwarzen Strich in der Haut darstellt. Aus der Nähe betrachtet ist eine Gesichtsfalte nur eine schwache Vertiefung, ein kleiner Graben in der Oberfläche der Haut, jedoch keine gravierende Veränderung der Form.

Vielleicht wünscht Ihr Modell, dass diese Charakterlinien in der Porträtzeichnung ganz weggelassen werden. Bei einem Auftragsporträt sollte man die Falten auf jeden Fall vorsichtig eintragen. Wenn sie aber gewissenhaft und ohne Übertreibung dargestellt werden, tragen sie nur zu mehr Ähnlichkeit bei und werden niemanden beleidigen.

Linien und Falten

Hautfalten, vor allem auf der Stirn, sind Unterbrechungen in einer sonst kontinuierlichen Form. Sie werden in linearen Zeichnungen meist als einfache schwarze Linien wiedergegeben. In einer mit Tonwerten ausgeführten Zeichnung sollte man sie jedoch realistischer darstellen, nämlich als kleine Furchen, die auf einer Seite beleuchtet und auf der anderen beschattet sind.

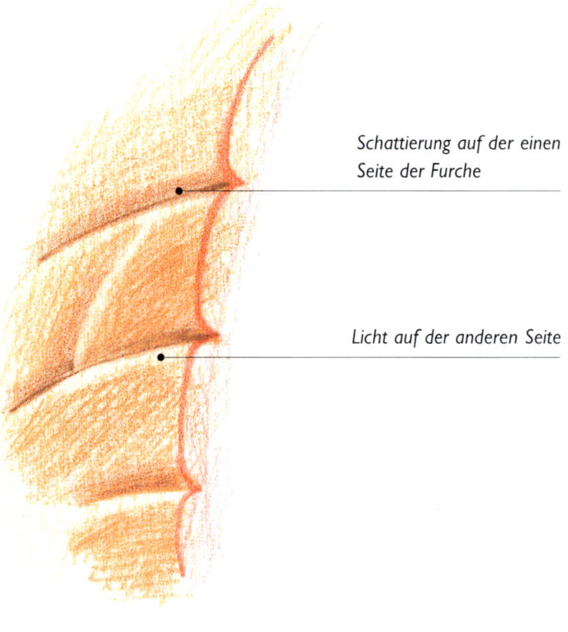

Detail der Stirnfalten

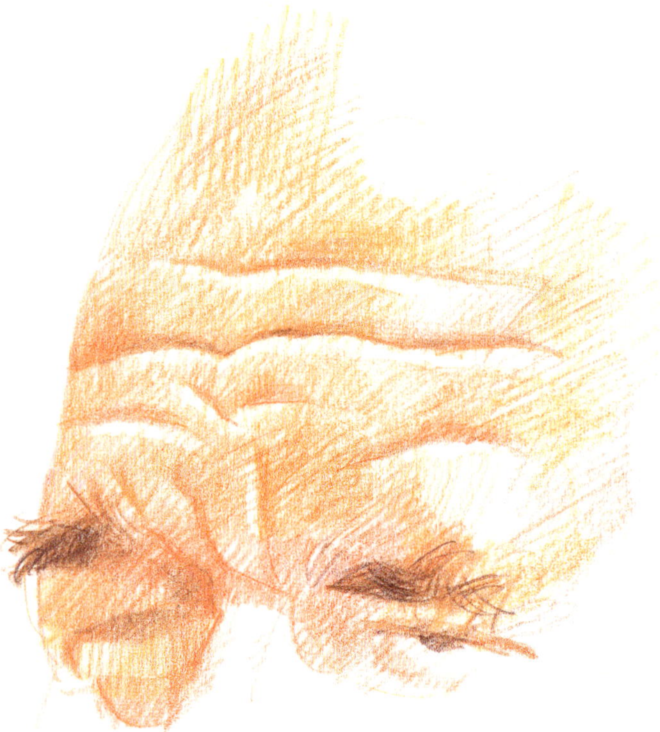
Die Stirn in Gesamtansicht

Lachfalten

RECHTS: *Wie man vielleicht ahnt, ist dies ein typischer Ausdruck für diesen französischen Weinbauern. Die meisten Falten werden durch die Anspannung der Wangenmuskeln hervorgerufen.*

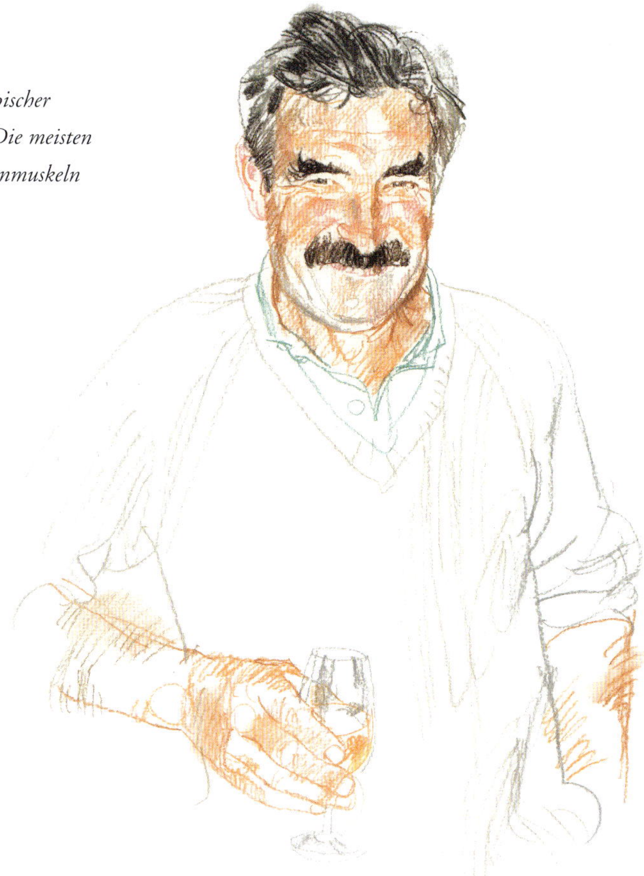

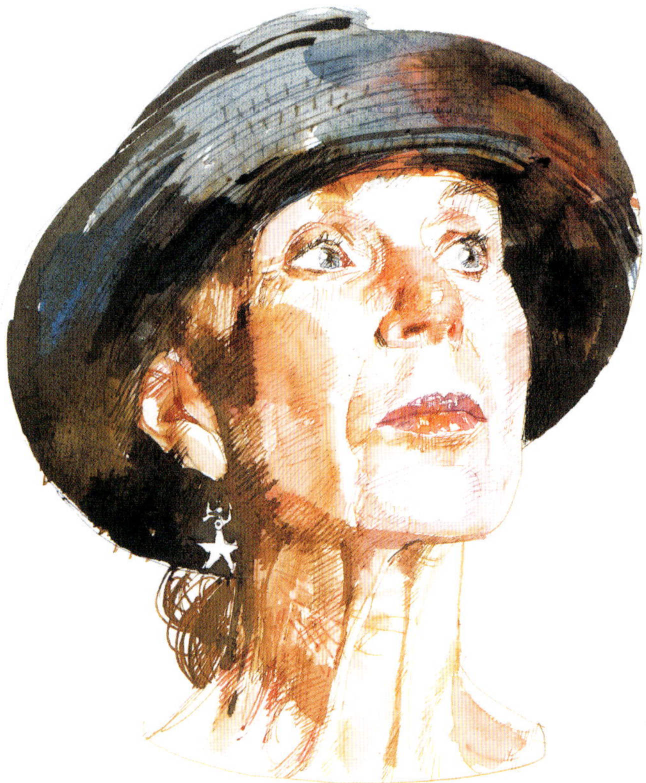

Elegante Reife

OBEN: *Die Haut dieser Tänzerin hat zwar an jugendlicher Elastizität verloren. Der schöne Knochenbau und die würdevolle Kopfhaltung ziehen dennoch die Blicke auf sich.*

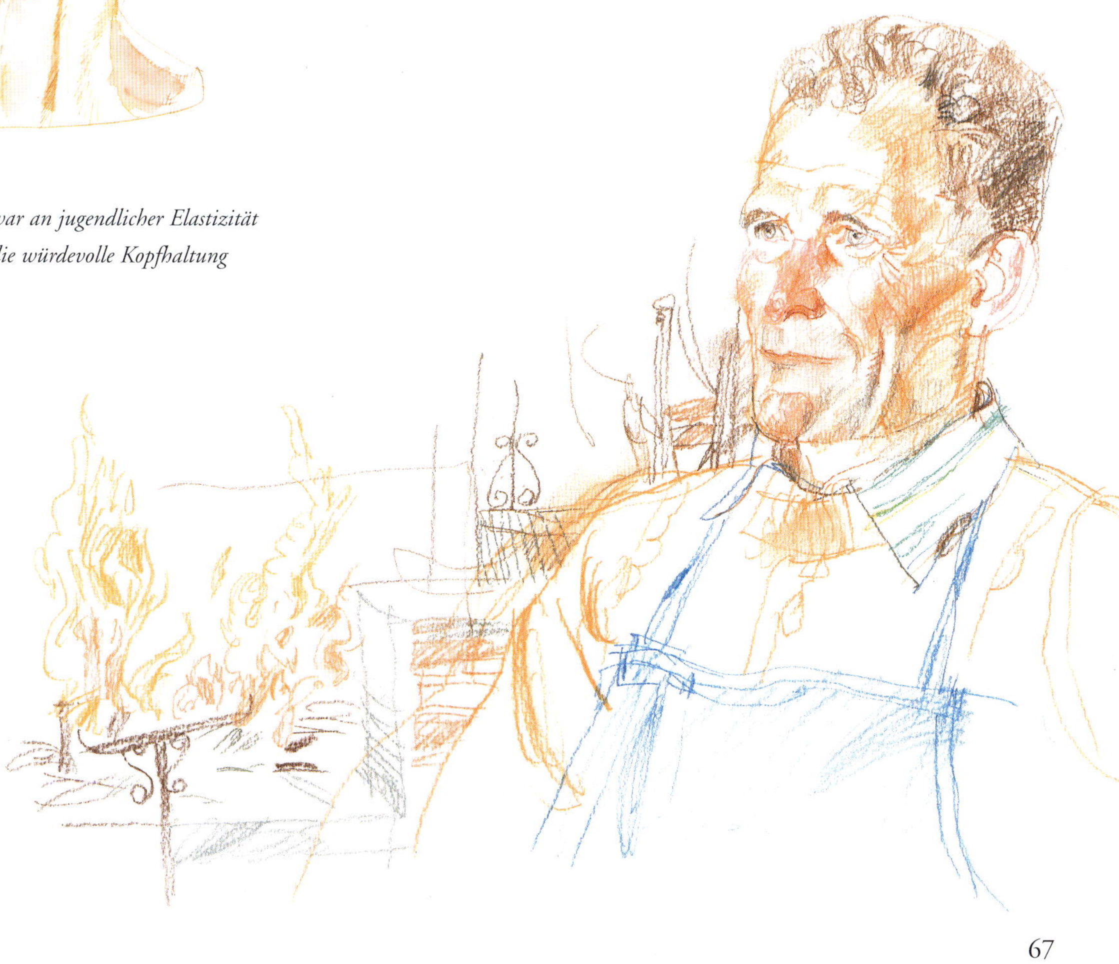

Arbeit im Freien

RECHTS: *Die ganzjährige Arbeit in seinen Weinbergen im Tal der Loire hat sicher ihren Anteil daran, dass sich tiefe Falten in diesem ausdrucksstarken Gesicht gebildet haben.*

Ältere Gesichter

Wenn die Haut altert, verändert sie sich anders als bei den Charakterfalten. Das gealterte Gesicht ist ein dankbares Motiv. Es bedarf eines großen Einfühlungsvermögens, um den Charakter und die Intelligenz eines Menschen offen zu legen, die in einem Gesicht über die Jahre gespeichert sind.

IM ALTER TRETEN gerade bei dünnen Menschen oft die Knochen des Hinterkopfes und des Gesichts deutlich hervor, da sich die Muskeln zurückbilden. Dickere Menschen zeigen zwar weniger Falten, dafür aber mehr Doppelkinn. Das Haar auf dem Kopf wird dünner, sprießt dagegen an den Augenbrauen oder in den Nasenlöchern, Male und Leberflecken nehmen zu und die Gesichtsfarbe wird entweder von rötlichen Flecken durchsetzt oder bleicht ganz aus. Mit zunehmendem Alter verliert die Haut an jugendlicher Festigkeit und beginnt sich unter dem eigenen Gewicht zu senken. Nasen werden fleischiger oder erhalten im Gegensatz dazu ein knochiges, schnabelartiges Aussehen.

Wenn man solche Veränderungen an sich selbst bei einem Blick in den Spiegel vielleicht als deprimierend empfindet, so ist das Zeichnen dieser Formen doch sehr interessant und spannend. Die Selbstporträts von Rembrandt zählen sicher zu den besten Porträts eines alten Mannes. Ein Blick auf diese wundervollen Bilder und Skizzen kann auf jeden Fall, selbst bei der Betrachtung von Reproduktionen, mehr vermitteln als noch so viele Worte.

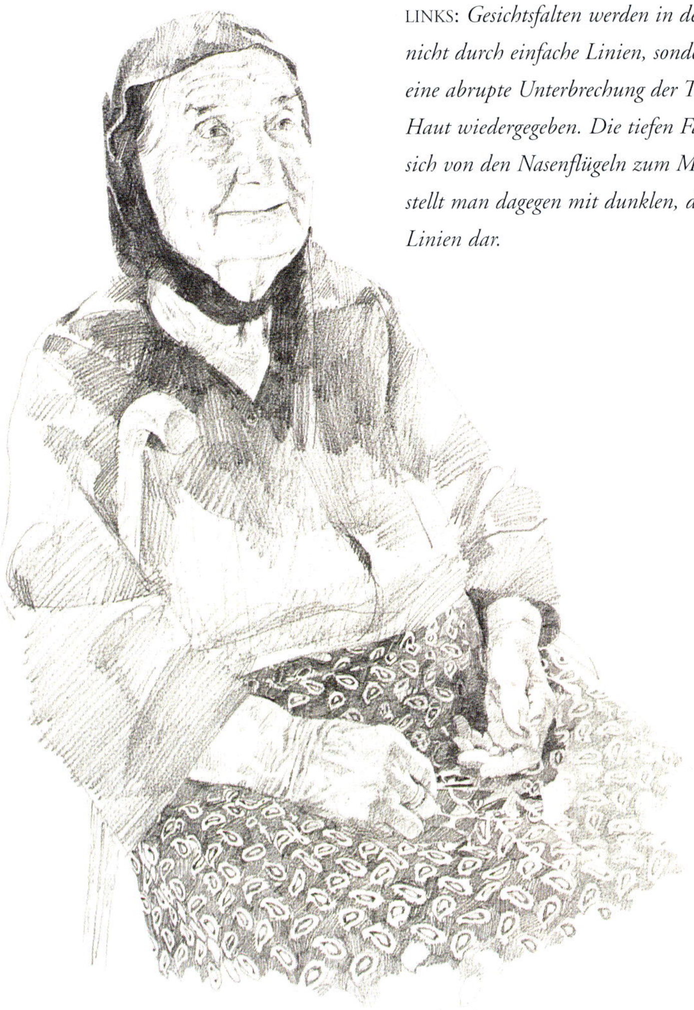

Faltenvariationen

LINKS: *Gesichtsfalten werden in der Regel nicht durch einfache Linien, sondern durch eine abrupte Unterbrechung der Tonwerte der Haut wiedergegeben. Die tiefen Falten, die sich von den Nasenflügeln zum Mund ziehen, stellt man dagegen mit dunklen, dicken Linien dar.*

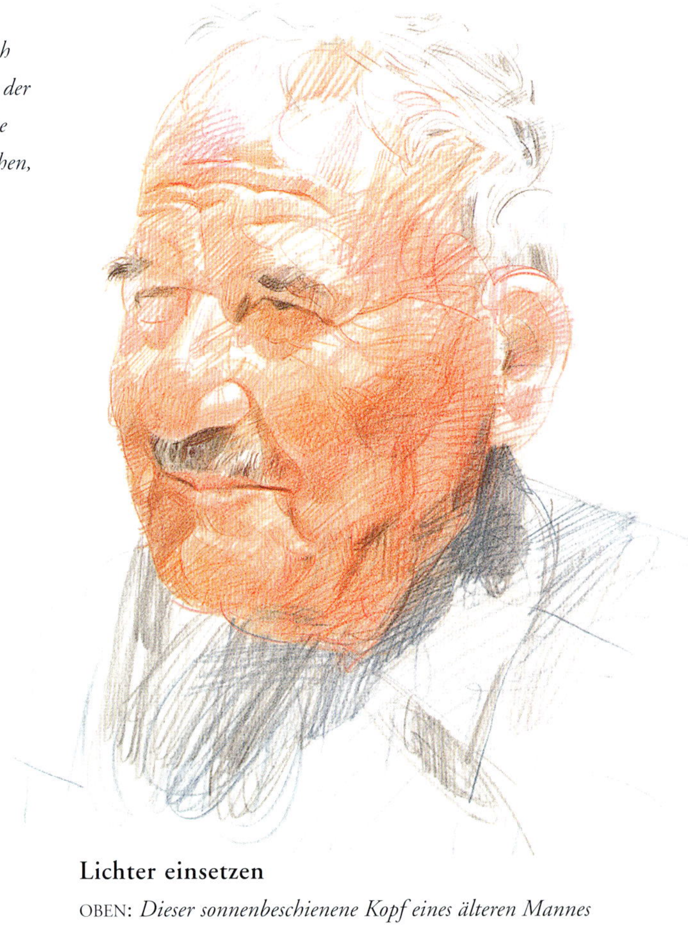

Lichter einsetzen

OBEN: *Dieser sonnenbeschienene Kopf eines älteren Mannes wurde mit farbigen Wachskreiden bearbeitet. Nur ein paar Lichter wurden von der Farbe ausgenommen.*

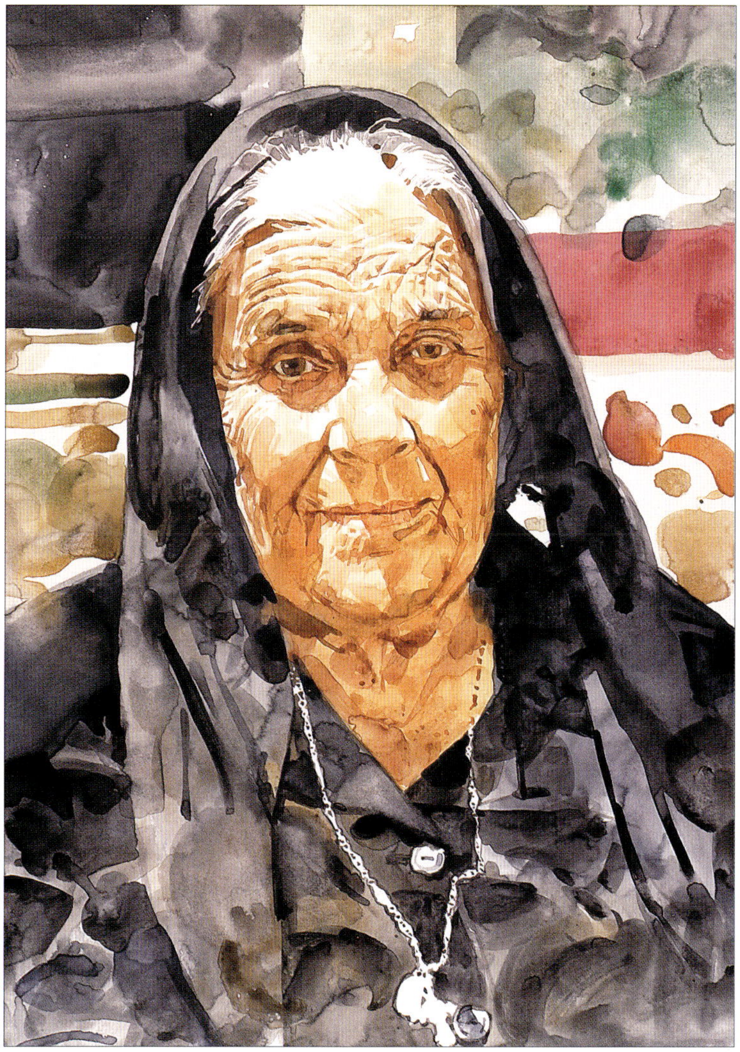

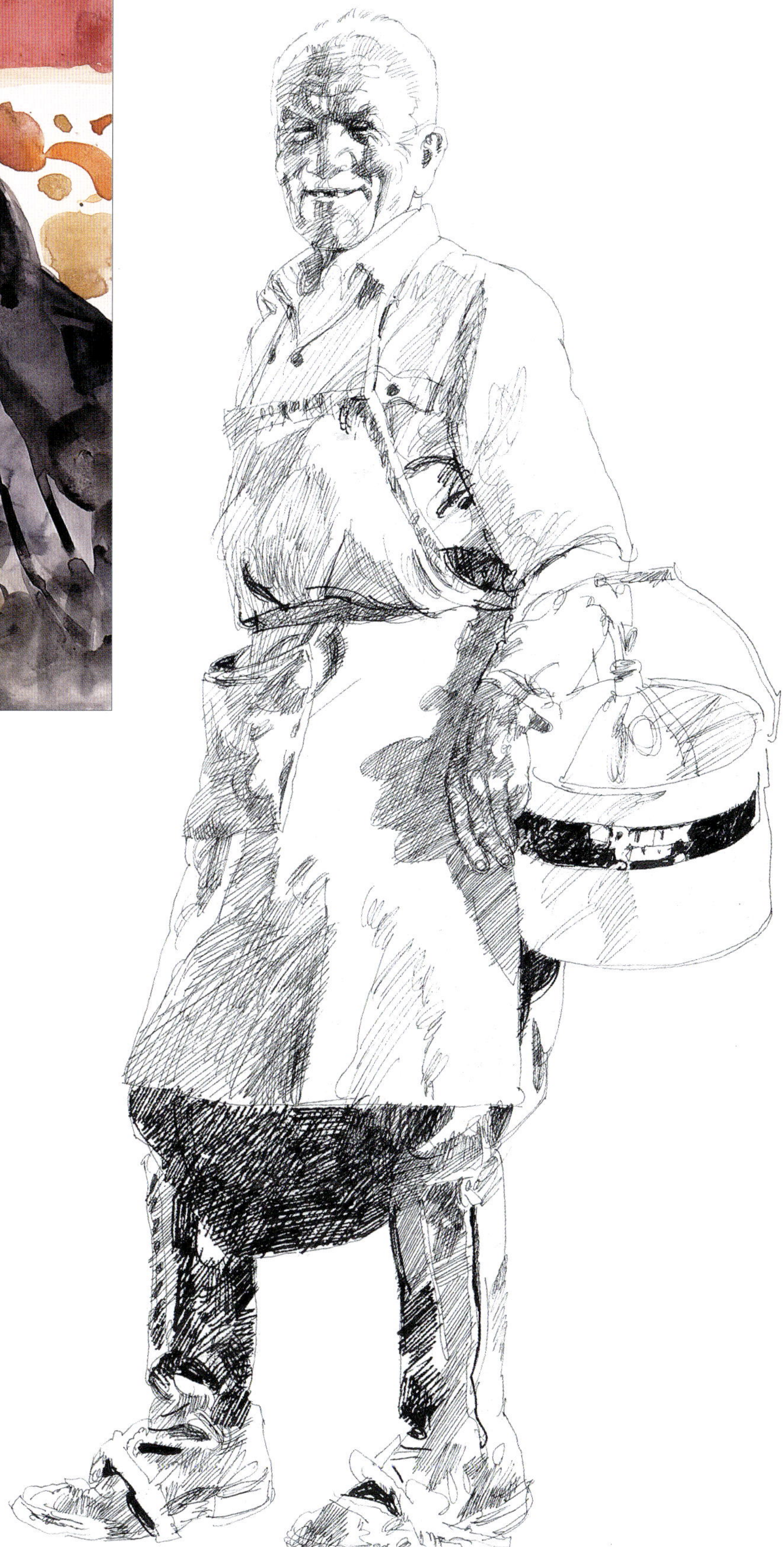

Licht und Schatten

OBEN: *Das Zickzackmuster der Falten im Gesicht dieser netten alten Dame aus Zypern wurde durch das Sonnenlicht, das sicher auch diese tiefen Falten geschaffen hat, verstärkt. Auch hier geben Tonwerte in Hell und Dunkel die Falten besser wieder als reine Linien.*

Mit wenigen Linien arbeiten

RECHTS: *Auch in dieser Zeichnung eines alten zyprischen Ziegenhirten spielt das Sonnenlicht eine wichtige Rolle. Der starke Lichteinfall von der rechten Seite lässt nur die tiefsten von einem langen Leben gezeichneten Gesichtsfalten erscheinen, die tiefe Furche von der Nase zum Kinn, die Stirnfalten und die Lachfalten um die Augen. Das Fehlen der Zähne weist ebenfalls auf das hohe Alter des Mannes hin.*

Karikatur

Die Kennzeichen eines normalen Porträts, die richtigen Gesichtsproportionen, von denen es abhängt, ob ein Bild dem Modell ähnlich sieht, werden in der Karikatur bewusst außer Kraft gesetzt beziehungsweise übertrieben. In ganz extremen Fällen haben die Gesichtszüge fast keinen Bezug mehr zur Realität und werden stattdessen zu wieder erkennbaren Zeichen und Symbolen.

Die individuellen Gesichtszüge stehen nun im Zentrum des Interesses. Jede besondere Eigenschaft, die Sie an Ihrem Modell bemerkt haben, darf bis ins Extrem übertrieben werden. Das Ergebnis ist kein ähnliches Porträt, sondern ein Satz von Zeichen, die an die dargestellte Person erinnern. Wenn diese Person ein besonders auffälliges Merkmal hat, wie etwa eine große Nase oder sehr buschige Augenbrauen, ist das umso besser. Wenn man diese Merkmale groß herausstellt, wird man gar keine anderen Gesichtszüge brauchen, um eine gute Karikatur zu zeichnen.

Fehlen diese auffälligen Merkmale, wird es etwas schwieriger. Man muss dann einen charakteristischen Gesichtsausdruck, ein typisches Kleidungsstück oder eine typische Frisur herausgreifen und damit arbeiten.

Häufig sind es schließlich doch die Gesichtszüge, die sich als Basis für die Karikatur am ehesten eignen: Vielleicht liegen Augen, Nase oder Mund innerhalb eines großen Gesichts ziemlich eng zusammen oder der Augenabstand ist ungewöhnlich. Dominant wirkt auch ein vorstehendes Kinn.

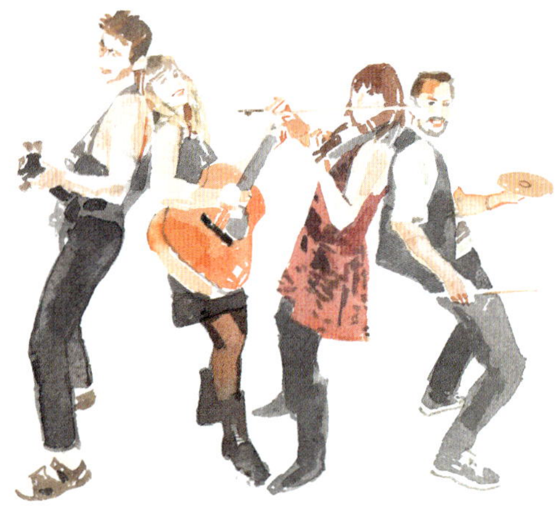

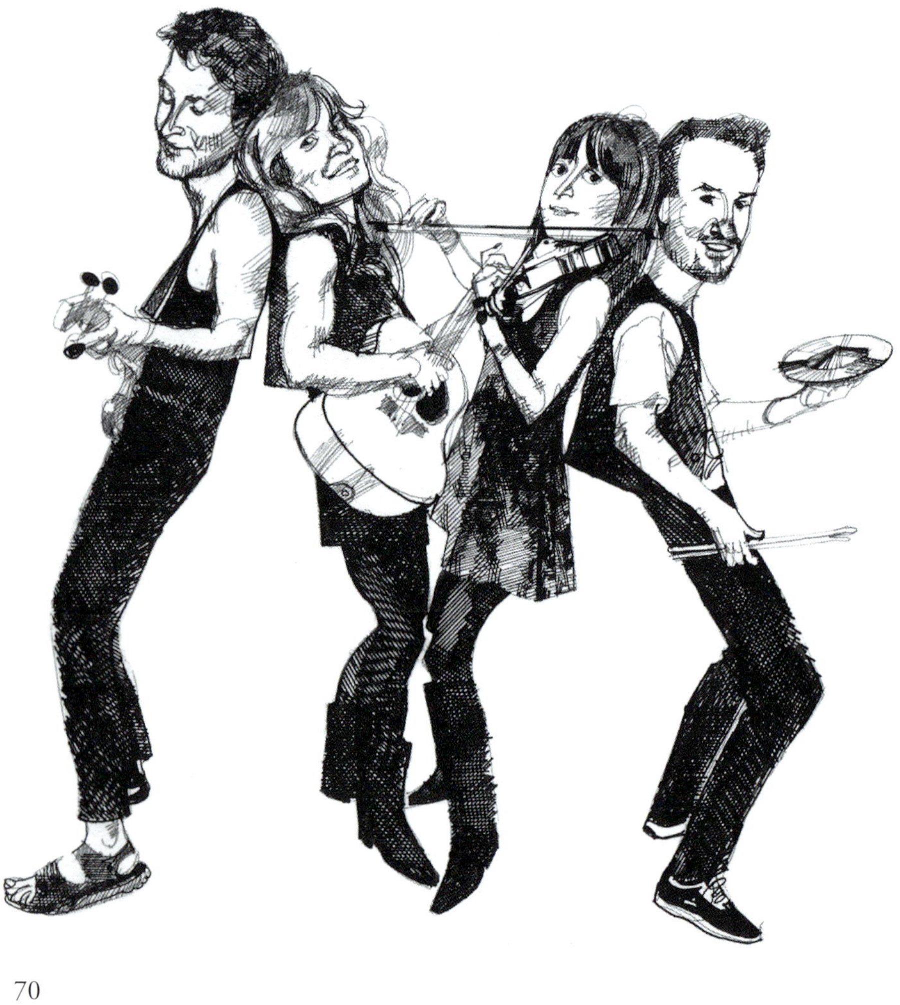

Große Köpfe, kleine Körper
OBEN UND LINKS: *Ein bekanntes Mittel der Karikatur ist das Aufblasen der Köpfe auf geschrumpften Körpern. Die Vergrößerung des Kopfes, die noch extremer als die hier gezeigte sein kann, gibt der Karikatur Dynamik und konzentriert die Aufmerksamkeit auf Köpfe und Gesichter.*

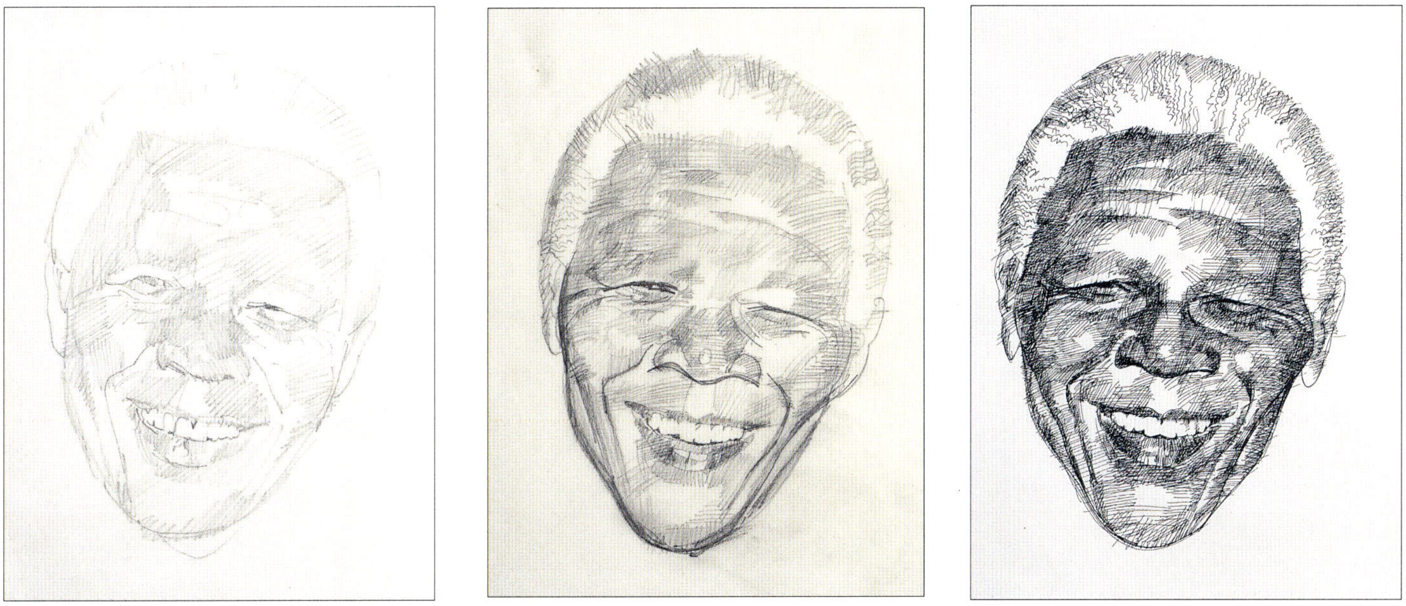

Die Gesichtszüge übertreiben

OBEN: *Die erste Zeichnung zeigt den Dargestellten noch in Natura. Dann wurden die fast geschlossenen Augen, der große lächelnde Mund und das ziemlich lange Kinn betont. Schließlich wurde die Gesichtsfarbe mit Schraffuren angelegt, um den grauen Haarkranz deutlich hervortreten zu lassen.*

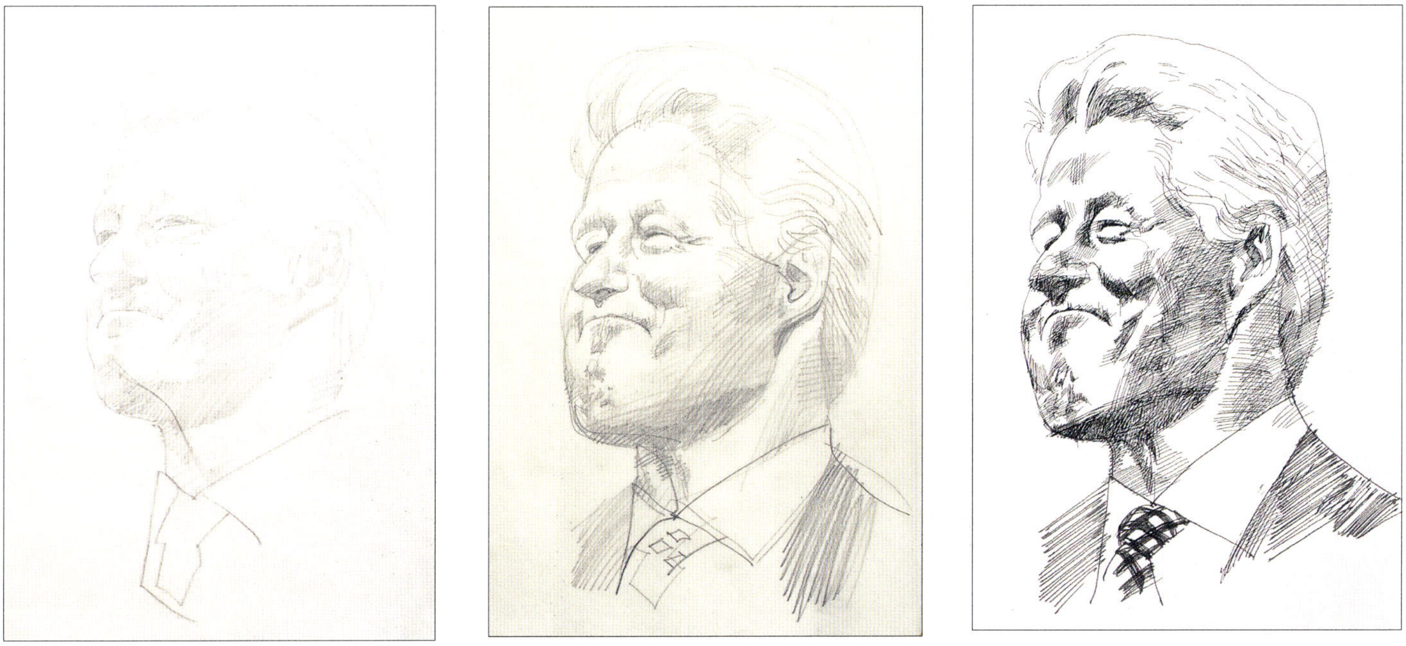

Das Image fördern

OBEN: *Die erste Zeichnung bleibt, wie oben, sehr nahe an der Realität. Der tiefe Blickwinkel betont die Festigkeit und die Größe von Unterkiefer und Kinn. Der Mund wurde näher an die Nase gerückt. In der letzten Zeichnung wurden die Augen verkleinert. Die Haarwelle und die Schattierung des Kopfes geben der Karikatur eine plastische, monumentale Wirkung.*

Komponieren

Konzentriert man sich besonders auf die Darstellung eines speziellen Charakters, hat man möglicherweise die Befürchtung, dass die plastische Form zu sehr vernachlässigt wird. Aber kein Grund zur Sorge! Viele Künstler haben die Plastizität des Körpers zu Gunsten eines flächigen Bildmusters zurückgedrängt. Andererseits ist es vielleicht gerade das Runde der Form, was den Charakter der Person ausmacht. Wenn Sie erst einmal gelernt haben, die plastische Form überzeugend wiederzugeben, können Sie sich von Fall zu Fall entscheiden, in welchem Umfang Sie diese Fähigkeit in Ihrem Bild umsetzen wollen.

In diesem Ölporträt meines verstorbenen Schwiegervaters setzen sich alle Dinge, der Hut, die Pose, das Lächeln, die Position der Hände, selbst die Postkarten an der Wand, zu einem Bild zusammen, das absolut typisch für ihn ist.

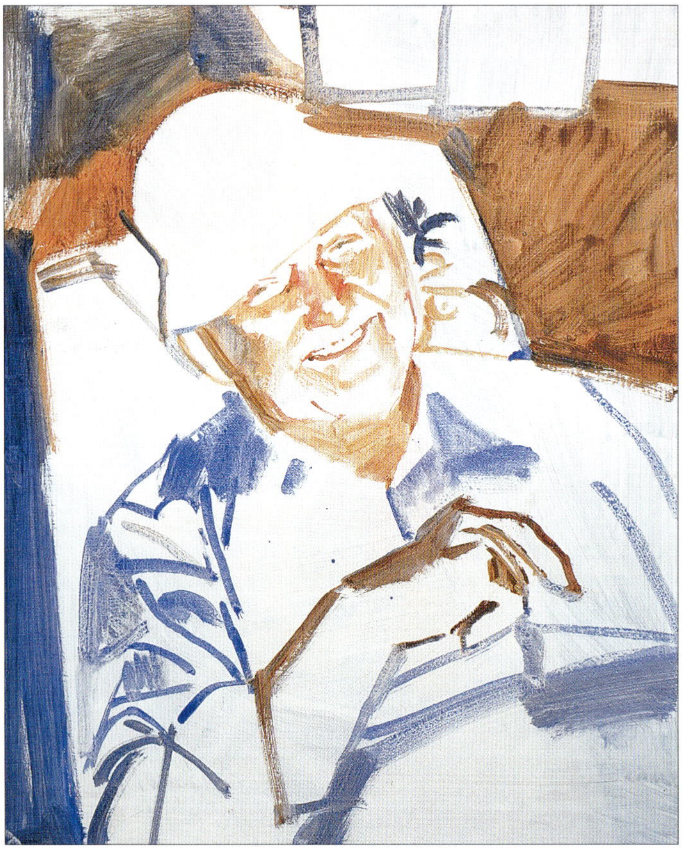

1 *Legen Sie die Hauptflächen des Bildes für die Komposition an. Ich konzentrierte mich bei der Figur auf das Gesichtsfeld, die Konturen der Hand und die wichtigsten Linien des Hemdes. Der Stuhl und der Hintergrund wurden angedeutet. In dieser Phase braucht man die exakten Farben noch nicht einzutragen. Von Vorteil ist es aber, wenn man schon jetzt die warmen Töne in der Mitte des Gesichts und die kühleren an der Seite einsetzt.*

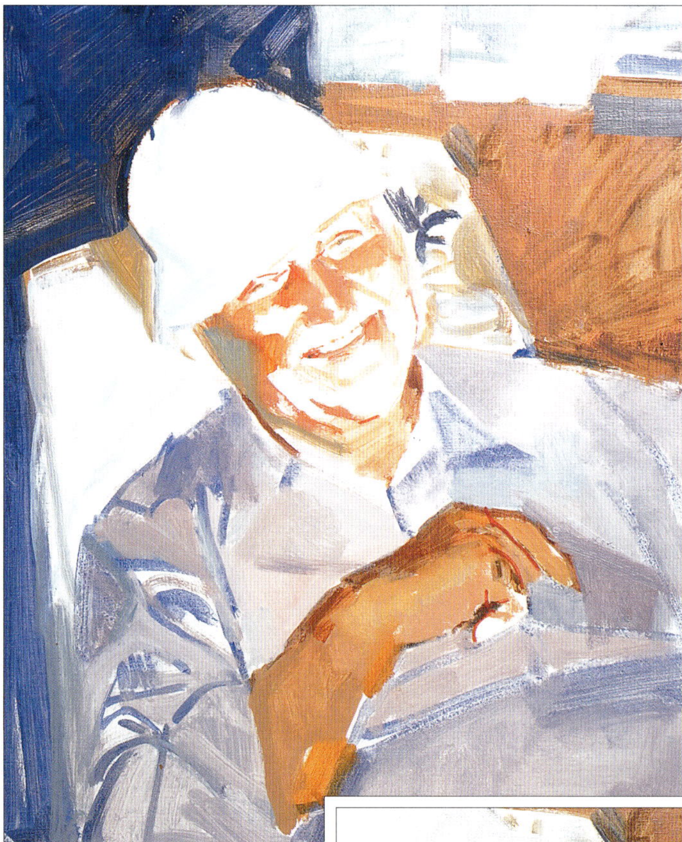

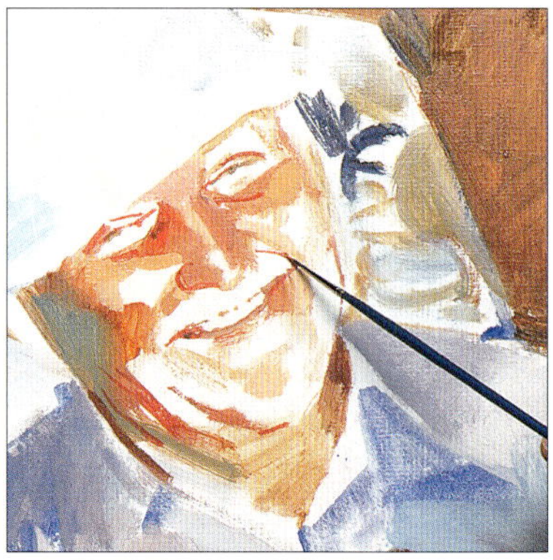

2 *Um die Tonwerte richtig bestimmen zu können, muss der weiße Bildgrund vollständig mit Farbe bedeckt sein. Tragen Sie also skizzenhaft die Tonwerte ein. Vertreiben Sie die Farbe auf den Schultern.* Kleines Bild: *Das Gesicht erhielt warme Farben, um den gutmütigen Charakter der Person zu betonen.*

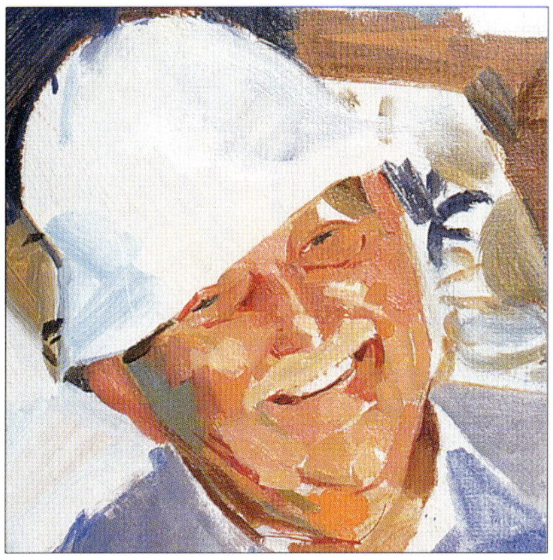

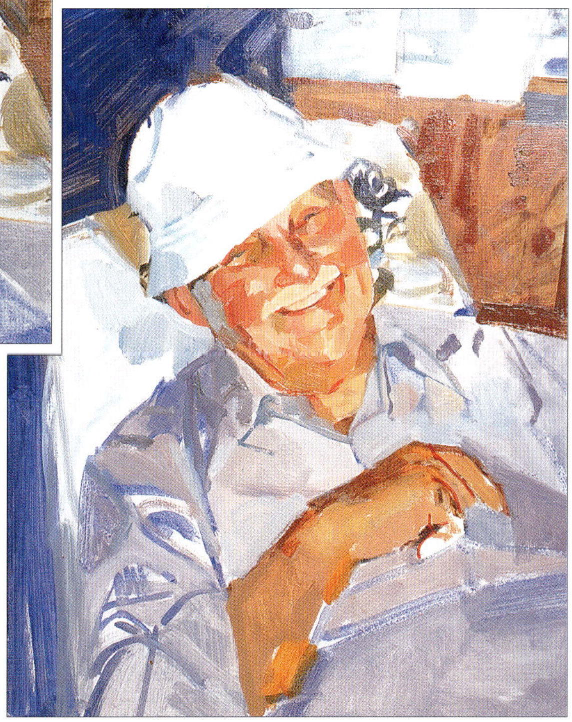

3 Verstärken Sie die Farben im Hintergrund und achten Sie auf die Kontraste im Kopfbereich. Im unteren Teil findet sich ein gelbes Licht. Der Schnurrbart ist eher cremefarben als weiß gehalten.
Kleines Bild: *Bauen Sie das Gesicht weiter mit warmen und kühlen Farben auf.*

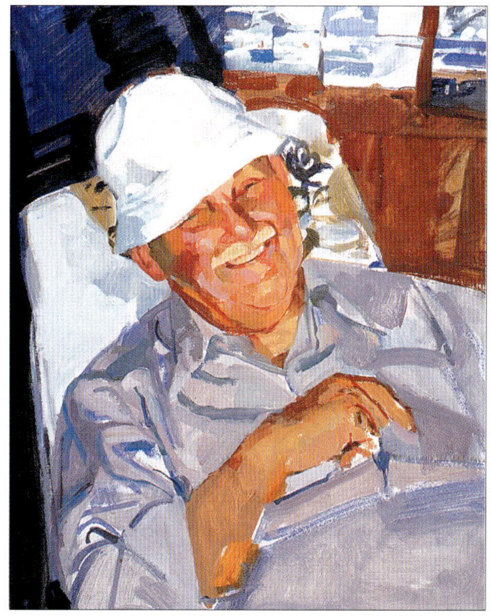

4 Auf den zweiten Blick erschienen die Lichthöhungen im Gesicht kühler als die mittleren Lichter und Schattenpartien. Ich fügte daher noch ein kühles, sauberes Rosa hinzu, um sie stärker herauszubringen. In diesem Stadium habe ich auch die Postkarten im Hintergrund gestaltet.

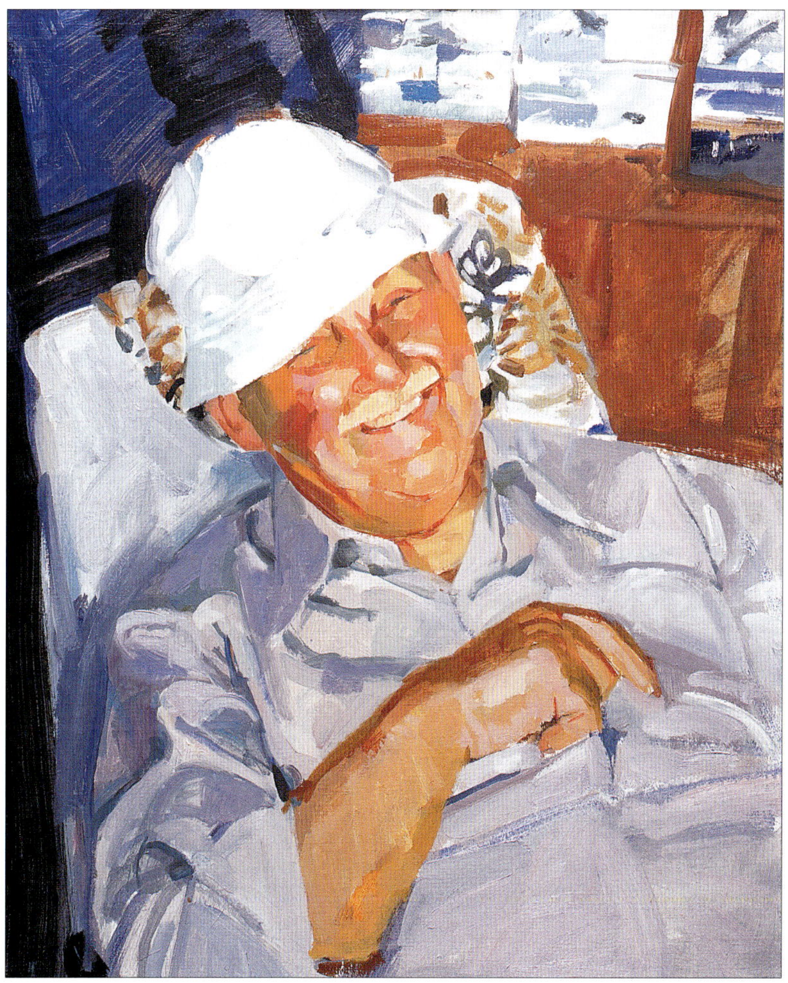

5 Sogar in dieser späten Phase gibt es immer noch einige weiße Stellen, die ausgefüllt werden müssen. Die kühlen Lichter des Gesichts können auch auf Hand und Arm übertragen werden, wo sie im Vergleich zur dunklen, schattigen Oberseite recht hell wirken. Fügen Sie nun die hellsten Farben auf dem Hemd und die Falten ein. Am gleichmäßigsten ist die Farbverteilung im unteren Bildteil, wo sich das Hemd über den Bauch spannt. Zum Schluss setzte ich einige Ornamente im Kissen ein und fügte den sehr kühlen Schatten auf dem Hut hinzu.

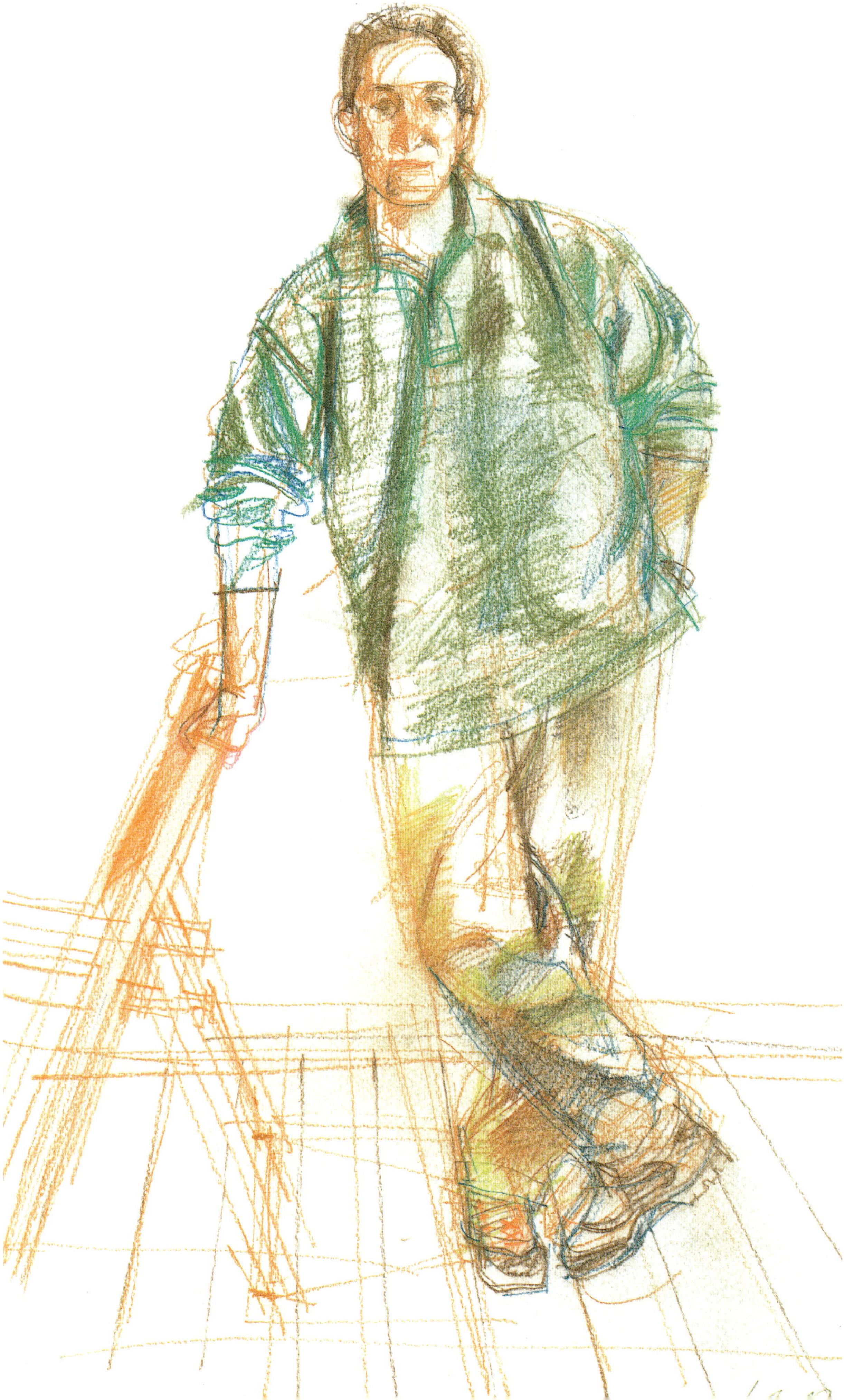

Posen

Der menschliche Körper kann – mit und ohne Stütze – eine verwirrende Vielzahl von unterschiedlichen Haltungen einnehmen. Ob die Pose nun dicht und voller Spannung oder entspannt und leicht ist, eine erfolgreiche Porträtsitzung muss die Energie der Pose und die Festigkeit der Figur einfangen. Nicht nur durch die Mimik, auch durch die Körpersprache und Haltung lässt sich viel über den Charakter der Person aussagen.

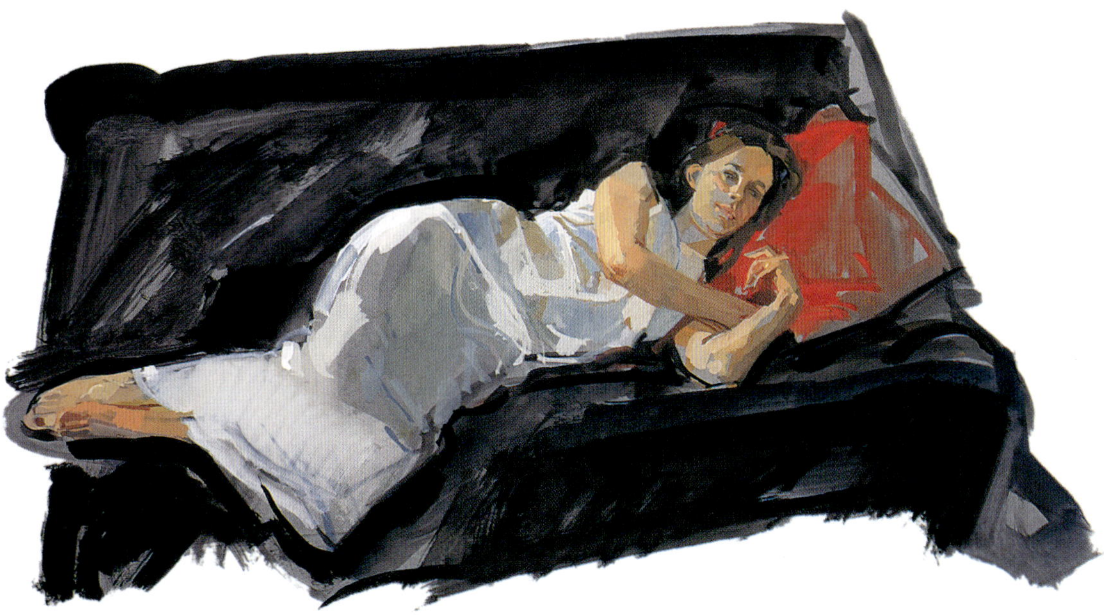

Einfache Anatomie

Um die Posen zu verstehen, sollte man etwas von der zu Grunde liegenden Anatomie der Figur wissen. Das Skelett, die den Köper stützende Knochenstruktur, liegt an bestimmten Stellen direkt unter der Hautoberfläche und gibt uns Hinweise, was während einer Pose geschieht.

Der Schlüssel zu jeder Pose ist die Lage der Wirbelsäule, an der das Hauptgewicht des Körpers hängt. An dem einen Ende befindet sich der Schultergürtel, an dem die oberen Extremitäten befestigt sind, am anderen Ende erlaubt der Beckengürtel freie Bewegungen der dort befestigten Beine. Die Punkte an den Enden des Beckens zeigen, ob und wie sehr die Hüften geneigt sind. Die äußeren Enden der Schlüsselbeine zeigen die entsprechende Neigung der Schultern. Die Wirbelsäule fängt diese Neigungen auf und hält den Kopf in Balance.

Die am Skelett ziehenden Muskelstränge sind ziemlich dick und erzeugen daher die Wölbungen der Glieder. Andere Muskelgruppen aktivieren den Brustkorb und halten die inneren Organe des Bauchbereichs. Diese Muskeln sind eher wie Blätter geformt und reflektieren die darunter liegenden Formen.

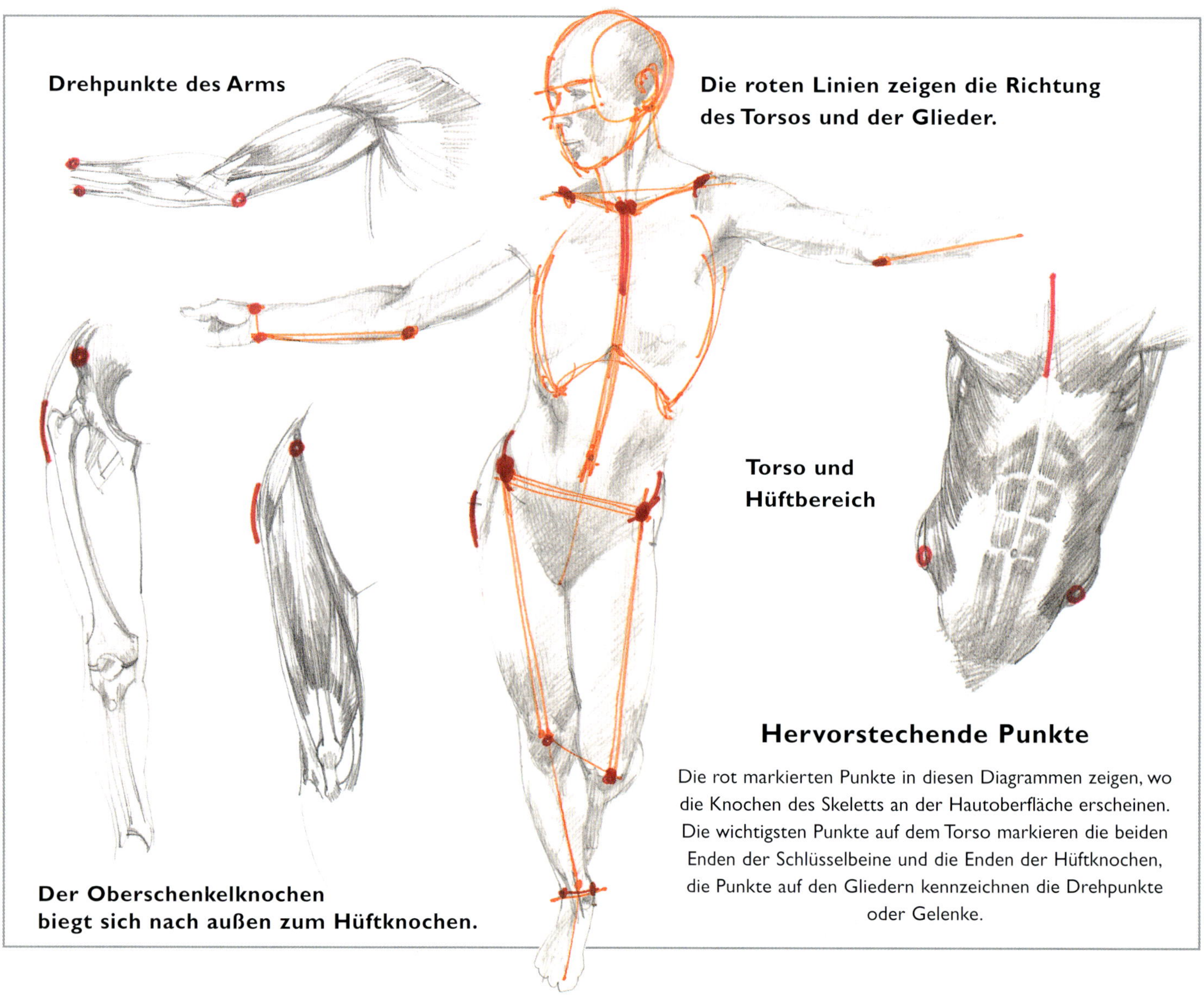

Hervorstechende Punkte

Die rot markierten Punkte in diesen Diagrammen zeigen, wo die Knochen des Skeletts an der Hautoberfläche erscheinen. Die wichtigsten Punkte auf dem Torso markieren die beiden Enden der Schlüsselbeine und die Enden der Hüftknochen, die Punkte auf den Gliedern kennzeichnen die Drehpunkte oder Gelenke.

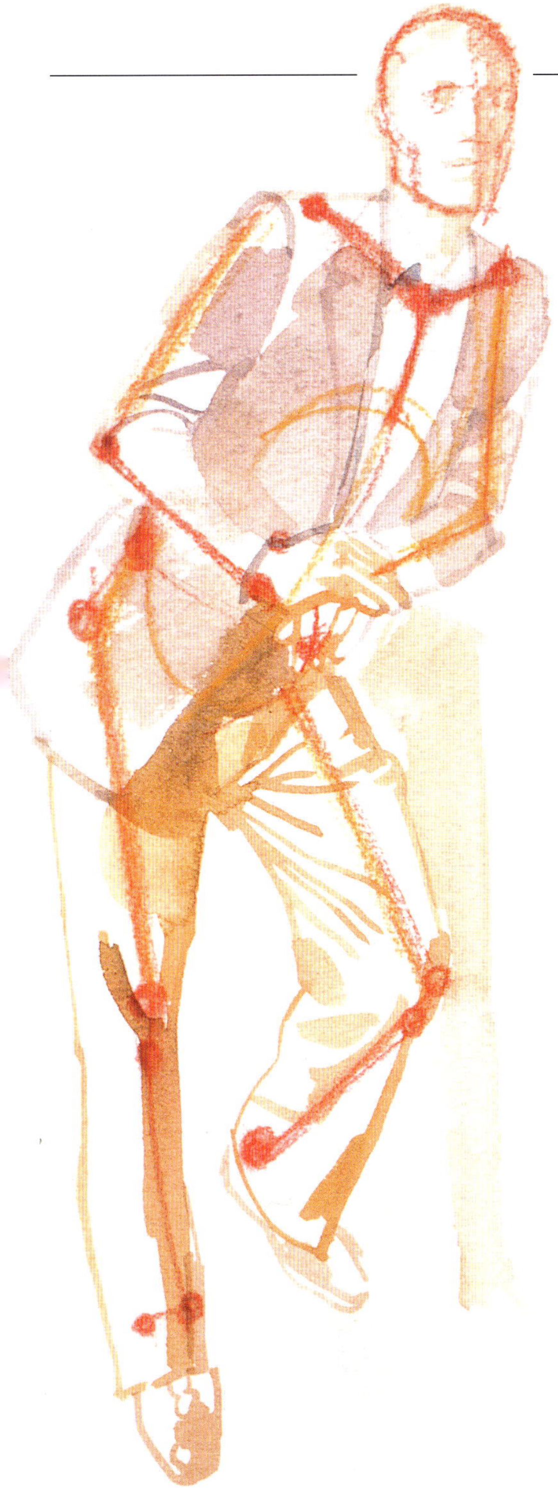

Gewicht und Balance

LINKS: *In dieser lehnenden Pose wird das Gewicht des Köpers vor allem von dem geraden rechten Bein gehalten. Dieses Bein kippt die Hüfte und überträgt etwas von dem Gewicht über die Wirbelsäule auf die linke Schulter. Schließlich hält der abgestützte Ellbogen das Gewicht.*

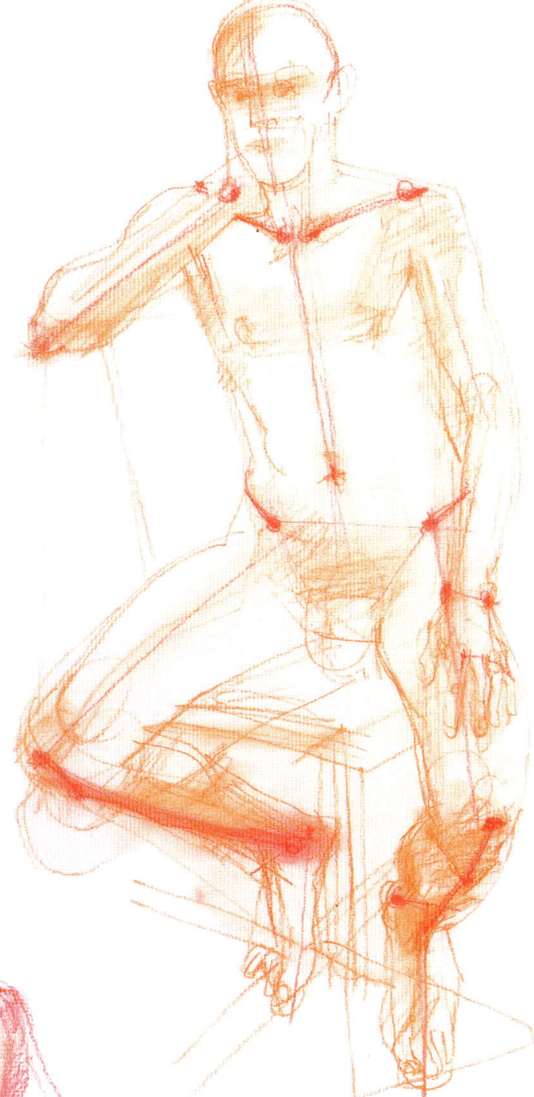

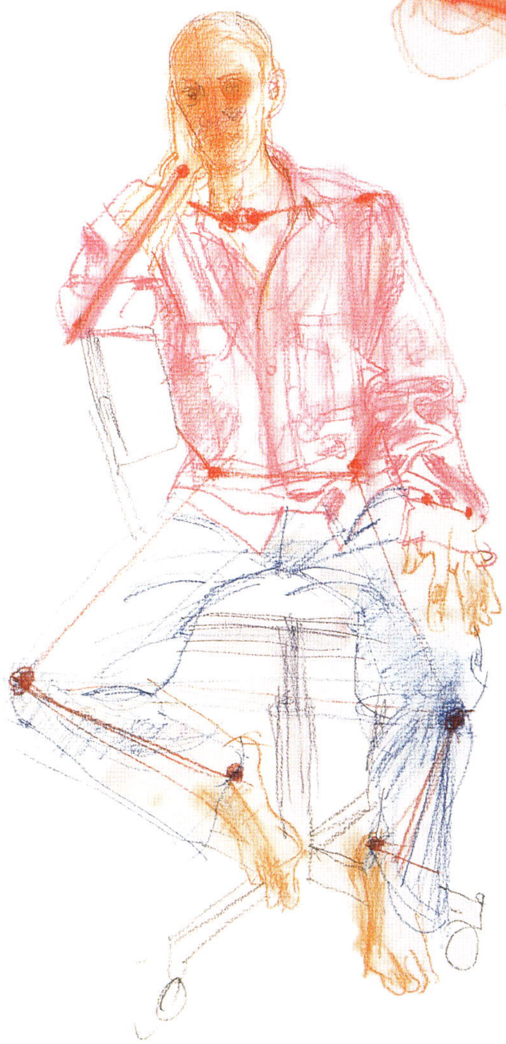

Anatomie unter der Kleidung

OBEN UND LINKS: *Achten Sie auf die Drehpunkte unter den Hosenbeinen. Von diesen Spannungspunkten gehen strahlenförmig die Falten aus. Bei einer sitzenden Pose kann es schwierig sein, das Becken zu definieren. Normalerweise wird das Körpergewicht auf dem Sitz gleichmäßig von beiden Seiten des Beckens getragen, sodass die Hüftlinie ganz gerade verläuft. Achten Sie jedoch auch auf Neigungen der Schlüsselbeine, die eine Beugung des Beckens anzeigen.*

Haltung und Körpersprache

Man kann aus der Art und Weise, wie jemand sitzt oder steht, eine ganze Menge ableiten. Gefühle wie Unsicherheit und Sicherheit, Aggression und Freundlichkeit werden oft durch die Haltung des Menschen offenbart. Diese unbewusst ausgesandten Signale werden „Körpersprache" genannt.

EINE TYPISCHE, EINGEFAHRENE HALTUNG kann den Charakter eines Menschen widerspiegeln. Sie kann aber auch auf eine gute oder weniger gute natürliche Balance oder Muskelspannung zurückzuführen sein. Mit einigen Einschränkungen lässt sich sagen, dass unbewusste Gesten genauso viel über den inneren Zustand eines Menschen aussagen wie der Gesichtsausdruck.

Wann immer Sie dies tun können, ohne zu aufdringlich zu wirken, sollten Sie beobachten, wie sich Menschen, vor allem zu zweit oder in Gruppen, verhalten. Skizzieren Sie rasch, wie sie ihren Kopf halten, was sie mit ihren Händen tun und ob sie ihre Beine übereinander schlagen oder breitbeinig sitzen.

Jemand, der zum ersten Mal für Sie sitzt, ist wahrscheinlich noch etwas unsicher in dieser Situation und nimmt dann möglicherweise eine steife, verschlossene Pose ein. Oder aber das Modell verhält sich genau umgekehrt und präsentiert sich in einer überzogen wirkenden Pose, um die peinliche Situation zu überspielen. Es ist dann ratsam, die erste Zeichnung zu verwerfen und eine entspanntere Pose während einer Ruhepause abzuwarten.

Interaktive Körpersprache

UNTEN: *Diese Kartenspieler zeigen vollkommen gegensätzliche Körperhaltungen. Der Mann links lehnt sich entspannt zurück, während sich sein Mitspieler nach vorne beugt und sehr konzentriert wirkt.*

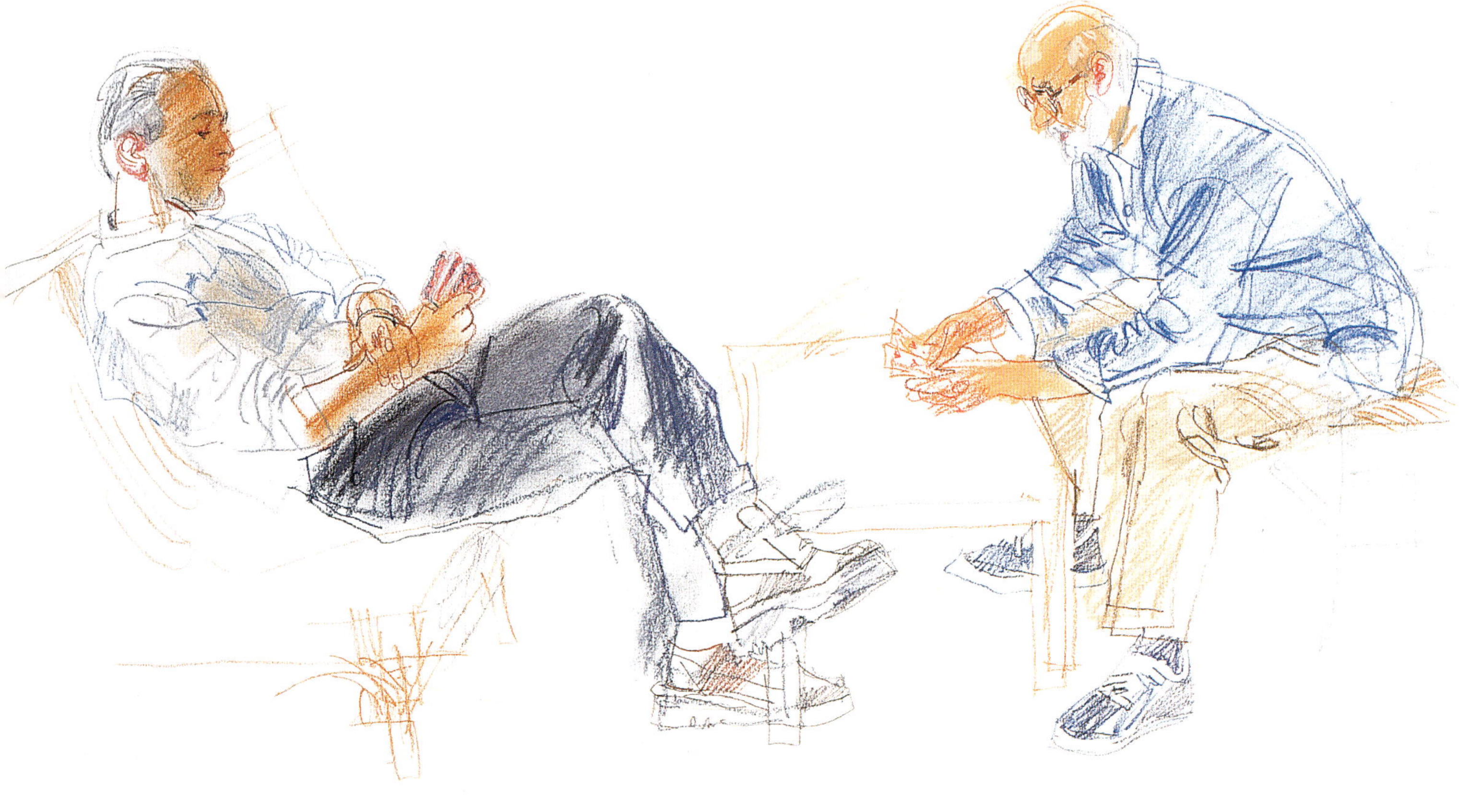

Gefühle zurückhalten

UNTEN: *Überkreuzte Beine, verschränkte Arme und eine in der Hüfte eingeknickte Sitzhaltung zeigen eine schützende, introvertierte Körpersprache an, vor allem wenn die Haltung, wie hier, noch durch niedergeschlagene Augen und einen ausdruckslosen Mund verstärkt wird.*

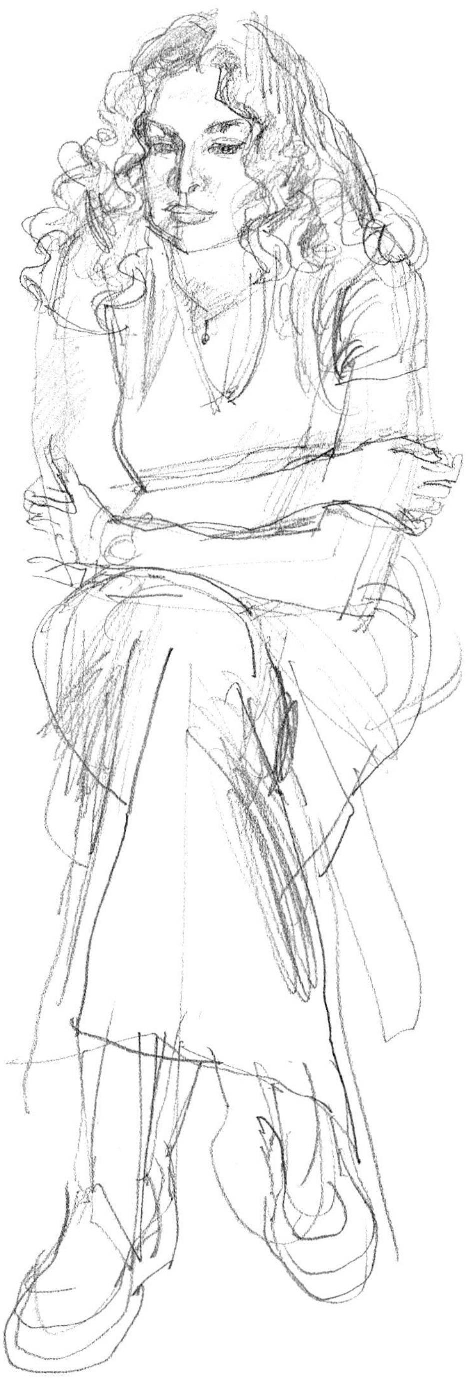

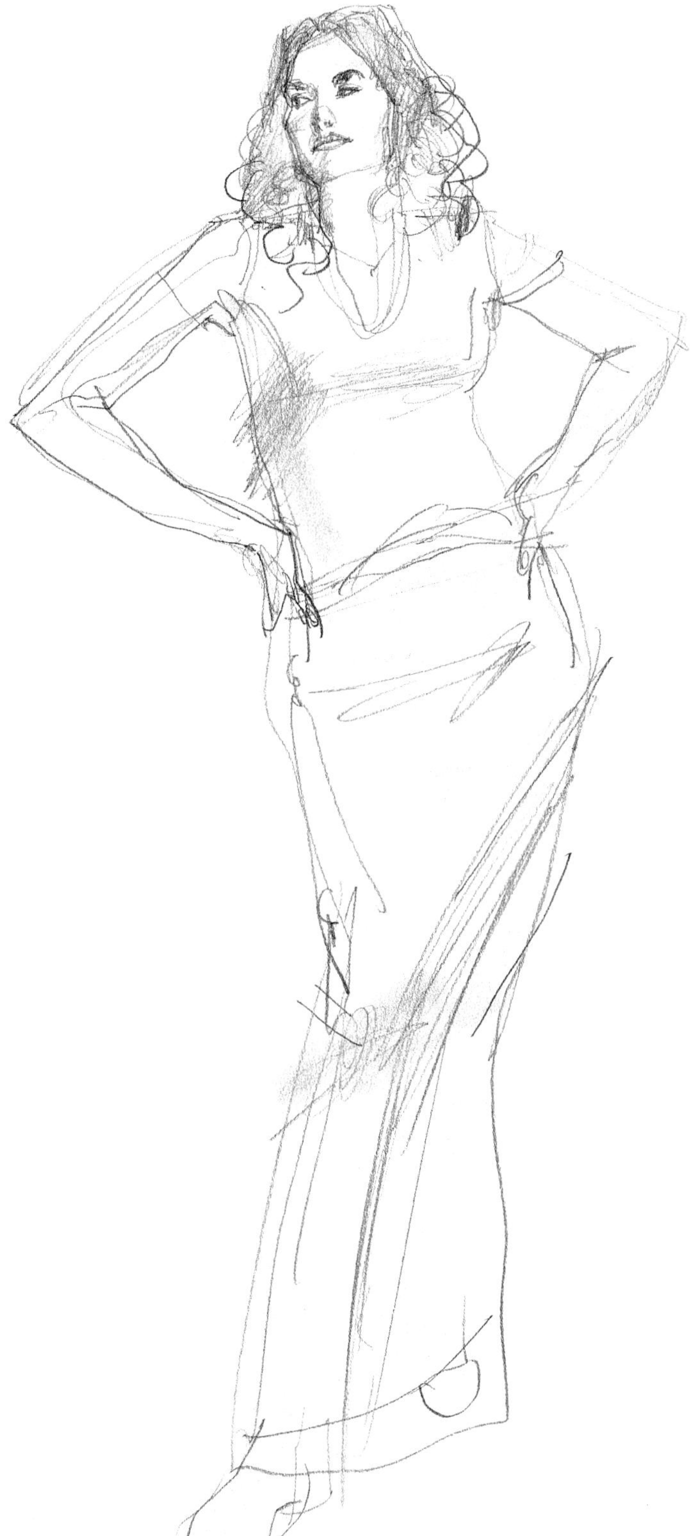

Gefühle herauslassen

OBEN: *Was für ein Kontrast! Das gleiche Modell nimmt nun eine herausfordernde Pose ein. Die Arme in die Hüfte gestemmt, die Hüfte zu einer Seite gekippt, den Blick direkt gerichtet. Probieren Sie einmal selbst ähnliche Posen vor dem Spiegel aus oder üben Sie mit einem kooperativen Modell.*

Kleider und Stoffe

Kleiderstoffe aus elastischen Fasern können hauteng anliegen und wirken dann fast wie eine zweite Haut, die jeder Bewegung folgt. Meist werden Kleider jedoch locker geschnitten und bestehen aus nicht elastischem Stoff, der sich den Bewegungen des Körpers anpasst, so gut es geht.

HÄNGT MAN STOFF locker über einen Gegenstand, wird er von der Schwerkraft nach unten gezogen. Dort, wo der Stoff gegen den Gegenstand gepresst wird, zeichnet sich dieser deutlich ab. Von diesen Spannungspunkten aus fällt der Stoff auf den Boden, wo er in mehreren Falten übereinander liegt. Es ist sehr lehrreich, Studien von gefaltetem Stoff zu machen und zu erkennen, wie die Falten auf die Schwerkraft und die stützende Form reagieren. Um den Stoff dem Körper anzupassen, wird er meist zu röhrenartigen Formen zusammengenäht. Ärmel und Hosenbeine sind Röhren, die mehr oder weniger eng an den Gliedern anliegen. Die auftretenden Falten sind das Ergebnis von Spannungen des Stoffs beim Gehen oder Sitzen. Diese Falten können ganz zufällig aussehen. Bei genauer Beobachtung erkennt man aber meist ein charakteristisches Muster. Wenn man versteht, welche Kräfte den Stoff in Falten werfen, braucht man nicht mehr jede Falte akribisch nachzuzeichnen, sondern kann einen Faltenwurf lebendiger gestalten.

Stoffe studieren

Skizzen und Studien von Falten, Texturen und Mustern von Stoffen sind nicht nur erhellend, sondern machen, mit oder ohne Modell, auch noch Spaß.

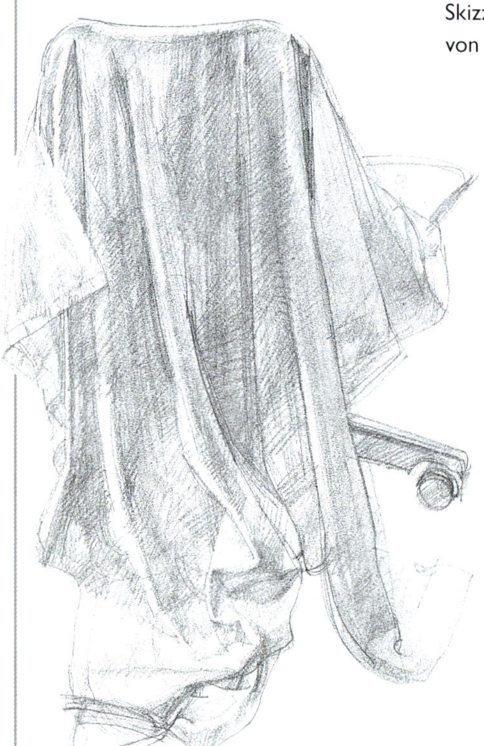

Drapierter Stoff

OBEN: *Die Schwerkraft zieht den lose hängenden Stoff in großen schwingenden Falten nach unten, von der Stuhllehne angefangen bis zum Boden, wo sich der Stoff ziehharmonikaartig aufwirft.*

Spannung und Lockerheit

UNTEN: *Ein angewinkelter Arm, der in einem Ärmel steckt, drückt am Ellbogen gegen den Stoff und erzeugt so Spannungsfalten, während der Stoff an der Innenseite des Ärmels lockerer aufgeworfen wird.*

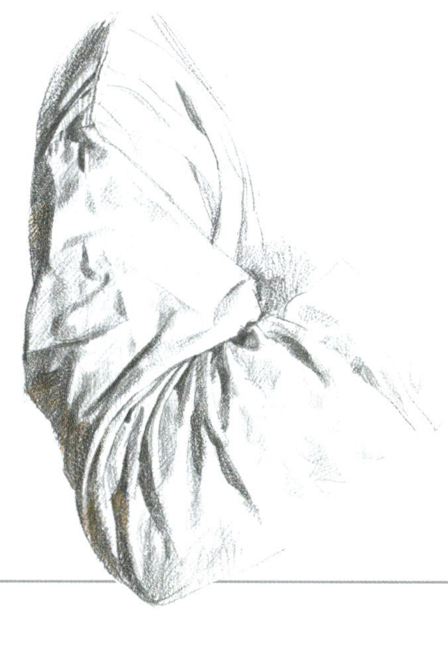

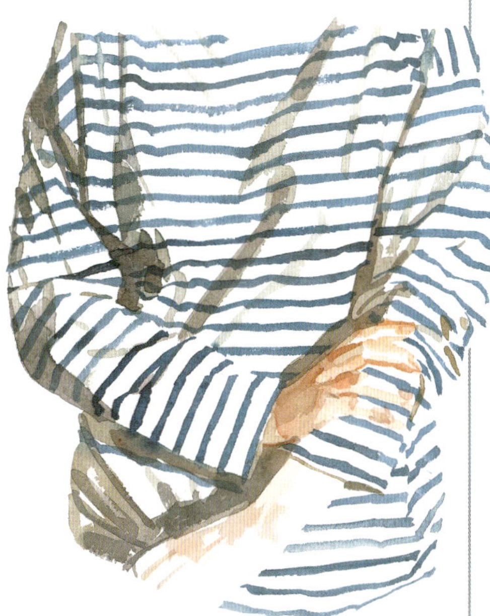

Muster

OBEN: *Wenn man die Verwerfungen einfacher Muster auf einem Kleidungsstück genau studiert und zeichnet, kann man mit deren Hilfe die Form ohne große Unterstützung von Hell-Dunkel-Kontrasten beschreiben. Dafür sind Streifenmuster ideal.*

Praktische Übung: STOFFFALTEN

Verwenden Sie zum Zeichnen von Stofffalten ein schnelles Zeichenmittel wie Kohle, Ölstifte oder, wie hier, Pastellkreide und Pastellstift, die es ihnen erlauben, jede Beobachtung rasch festzuhalten.

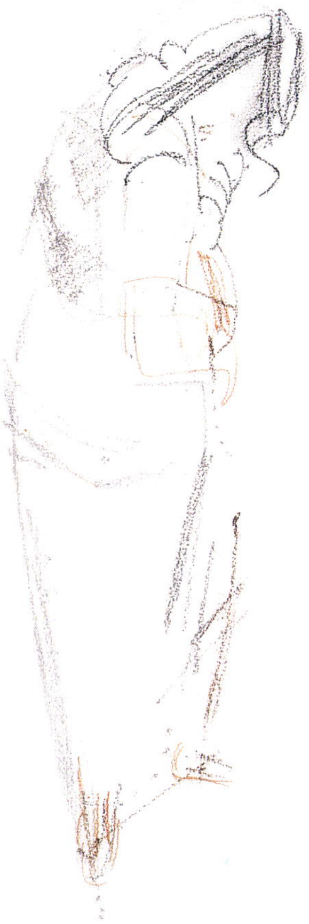

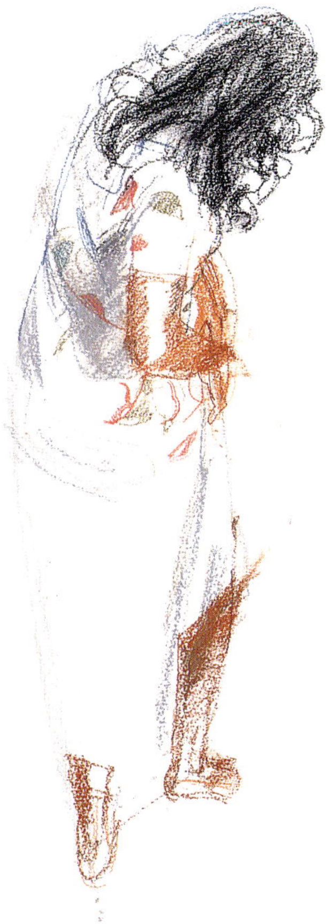

1 Legen Sie die Form und den Faltenwurf des Kleides fest. Der Körper ist vom Kleid relativ stark verdeckt. Suchen Sie daher nach Anhaltspunkten im Faltenwurf. Setzen Sie in dieser Phase nur einige wenige Zeichen ein, um Kopf, Arme und Füße anzudeuten.

2 Fügen Sie nun die Tonwerte und die Konturen der Arme ein. Überprüfen Sie während des Zeichnens der Falten immer auch die Konturen des Kleides. Beginnen Sie mit dem Stoffmuster. Achten Sie zudem auf die Balance und das Gewicht auf den Füßen.

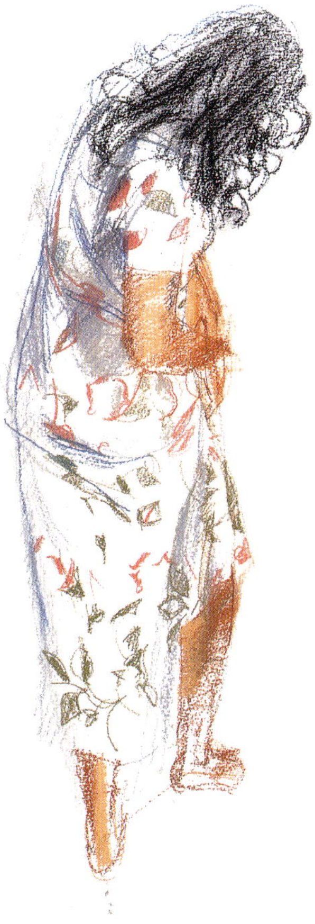

3 Ich habe noch einige größere Falten betont und deutlich gemacht, wie das Kleid über die Hüften fällt. Die Musterung hilft bei der Herausarbeitung von Form und Pose der Figur.

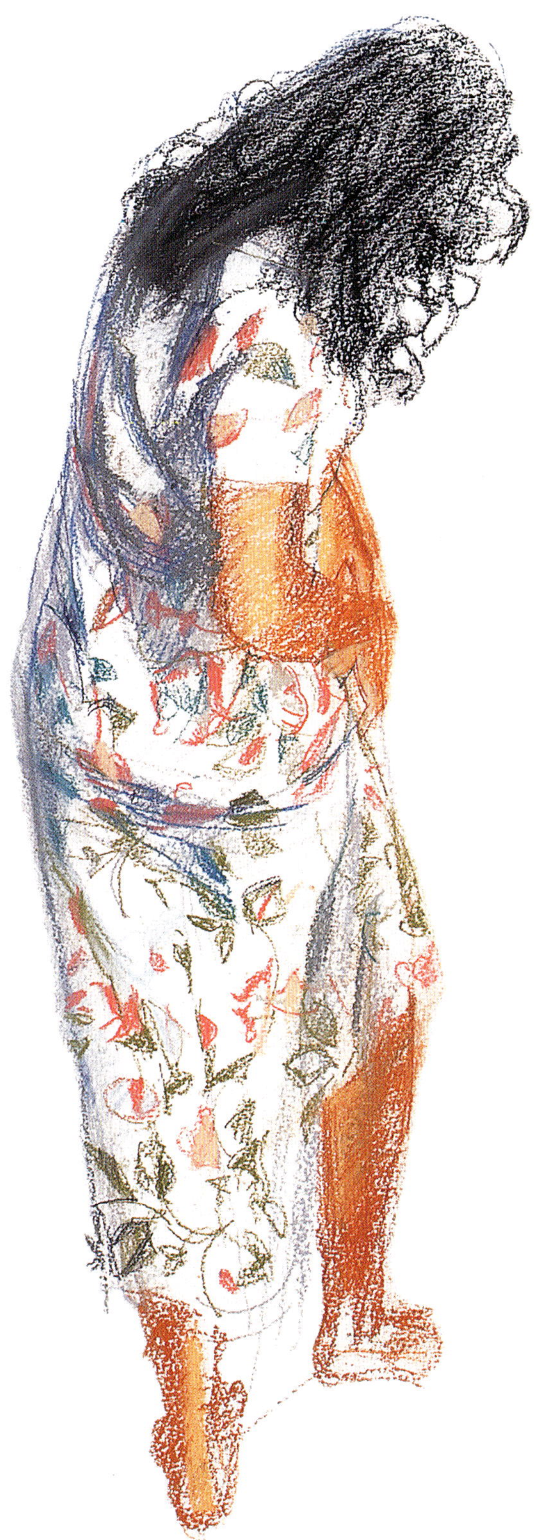

4 Achten Sie beim Verstärken der Linien und Markierungen auf die Farben in den Schattenflächen. An den Säumen und Nähten des Kleides hört das fortlaufende Muster abrupt auf. Es ist weniger wichtig, jedes einzelne Blatt richtig zu zeichnen, als klar zu machen, wie sich das Muster über die gesamte Form zieht.

Rasche Skizzen

Es ist sicher nicht ganz einfach, Figuren in Situationen zu skizzieren, in denen sie nicht posieren oder gar nicht wissen, dass sie gezeichnet werden. Lassen Sie sich aber nicht entmutigen. Sie werden überrascht sein, wie viel man mit etwas Übung auf dem Papier festhalten kann.

DAS GEHEIMNIS DES SKIZZIERENS liegt darin, es zu tun! Es ist leider allzu leicht, es nicht zu tun. Man hat keine Zeit oder nicht das richtige Material, die Figuren bewegen sich zu schnell usw. Es gibt auf diese Ausflüchte nur eine einfache Antwort: Tragen Sie immer ein Skizzenbuch und einen Zeichenstift bei sich. Seien Sie stets vorbereitet!

Suchen Sie sich am besten einen Fleck aus, von wo aus Sie die Welt um sich herum in Ruhe und bequem beobachten können. Ein Straßencafé oder ein Park, wo Leute kommen und gehen, ist ideal, weil sich ständig neue Motive ergeben. Wenn Ihr Modell die Position ändert, machen Sie eine andere Skizze. Die meisten Menschen haben nur ein begrenztes Repertoire an Haltungen. Daher finden Sie vielleicht irgendwann wieder in die gleiche Pose zurück. Passanten sind schwieriger festzuhalten. Man muss sich hier meist auf das visuelle Gedächtnis verlassen. Je mehr Sie skizzieren, desto besser und schneller werden Sie.

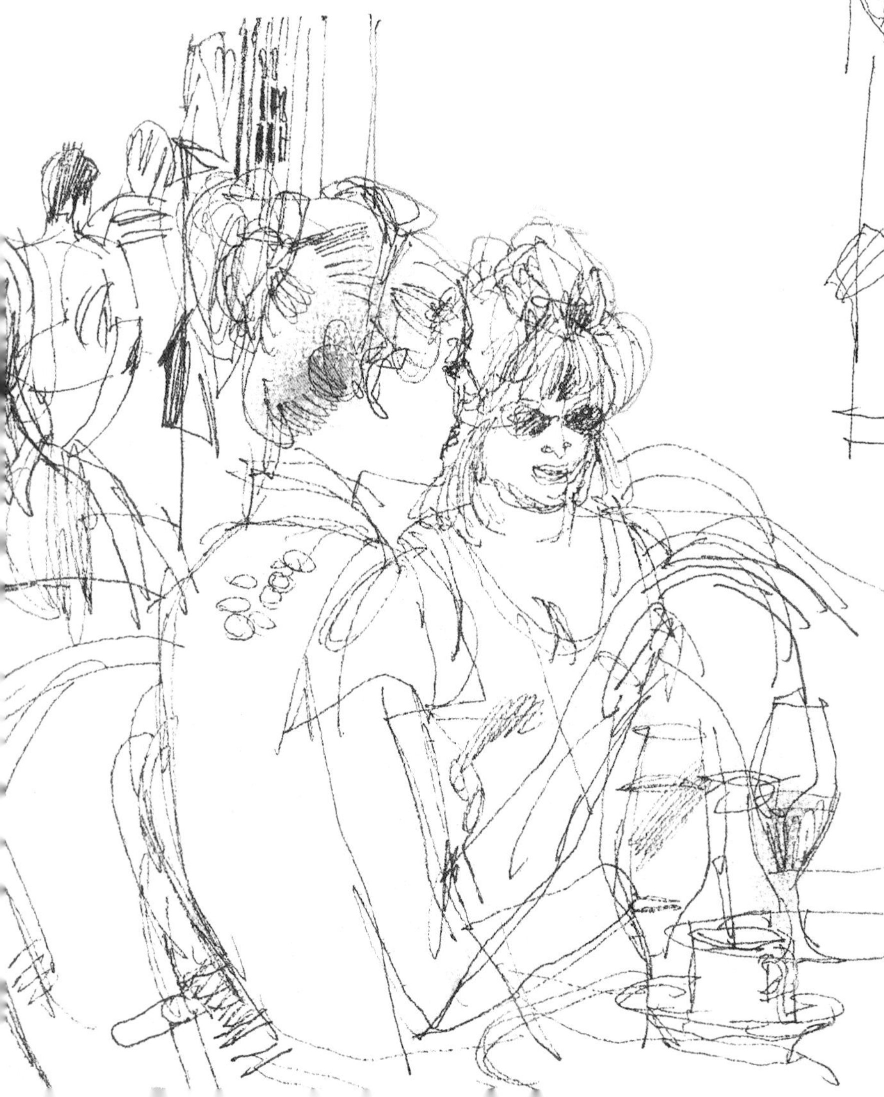

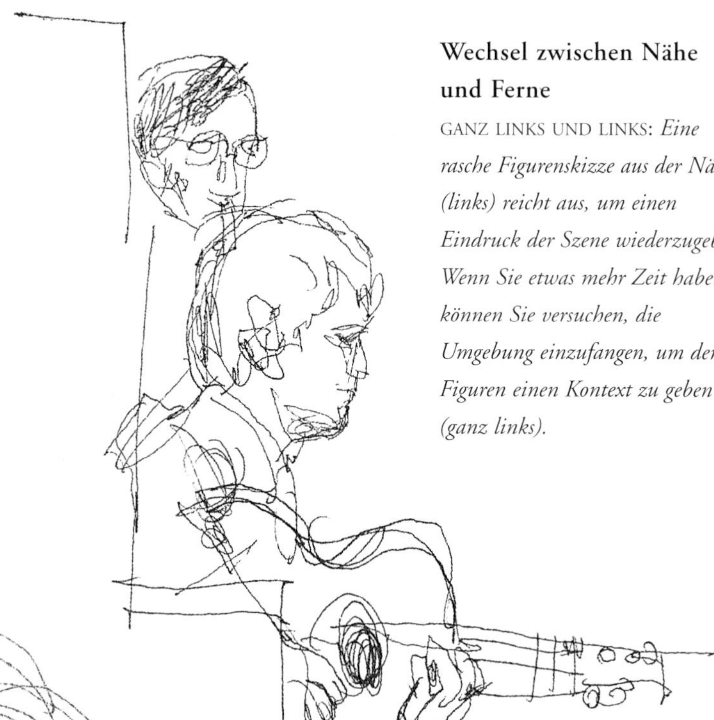

Wechsel zwischen Nähe und Ferne

GANZ LINKS UND LINKS: *Eine rasche Figurenskizze aus der Nähe (links) reicht aus, um einen Eindruck der Szene wiederzugeben. Wenn Sie etwas mehr Zeit haben, können Sie versuchen, die Umgebung einzufangen, um den Figuren einen Kontext zu geben (ganz links).*

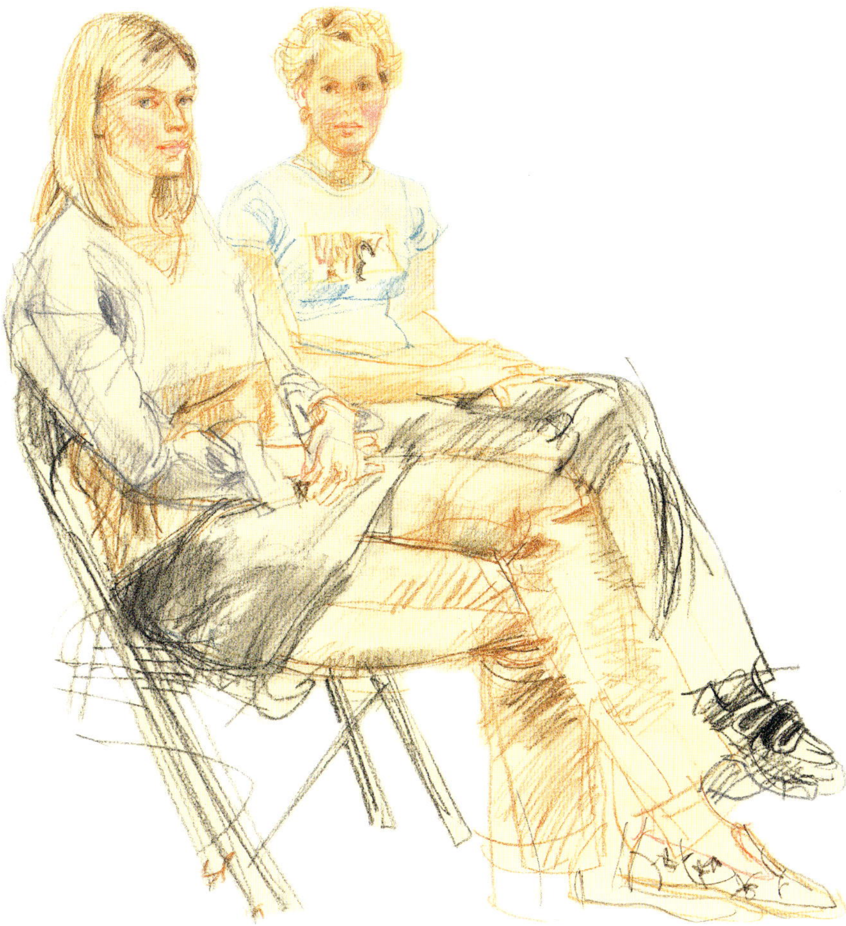

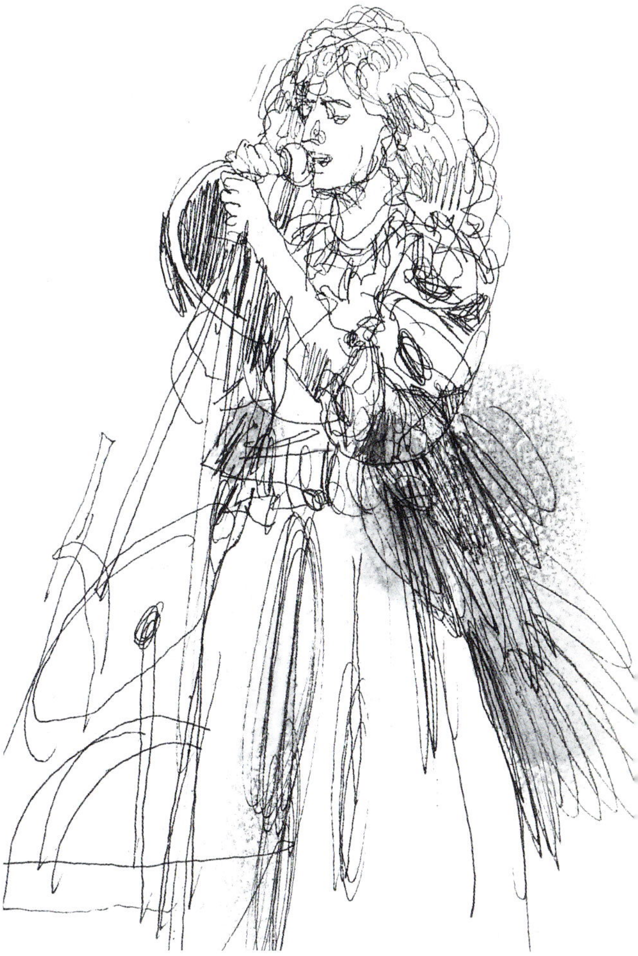

Eine Vielfalt von Posen

OBEN, OBEN RECHTS UND RECHTS: *Musiker und Sänger, die sich während ihres Auftritts völlig auf ihre Musik konzentrieren, nehmen relativ fixierte Haltungen ein (oben rechts). Meistens ist Ihren Modellen gar nicht bewusst, dass sie skizziert werden, und man kann in Ruhe lebhafte Emotionen und Bewegungen festhalten (rechts). Andere Menschen sind vielleicht sogar glücklich darüber, skizziert zu werden, und setzen sich erst recht in Pose (oben).*

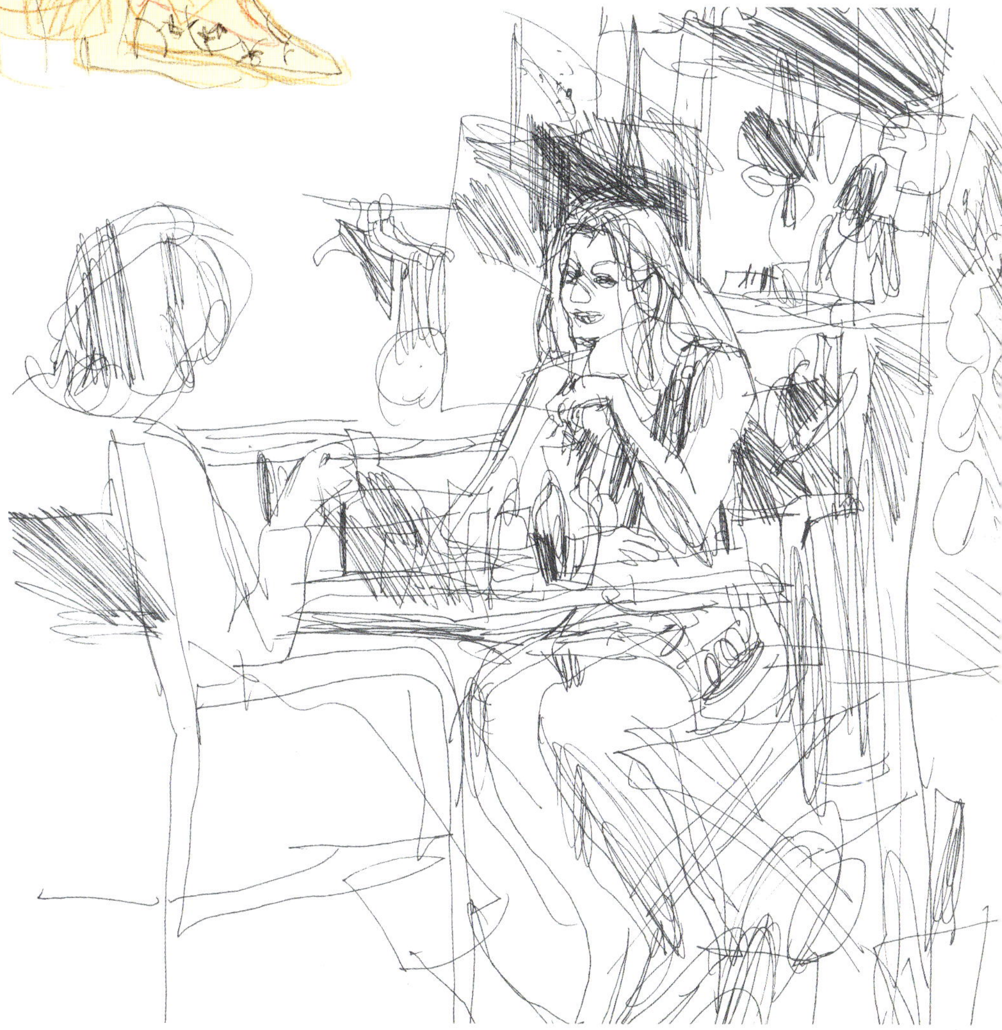

Sitzende Posen

Meist werden Porträts von sitzenden Modellen angefertigt. Aber es gibt natürlich viele verschiedene Möglichkeiten zu sitzen und viele unterschiedliche Sitzgelegenheiten. In den wirklich großen Porträts wird durch die Pose etwas über das Modell ausgesagt. Die meisten von uns werden aber eher nach einer Pose suchen, die gut wirkt und mit wenig Anstrengung zu halten ist.

Nachdem die Pose eingenommen wurde und das Modell entspannt und bequem sitzt, sollte man sicherstellen, dass die Pose auch bei regelmäßigen Pausen immer wieder eingenommen werden kann. Markieren Sie die Positionen der Füße und Stuhlbeine mit Klebeband oder Kreide auf dem Fußboden.

Sitzt das Modell in einem Lehnstuhl oder Sessel, kann man auch die Schulterlinie oder einen Arm mit Klebeband markieren. Wenn Sie allerdings absolut sichergehen möchten, sollten Sie noch ein Polaroid-Foto machen. So können Sie die Position immer wieder kontrollieren.

Denken Sie daran, dass Sie von einer lebenden Person keine völlige Unbeweglichkeit erwarten können. Man wird also, manchmal sogar in einem relativ späten Stadium der Zeichnung oder des Gemäldes noch gezwungen sein, Veränderungen vorzunehmen.

Eine Pose einnehmen

Auch wenn Sie im Vorfeld schon eine genaue Vorstellung entwickelt haben, sollten Sie doch noch ein paar Varianten ausprobieren, damit Sie und Ihr Modell die Pose finden, mit der Sie beide vollständig zufrieden sind. Achten Sie beim Skizzieren dieser Vorstufen darauf, wie das Modell wirkt, wenn es eine Pause macht. Es nimmt dann wahrscheinlich eine natürlichere Position ein, die man später in der Zeichnung aufgreifen kann.

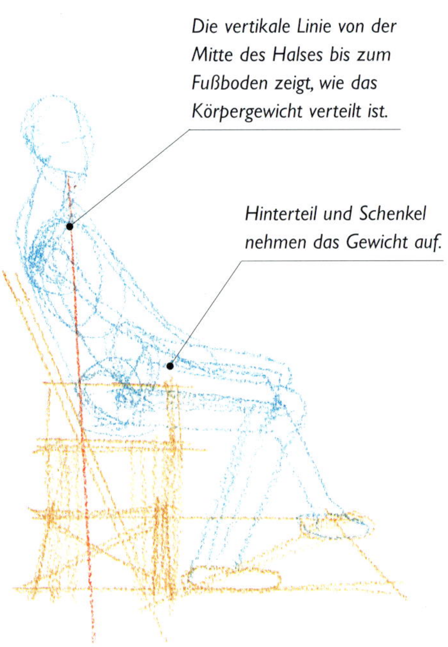

Typische Sitzpose

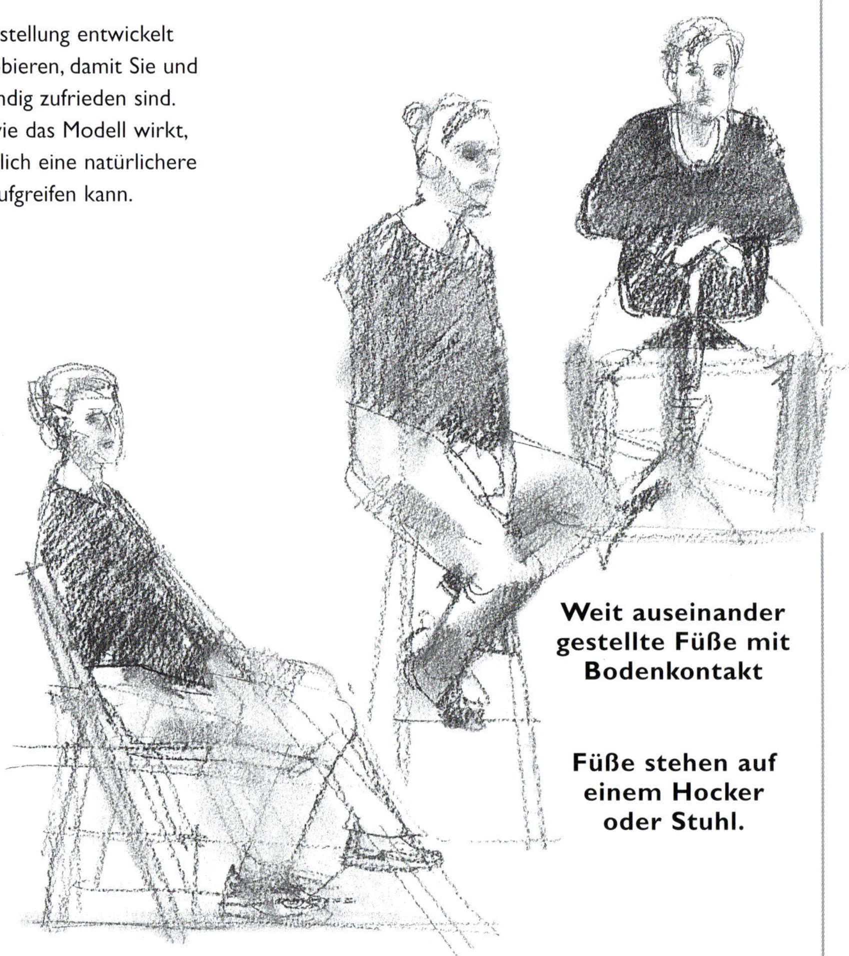

Weit auseinander gestellte Füße mit Bodenkontakt

Füße stehen auf einem Hocker oder Stuhl.

Eng zusammengestellte Füße mit Bodenkontakt

Praktische Übung: EINE SITZENDE POSE ZEICHNEN

Diese Pose wurde aus den Vorübungen auf der gegenüberliegenden Seite ausgewählt, weil sie eine geschlossene Form und eine schöne Linie bildet. Die Figur ist von der Seite zu sehen, bis auf den Kopf, der leicht zum Künstler gedreht ist.

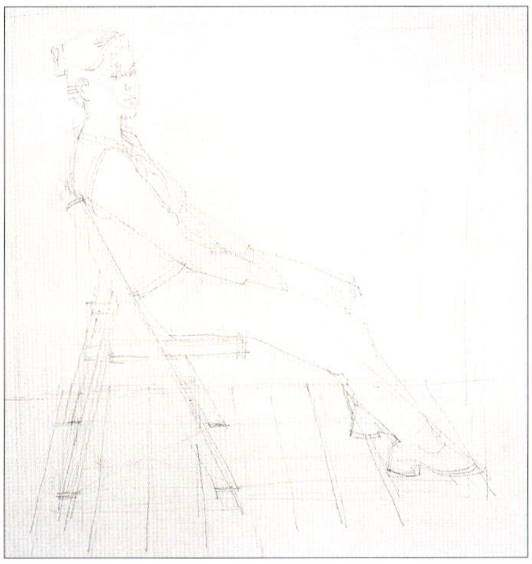

1 *Machen Sie eine schwache Vorzeichnung, die später übermalt wird, um die Struktur der Figur und des Stuhls in Relation zum Boden festzuhalten. Die Bodendielen geben dem Bild eine Tiefenwirkung.*

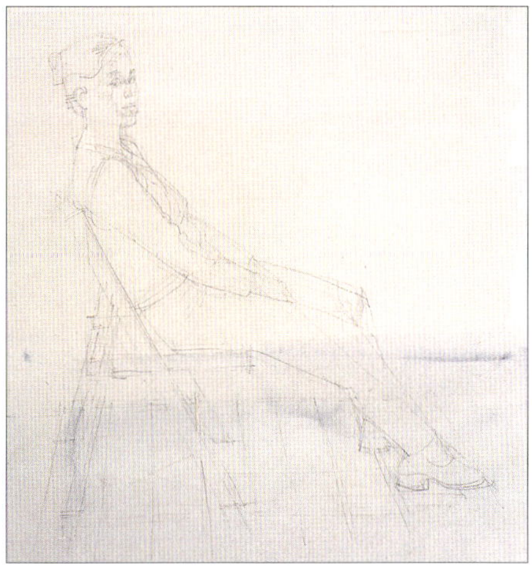

2 *Die ganze Zeichnung erhielt eine sehr helle Lavierung und eine zweite unterhalb des Sitzes. Mit Abdeckflüssigkeit wurden der Nacken und einige Lichter im Haar abgedeckt.*

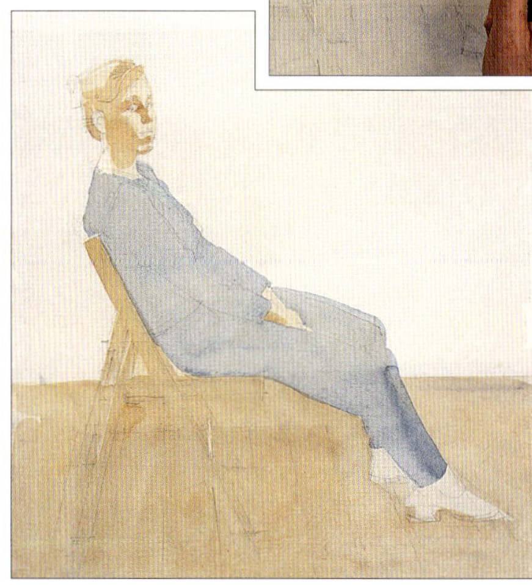

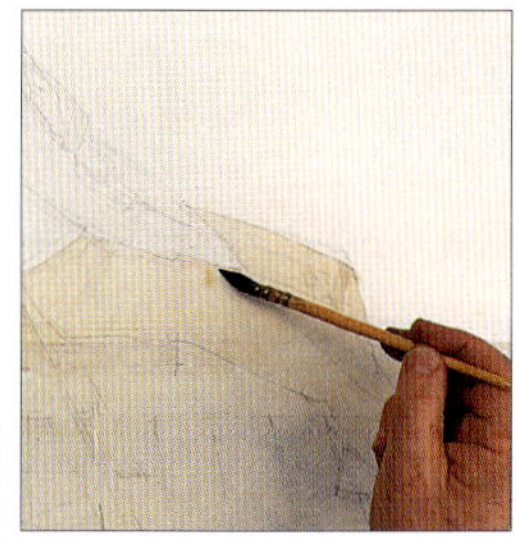

3 *Nun kann man dunklere Lavierungen für die Schattierung in Gesicht und Haar eintragen. Hose und Pullover werden angelegt.* Kleines Bild: *Eine zweite helle Lavierung verstärkt die Beine, den Fußboden und den Stuhl.*

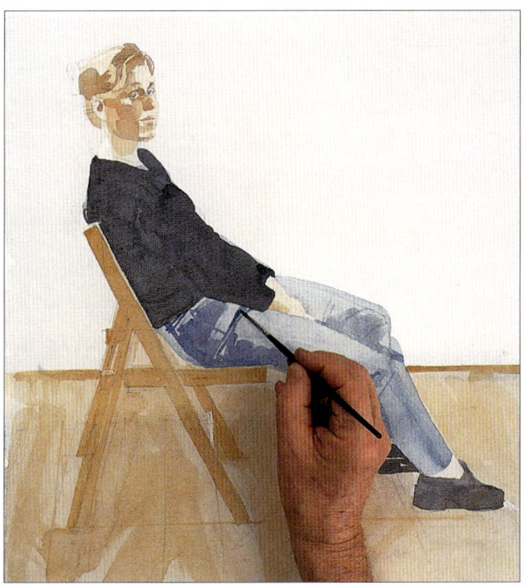

4 *Nach dem Auftrag einer dunkleren Lavierung für den Stuhl und die Leiste des Fußbodens wurde die Tiefenwirkung des Bildes überprüft. Mit einer hellen Lavierung deutete ich die Schatten auf dem Boden an und legte dann mit Schwarz den Pullover an. Sitzende Posen schaffen immer interessante Falten in der Kleidung, die man möglichst genau wiedergeben sollte.*

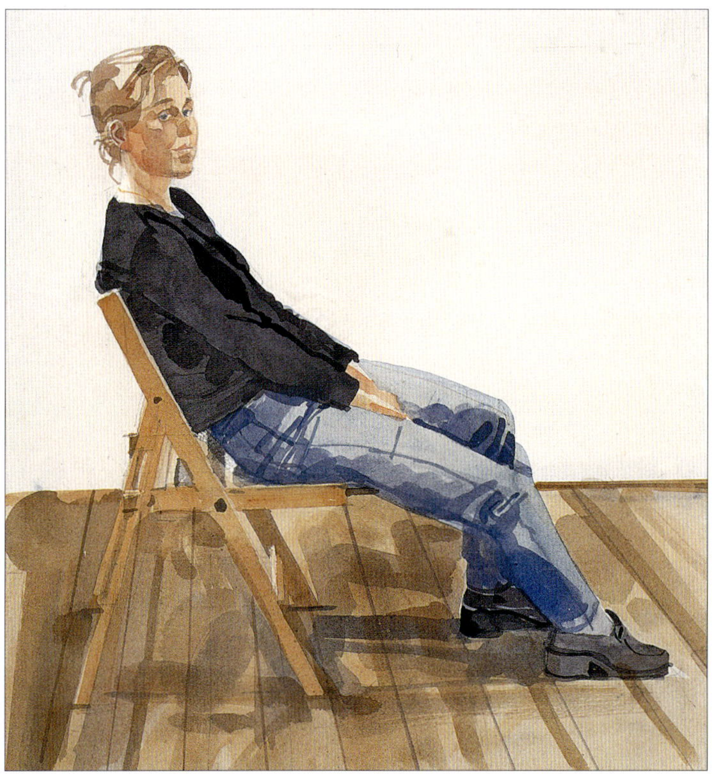

5 *Der Pullover erhielt eine zweite schwarze Lavierung, die den Linien des Oberkörpers und der Arme folgte. Die Bein- und Fußstellung wurde etwas korrigiert. Zum Schluss setzte ich die Schatten auf dem Fußboden ein, die Figur und Stuhl fest in der Komposition verankern.*

Stehende Posen

Die stehende Pose ist nach der sitzenden die am häufigsten gewählte Haltung für ein Porträt. Die erste wichtige Überlegung des Künstlers betrifft das Gleichgewicht der Figur. Nur wenn die Haltung ausbalanciert ist, wirkt eine stehende Figur überzeugend.

In Anbetracht der Tatsache, dass wir nur mit den Fußsohlen Kontakt zum Boden halten, ist es schon verblüffend, dass wir das Gewicht des ganzen Körpers auf dieser kleinen Fläche balancieren können. Trotzdem gelingt uns das immer und immer wieder. Es ist daher faszinierend und notwendig, diesen Prozess zu analysieren. Wenn sich die Figur nirgendwo anlehnt oder aufstützt, nimmt der Kopf eine Position vertikal über dem Zentrum der Schwerkraft ein. Wenn sich also das Gewicht überwiegend auf einem Fuß befindet, verläuft eine vertikale Linie durch die Kopfmitte bis in die Ferse dieses Fußes.

Falls die Linie den Boden mitten zwischen den Füßen berührt, bedeutet dies, dass das Gewicht gleichmäßig auf beiden Füßen ruht. Liegt die Linie nicht im Bereich der Füße, muss sich die Figur auf einem Hilfsmittel abstützen, um die Balance nicht zu verlieren. Das ist der Fall bei der Pose auf der gegenüberliegenden Seite, wo das meiste Gewicht von der Stuhllehne gehalten wird.

Eine Pose finden

Versuchen Sie eine Pose zu finden, in der das Modell so entspannt wie möglich ist. Nach einigen Minuten der Probe werden Sie schon erkennen, wie er oder sie am liebsten steht.

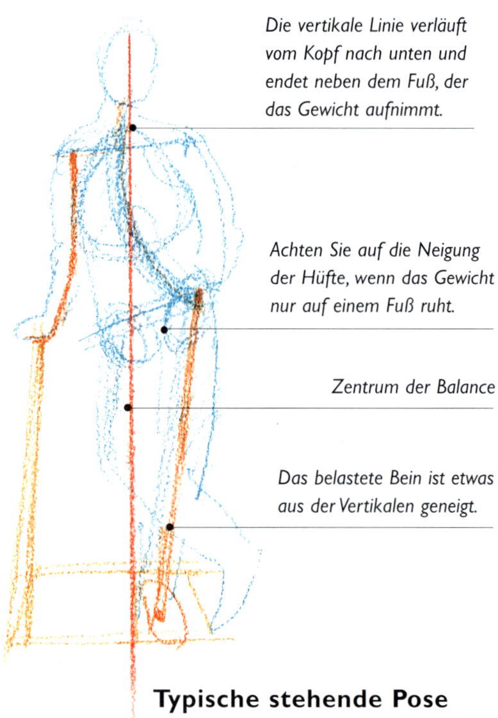

Typische stehende Pose

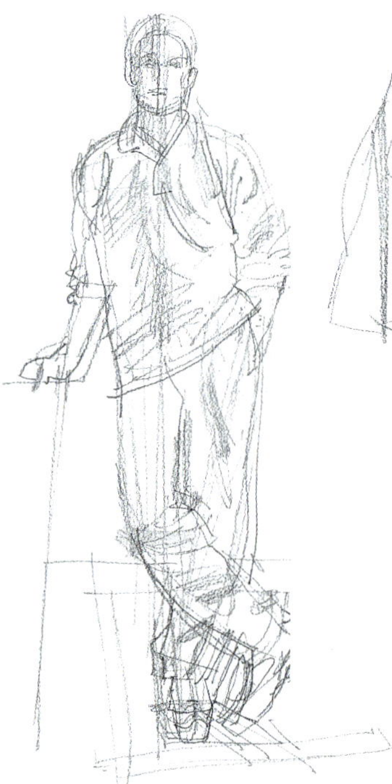

Gewicht auf einem Fuß und einer Hand

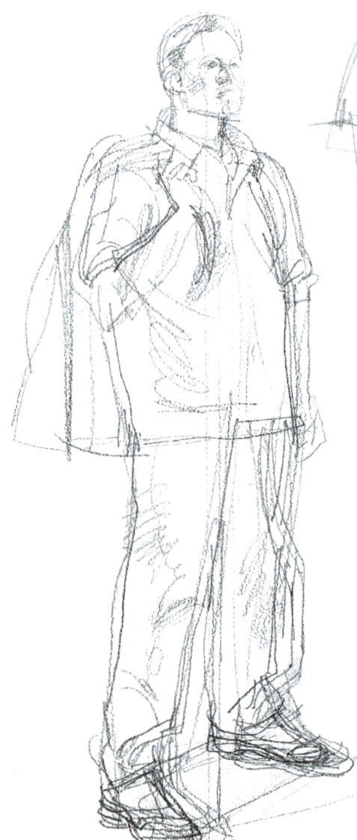

Gewicht auf beiden Füßen

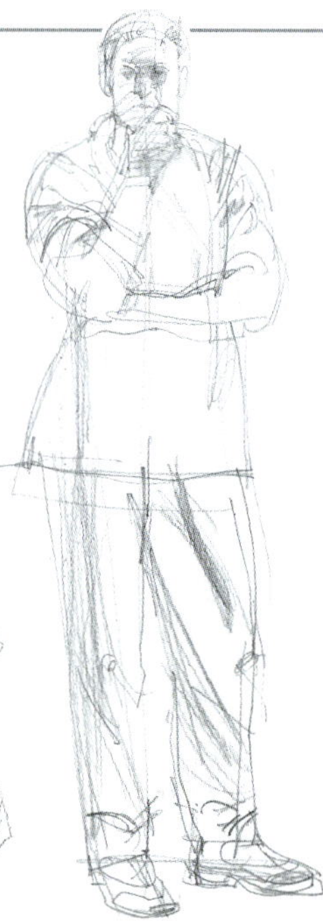

Das meiste Gewicht auf einem Bein

Praktische Übung: STEHENDE POSE

In dieser Studie wird die Spannung der Pose, bei der die Figur vom Stuhl gestützt wird, mit der Lockerheit und den weichen Formen der Kleidung des Modells kontrastiert.

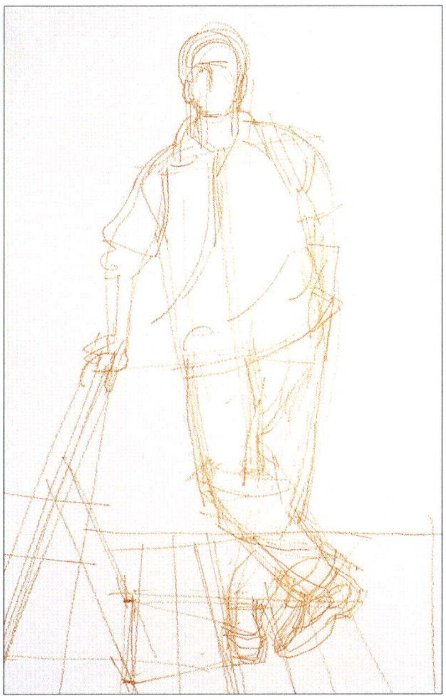

1 *Legen Sie die vertikalen Linien an. Der Kopf befindet sich links vom Zentrum der Balance. Die Kleidungsstücke folgen der Neigung des Körpers. Der Boden wird eingefügt, um der Figur Halt zu geben.*

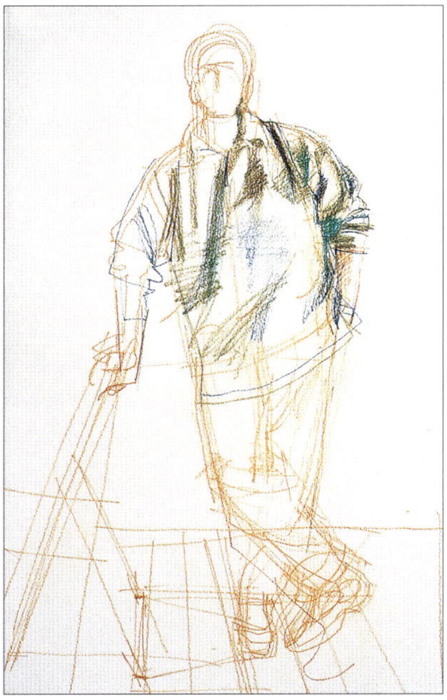

2 *Das locker fallende Hemd wurde genutzt, um Struktur und Balance des Körpers zu verdeutlichen. Die Falten des Kragens ziehen sich an der Knopfleiste entlang diagonal über den Körper. Ich musste die Zeichnung leicht verändern, da sich das Modell etwas bewegt hatte und der Hemdenrand tiefer über das Bein gerutscht war.*

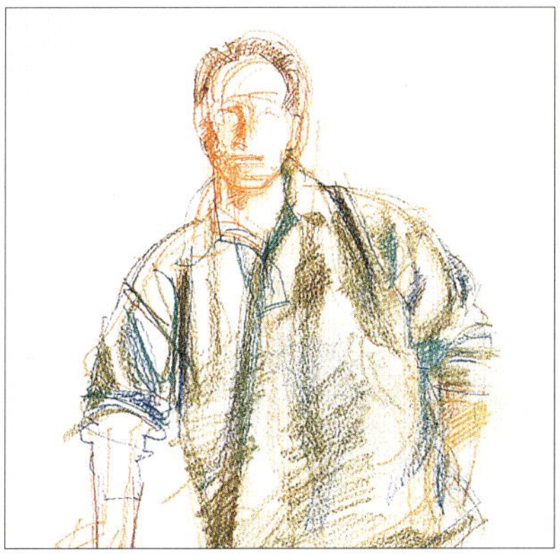

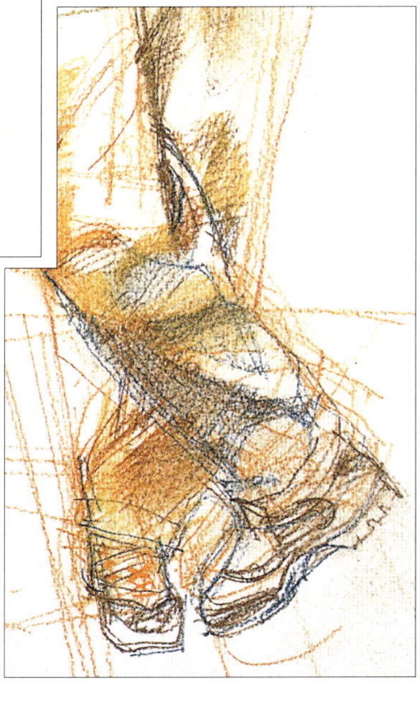

3 Oben: *Setzen Sie die Details im Kopf ein und überprüfen Sie die Beziehung zwischen Kinn und Schulterpartie. Auch die Form des Hemdes muss noch stärker herausgearbeitet werden.* Rechts: *Zeichnen Sie die Hosenfalten und definieren Sie damit die Neigung der Beine. Mit Hilfe der negativen Form definieren Sie die Schuhe.*

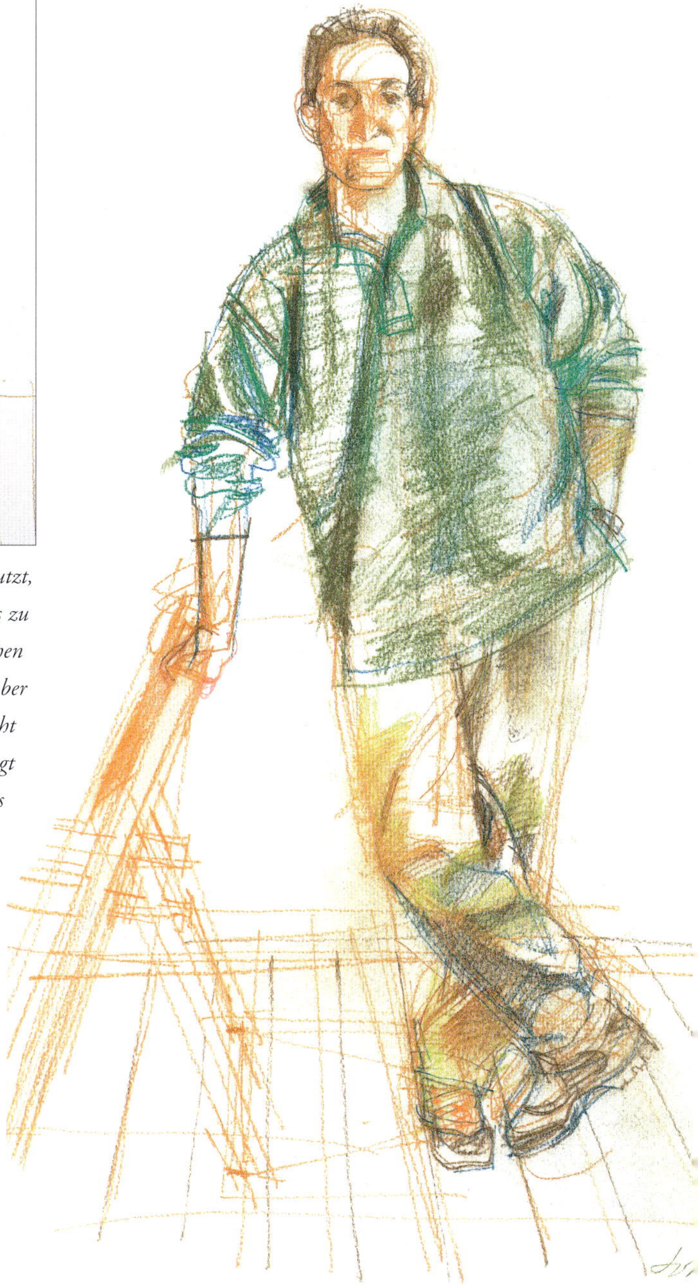

4 *Bevor Sie weitere Details einfügen, prüfen Sie noch einmal die Winkel des rechten Arms und des Stuhls. Verstärken Sie die Hauptlinien, um die Spannung des Stoffes zu zeigen, und legen Sie weiche Tonwerte zur Formgebung an. Da diese Zeichnung mit Pastellstiften geschaffen wird, ist die Farbmischung Teil dieses Arbeitsprozesses. Setzen Sie weitere Details im Gesicht ein und betonen Sie die Linien der Bodendielen.*

Liegende Posen

Beim Zeichnen einer ruhenden Figur steht das Problem der Balance weniger im Vordergrund als bei der stehenden Pose. Aber auch hier müssen einige wesentliche Elemente beachtet werden. Die Unterlage, auf der das Modell liegt, sollte nicht zu flach und hart sein. Verschiedene Möbelstücke und einige zusätzliche Kissen sind eine wichtige Voraussetzung, wenn man unterschiedliche Posen ausprobieren will.

DER MENSCHLICHE KÖRPER passt sich durch Absenkung des Rumpfes zwischen dem relativ festen Schultergürtel und der Hüfte der liegenden Stellung an. Der Kopf oder der ganze Oberkörper können auf einem Ellbogen oder einem Unterarm aufgestützt werden.

Beim Zeichnen einer liegenden Figur können bestimmte Vorstellungen hilfreich sein. Ich stelle mir eine liegende Figur oft wie ein großes Gebäude oder eine Folge von Felsen und Klippen vor. Die Unterlage oder der Boden ist dann der „Strand" unterhalb der Klippen.

Das richtet den Blick nicht nur auf die Neigungsgrade, die eine Person auf diesem Strand beim Besteigen der Klippen überwinden müsste, sondern lenkt die Aufmerksamkeit auch auf die Form des Strandes, die „ausgesparte Form". Man kann so auch besser beurteilen, welcher „Gipfel" (zum Beispiel Hüfte oder Schulter) höher liegt.

Die Pose analysieren

Nachdem einige Posen ausprobiert worden waren, entschied ich mich für eine, die entspannte Einfachheit ausdrückte und durch die sich die oben beschriebenen Prinzipien der liegende Figur verdeutlichen ließen. Achten Sie auf das „Strandstück" der ausgesparten Fläche, das im Diagramm rechts gelb markiert wurde.

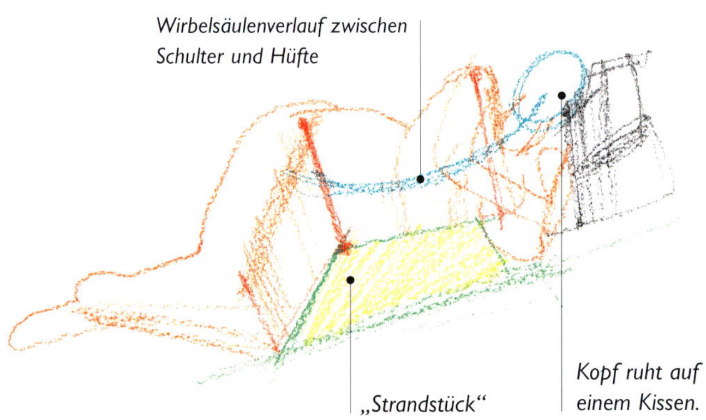

Typische liegende Pose

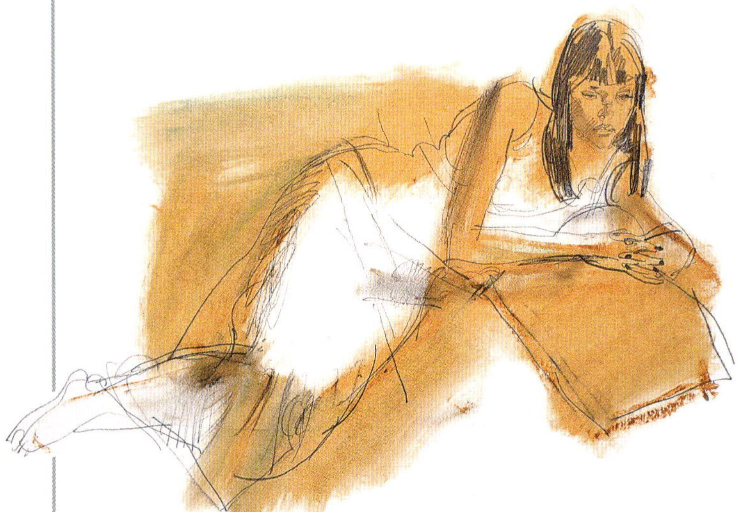

Ungestützter Kopf, angespannter Hals

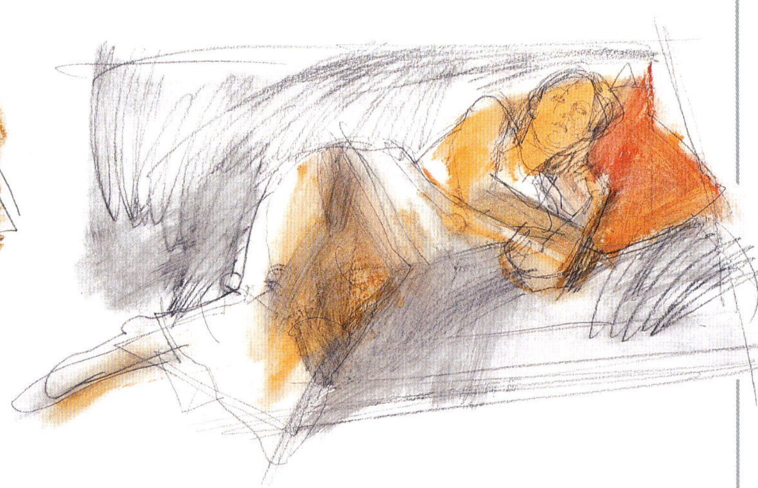

Voll entspannte Pose mit aufliegendem Kopf

Praktische Übung: LIEGENDE POSE

Das schöne Zusammenspiel von Händen und Armen hätte in dieser Pose ohne Unterstützung durch ein Kissen nicht sehr lange gehalten werden können.

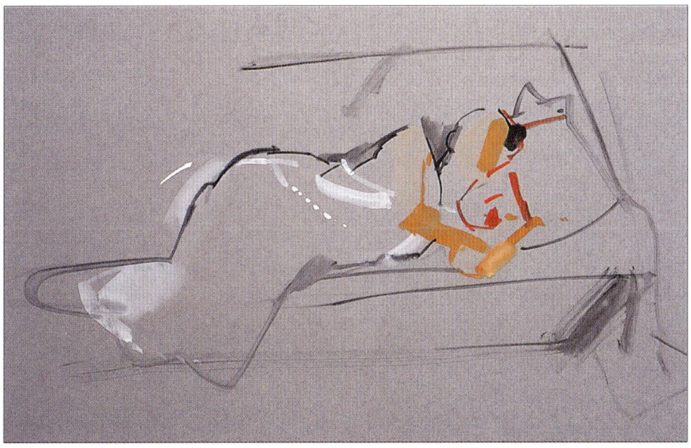

1 Skizzieren Sie grob die Lage der Figur und den Hintergrund. Später können Sie die abstrakten Formen ausfüllen. Sofa und Kissen sind zu diesem Zeitpunkt nur einfache Linienumrisse. Die weißen Stellen bezeichnen den Faltenwurf.

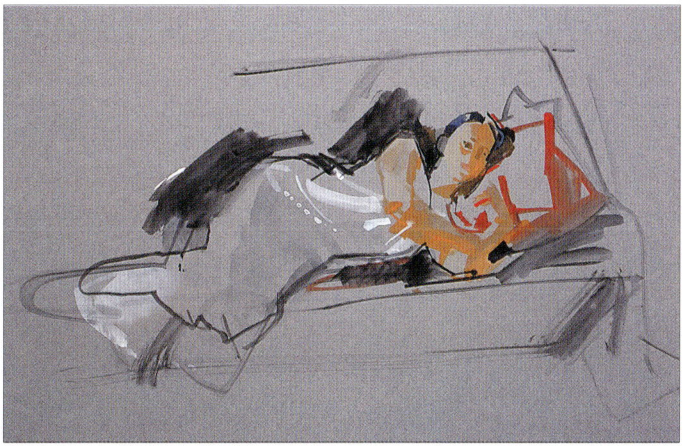

2 Legen Sie Kopf und Arme mit einfachen Farbflächen an und behalten Sie sich immer Änderungsmöglichkeiten vor. Das Schwarz hinter der Figur unterstreicht deren Proportionen. Prüfen Sie, ob die Verkürzung der Figur stimmt.

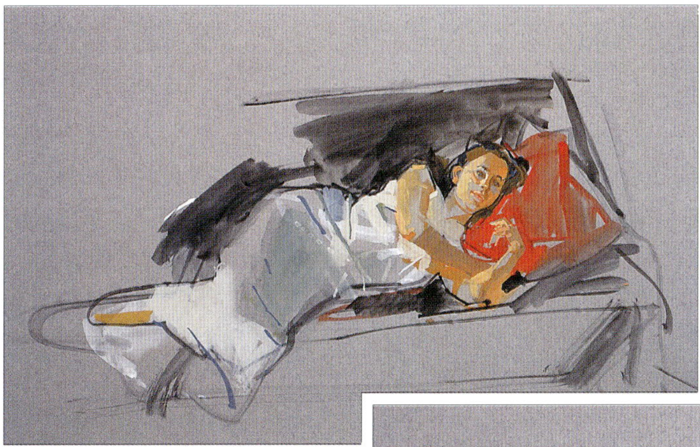

3 Beim Ausarbeiten des Kopfes sollten Sie versuchen, einige Farbtöne der beleuchteten Seite des Kopfes auch auf Arme und Schulter zu übertragen. Legen Sie die Formen der Finger fest und beginnen Sie den Faltenwurf des Kleides von der Hüfte abwärts auszuführen. Diese Fläche über den Beinen ist bis zu diesem Zeitpunkt noch relativ abstrakt geblieben.

4 Ich verbesserte den linken Arm und fügte dann die kühlen und überraschend warmen Töne für das Kleid ein. Achten Sie beim Ausfüllen des Kissens auf die warmen Schatten der Hand. Auch die Füße werden verschiedenfarbig angelegt. Der innere Rand des einen Fußes ist in sehr warmen Tönen gehalten, während der äußere Rand des anderen kühl ist und blaue Venen aufweist.

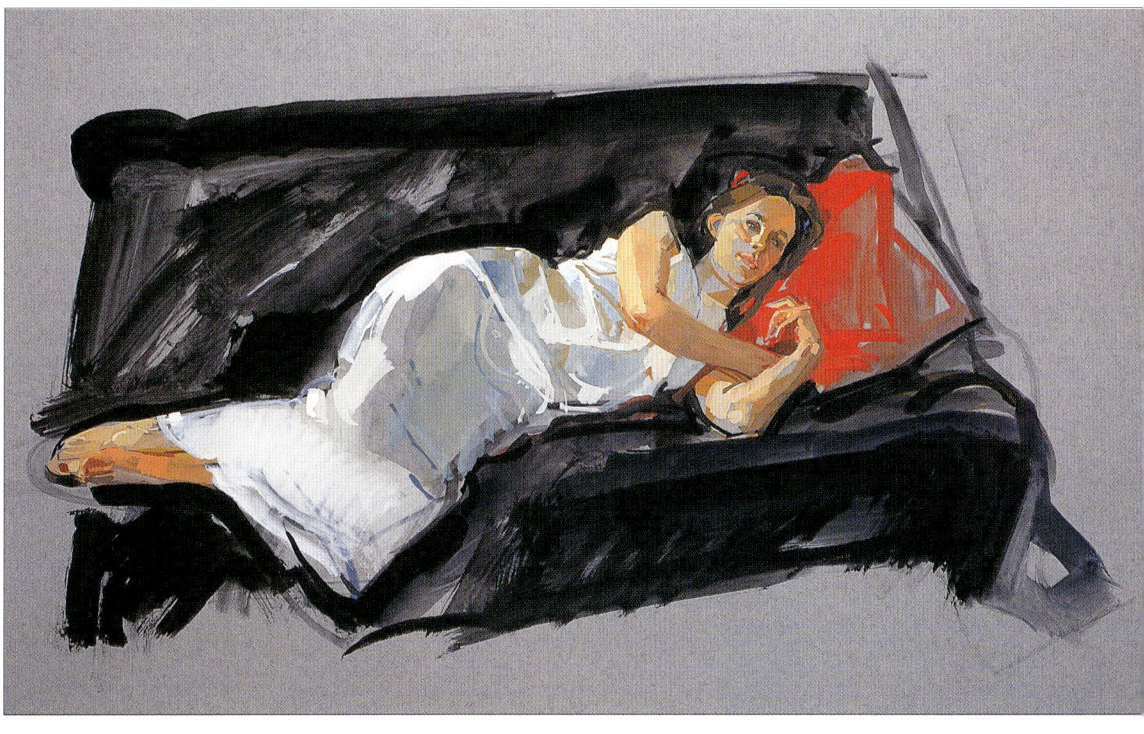

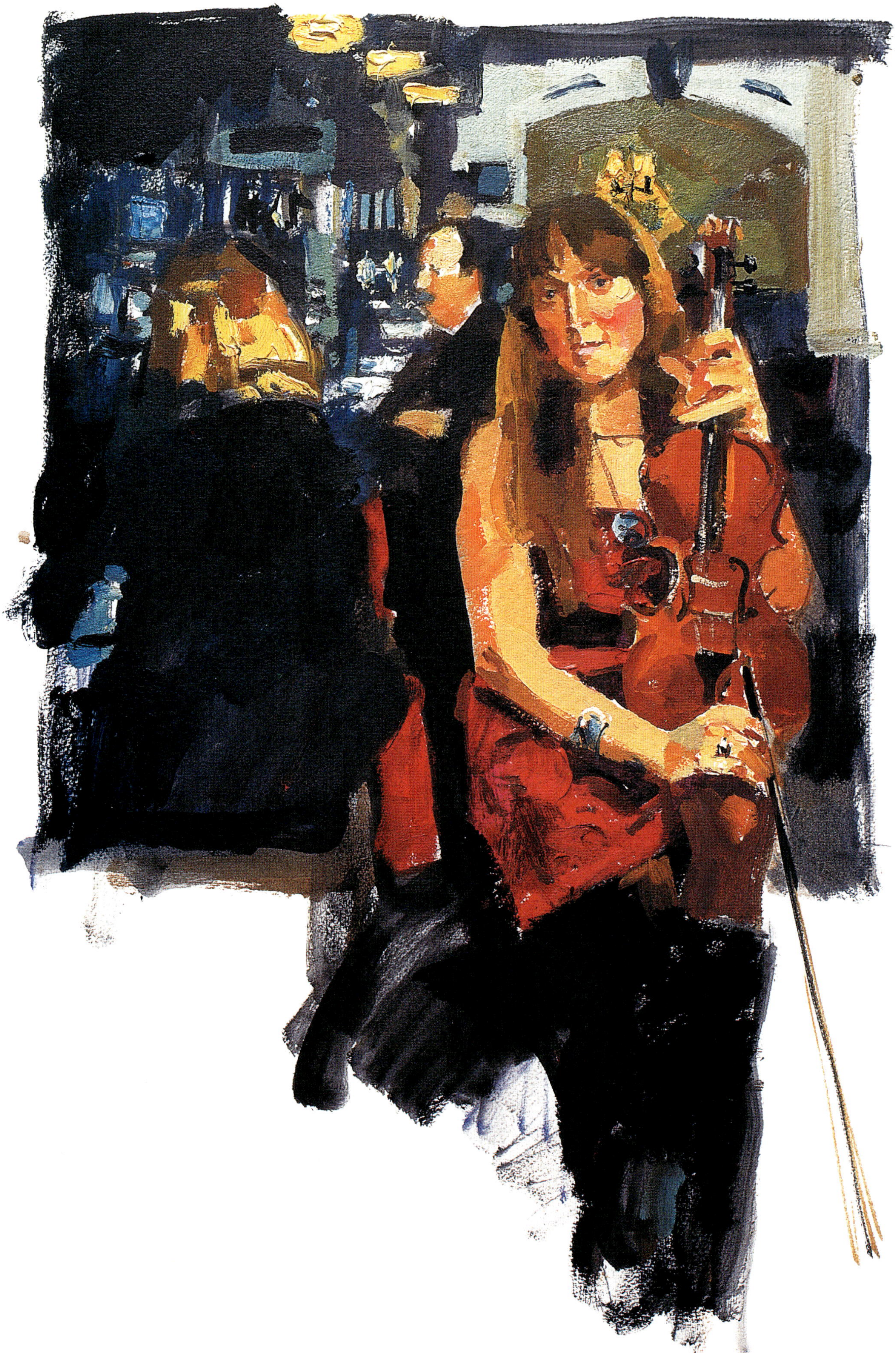

Porträts komponieren und ausleuchten

In jeder Kunstgalerie oder Ausstellung heben sich solche Bilder von den anderen ab, bei denen Komposition und Beleuchtung von Anfang an als integrale Bestandteile des Bildes betrachtet wurden. Es zahlt sich immer aus, die Grundprinzipien und wichtigsten Regeln der Komposition zu kennen, selbst wenn man sich nach der Beschäftigung mit diesen Regeln entschließt, sie wieder zu brechen. Am Ende entstehen auf diese Weise interessante und eigenständige Zeichnungen und Bilder, die Ihre persönliche künstlerische Handschrift zeigen.

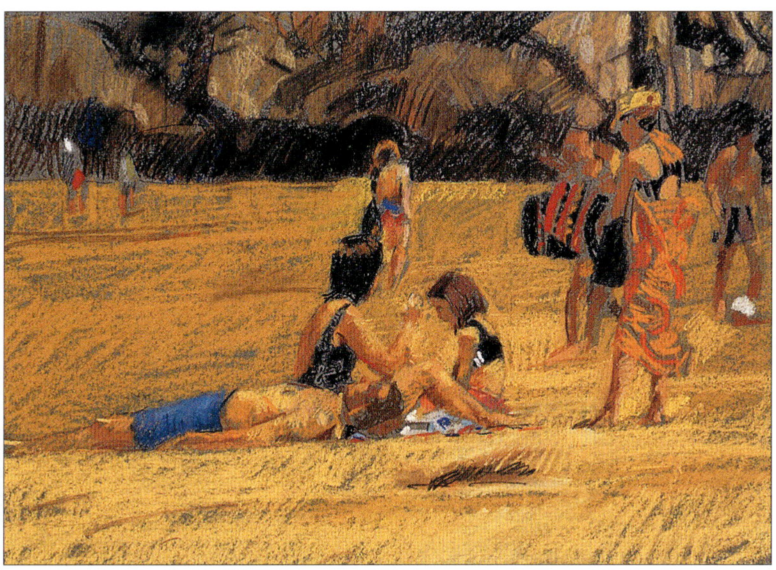

Klassische Komposition

Traditionsgemäß ist die Dreiviertelfrontalansicht das beliebteste Porträtformat. Das Gesicht ist von vorne beleuchtet, von einer hinter dem Künstler liegenden Lichtquelle. Der Blick geht meist gerade aus dem Bild heraus. Das ist der Blick, der Sie durch das ganze Zimmer zu verfolgen scheint.

Als allgemeine Kompositionsregel gilt, dass das Modell leicht aus der Bildmitte verschoben sein sollte. Die Schultern weisen zur stärker geöffneten Bildseite, in die Richtung, in die auch das Gesicht gewendet ist. Der Kopf ist im oberen Drittel der Leinwand platziert. Leonardo da Vincis „Mona Lisa“ (siehe gegenüberliegende Seite) ist ein Beispiel für diesen Kompositionstyp. Es existieren aber tausende ähnlich aufgebaute Porträts. Natürlich gibt es auch hier zahlreiche Variationsmöglichkeiten. Es handelt sich jedoch um eine sichere Komposition, die immer funktioniert. Das Grundschema ist auch dann stimmig, wenn der offene Raum hinter dem Porträt zu einer Landschaft erweitert wird. Das gleiche Prinzip gilt, wenn eine stehende Figur zur offenen Seite der Komposition gewendet wird. Der Kopf nimmt hier allerdings einen kleineren Raum näher am oberen Bildrand ein.

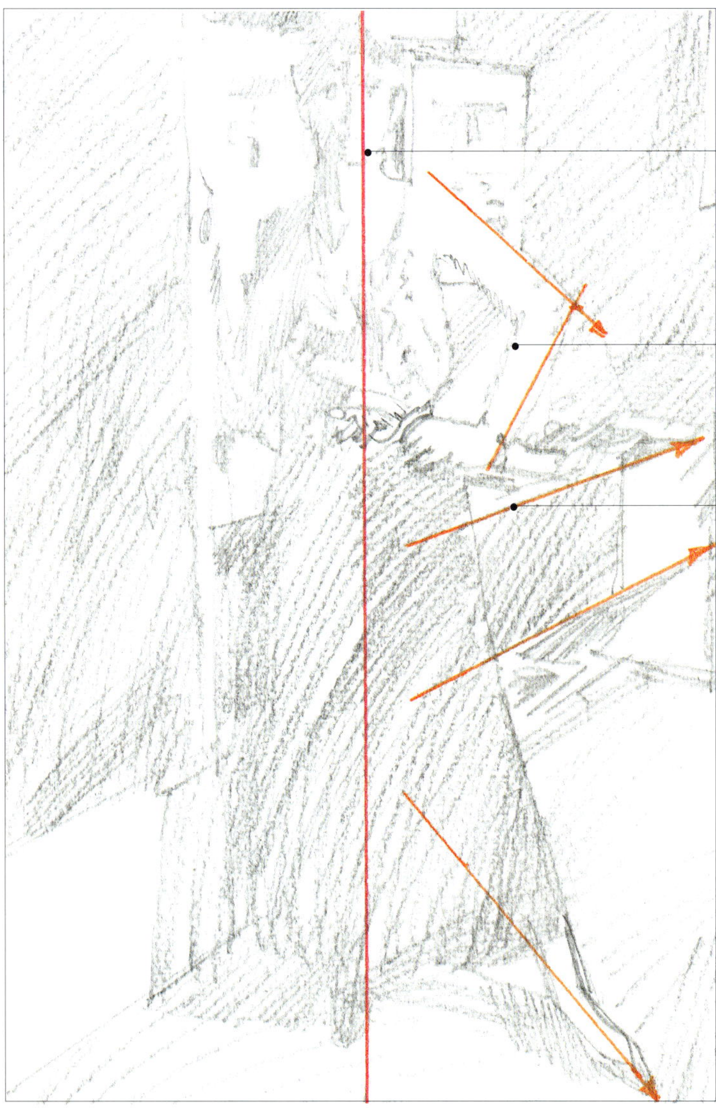

Die Figur teilt das Bild in zwei Hälften. Der Blick des Modells lenkt den des Betrachters zum offenen Raum auf der rechten Seite.

Das „V“ des gebeugten Arms zeigt nach außen, lenkt aber auch den Blick auf das Gesicht zurück.

Perspektivische Linien verankern die geschlossene Pose der Figur im Raum.

Klassische Variation

LINKS: *Die Komposition dieses Porträts meiner Frau variiert die oben beschriebene klassische Kompositionsmethode nur ein klein wenig. Die Figur ist fast zentral gesetzt und blickt leicht zur „geschlossenen“ Wandseite des Raums. Ich balancierte diese Bewegung durch den nach außen zeigenden linken Fuß und die pfeilähnliche Form des linken Arms aus. Die Aufmerksamkeit konzentriert sich auf Kopf und Schulterbereich, und zwar zum einen durch den Kontrast zwischen schattigem Kopf und Schulterbereich und hellem Hintergrund sowie zwischen stark beleuchteter linker Seite und dem Helldunkel des übrigen Raums.*

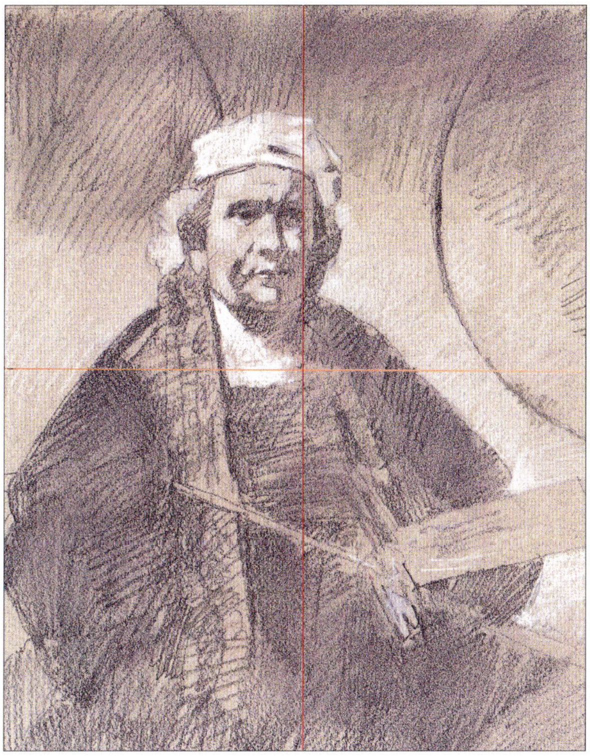

Kopf nach links verlagert

LINKS: *Dies ist meiner Meinung nach das beste von Rembrandts Selbstporträts und zählt zu den größten Porträts aller Zeiten. Die Figur ist etwas links von der zentralen roten Linie positioniert und leicht zur offenen Seite gewendet. Der Kopf mit dem den Blick anziehenden Hut und weißen Kragen sitzt genau über der Bildhälfte.*

Zentrale Kopfposition

RECHTS: *Die „Mona Lisa" zeigt eine ähnliche Komposition wie Rembrandts Selbstporträt oben. Obwohl der Körper in klassischer Weise zum offenen Raum gedreht wird, ist der Kopf zentral platziert. Das Gesichtsfeld ist leicht auf die „falsche" Seite gerückt. Das dem Betrachter zugewandte Auge befindet sich genau auf der Mittellinie.*

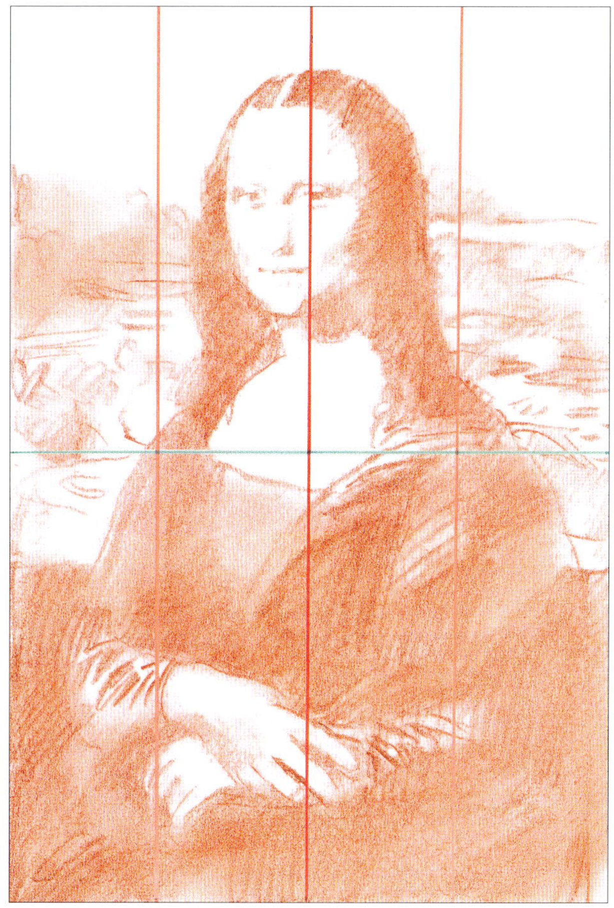

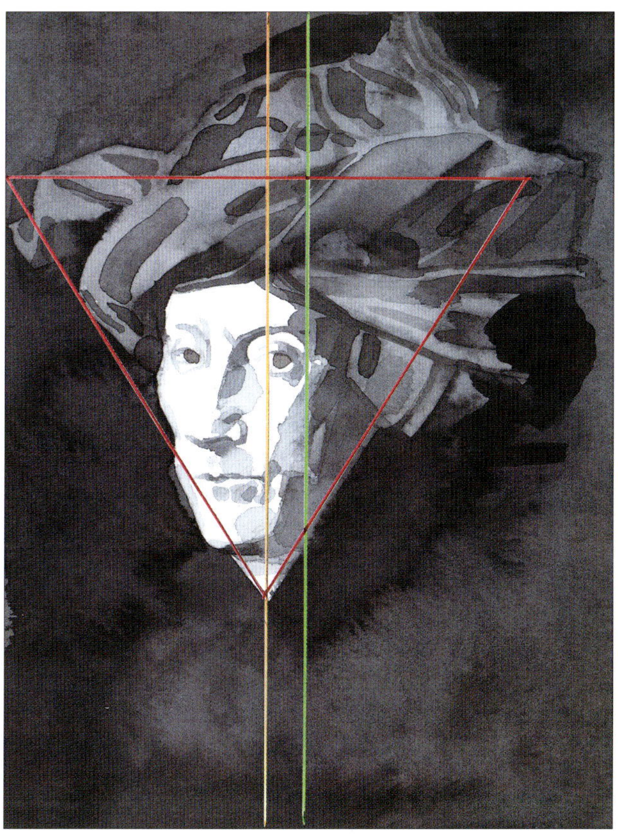

Die Kopfposition ausbalancieren

LINKS: *Die Breite des Turbans und der schmale Halsauschnitt ergeben in dieser fesselnden Komposition von Van Eyck ein auffälliges, umgekehrtes Dreieck. Wieder ist der Kopf leicht aus dem Zentrum gerückt und zur offenen Seite gewendet. Das Gewicht des Turbans, der in die rechte Bildseite übergeht, balanciert dies aus. Ähnlich wirkt auch der direkt auf den Betrachter gerichtete, strenge Blick des Modells.*

Form und Raum

Nach diesem Studium einiger Kompositionen von Künstlern der Vergangenheit schlage ich nun vor, dass Sie sich einer bestimmten Pose zuwenden mit dem Ziel, eine einfache Kompositionsidee zu erkunden. Ich habe für diese Übung die von mir bevorzugte Dreieckskomposition ausgesucht.

IN DER EINFACHEN KOMPOSITION, die hier gezeigt wird, habe ich den Raum auf der „geschlossenen" Seite des Bildes vergrößert und die Figur deutlich als Dreieck angelegt. Man könnte meinen, dass meine Komposition ein Füllmittel braucht, um den leeren Hintergrund zu beleben. Da der Kopf meines Modells jedoch dem Betrachter zugewandt ist und die leere Fläche durch die Beschneidung der Figur reduziert wird, wirkt die Komposition auch ohne Gegengewicht stimmig. Der Erfolg einer Komposition hängt allein davon ab, ob die Zusammenstellung schlüssig aussieht.

Diese Einschätzung ist natürlich sehr subjektiv. Es gibt zwar einige Regeln – zum Beispiel sollte man nicht zu viele Blickpunkte haben und den wichtigsten Blickfang weder ganz an die Seite rücken noch genau in der Mitte der Komposition platzieren. Doch wurden alle einmal aufgestellten Regeln irgendwann wieder von irgendeinem Künstler gebrochen.

Probieren Sie also unterschiedliche Arrangements aus und vertrauen Sie bei der Auswahl Ihrem eigenen Gefühl für Balance und Proportion.

Rahmen

Nachdem man sich für die Grundpose und die dreieckige Komposition entschieden hat, kann man noch verschiedene Varianten der Bildrahmung ausprobieren. Bringt man die ganze Figur ins Spiel, wird der umgebende Leerraum zu groß. Deshalb habe ich den unteren Teil der Figur unterhalb der horizontalen Form des Oberschenkels beschnitten. Aus dieser Komposition mit Blick aus dem Bild hätte sich auch eine sehr schöne Einheit von Kopf und Schultern ergeben.

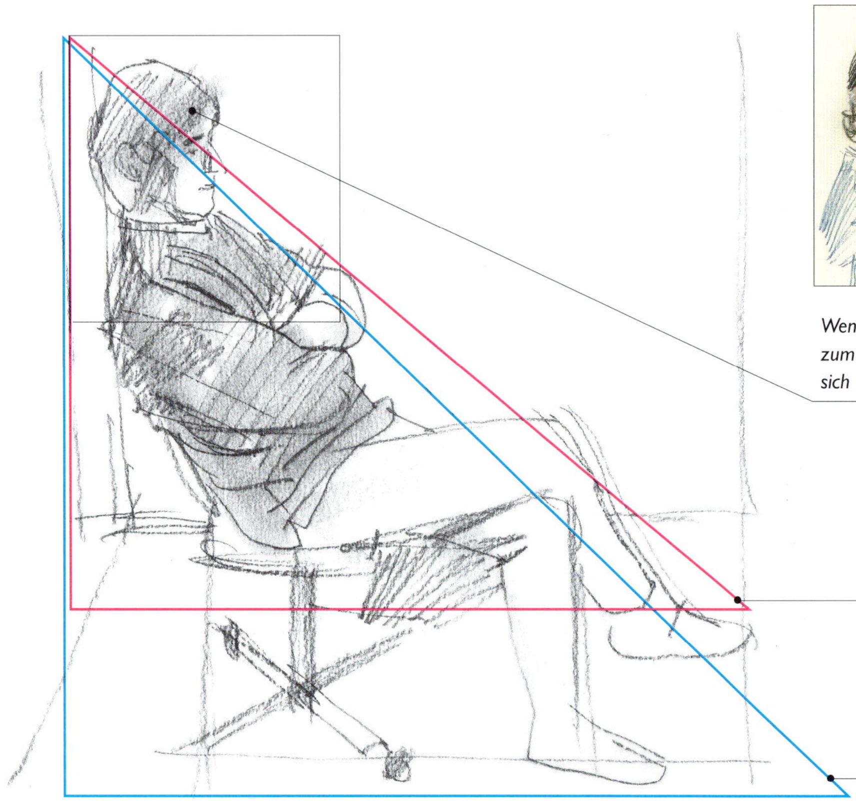

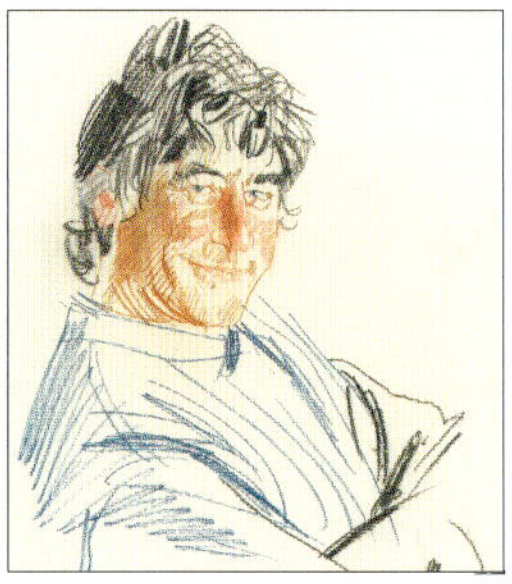

Wenn das Modell den Kopf dreht und zum Betrachter schaut (oben), ergibt sich eine ausbalancierte Komposition.

Diese Diagonale ist ausschlaggebend für die Größe des Bildrahmens, der für diese Übung gewählt wurde.

So verläuft die Diagonale, wenn man die ganze Figur einschließen möchte.

Praktische Übung: DREIECKSKOMPOSITION

Hier wurde eine Vorzeichnung angelegt, die die Pose festlegt. Durch darüber gelegte Lavierungen wird die Zeichnung bald verschwinden. Versuchen Sie sich so lange wie möglich nach der Zeichnung zu richten, aber vergessen Sie dabei nicht, Ihre Arbeit ständig mit dem Modell vor Ihnen zu vergleichen.

1 *Nachdem ich die Pose festgelegt und einige Vorskizzen gemacht hatte, fertigte ich mit dem Bleistift eine Vorzeichnung an. Ich beschnitt den unteren Teil der Zeichnung, wie auf der gegenüberliegenden Seite zu sehen.*

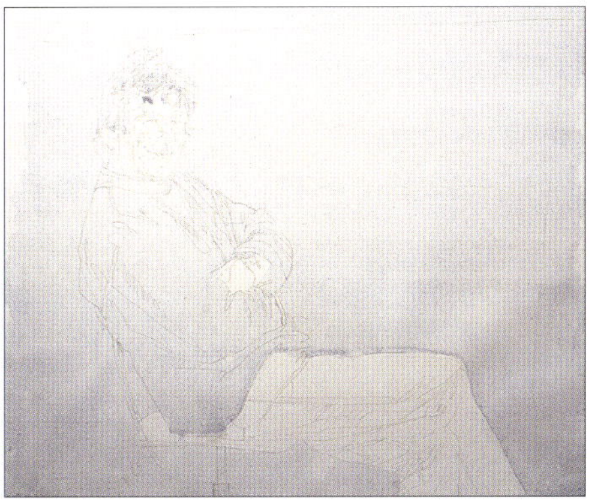

2 *Außer Kopf, Hand, Hose und Sitz wurde alles mit einer verdünnten blauen Lavierung bedeckt. Das verdeutlicht die dreieckige Anlage des Bildes und ermöglicht es dem Künstler zu prüfen, ob die Proportionen stimmig sind.*

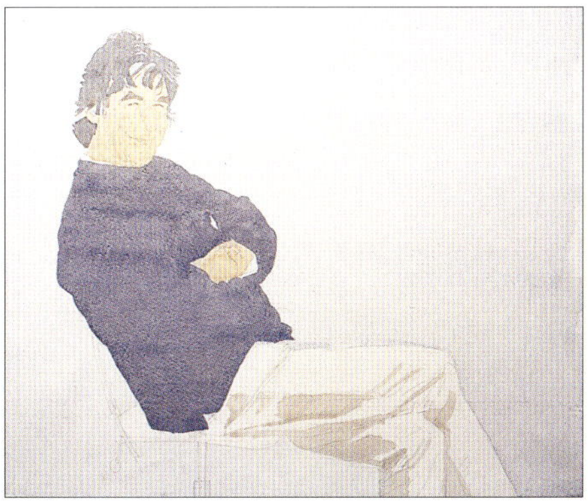

3 *Gesicht und Hand erhalten eine erste Lavierung. Dann wird die Form des Haares festgehalten. Das Sweatshirt erhält einen dunkleren Farbton. Die Hosenfalten in der Kniegegend laufen in Gegenrichtung zur Kompositionsdiagonale.*

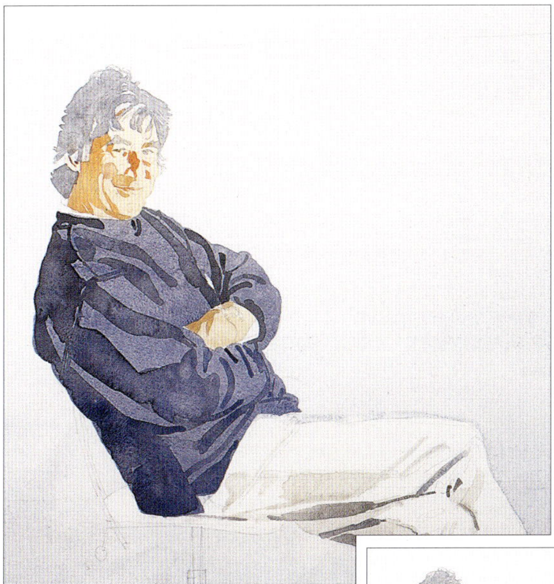

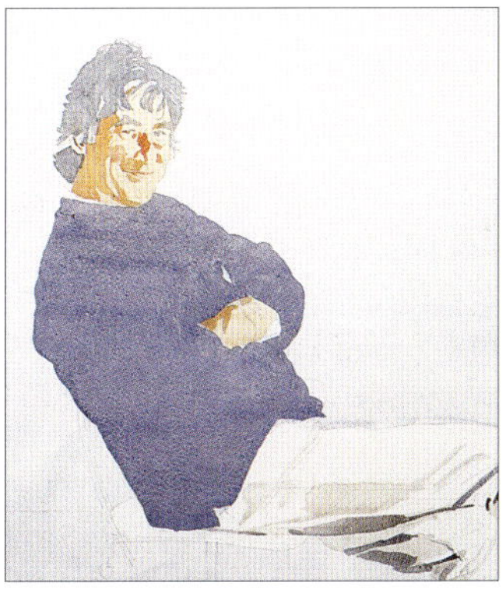

4 *Kopieren Sie nicht jede einzelne Falte der Kleidung, sondern achten Sie eher auf deren Richtung und Linienführung. Die Linie des dem Betrachter zugewandten Armes, die die Eckdiagonale widerspiegelt, wird von den Falten verstärkt.*
Kleines Bild: *Setzen Sie die warmen und kalten Farbtöne im Gesicht ein und legen Sie die Pupillen fest.*

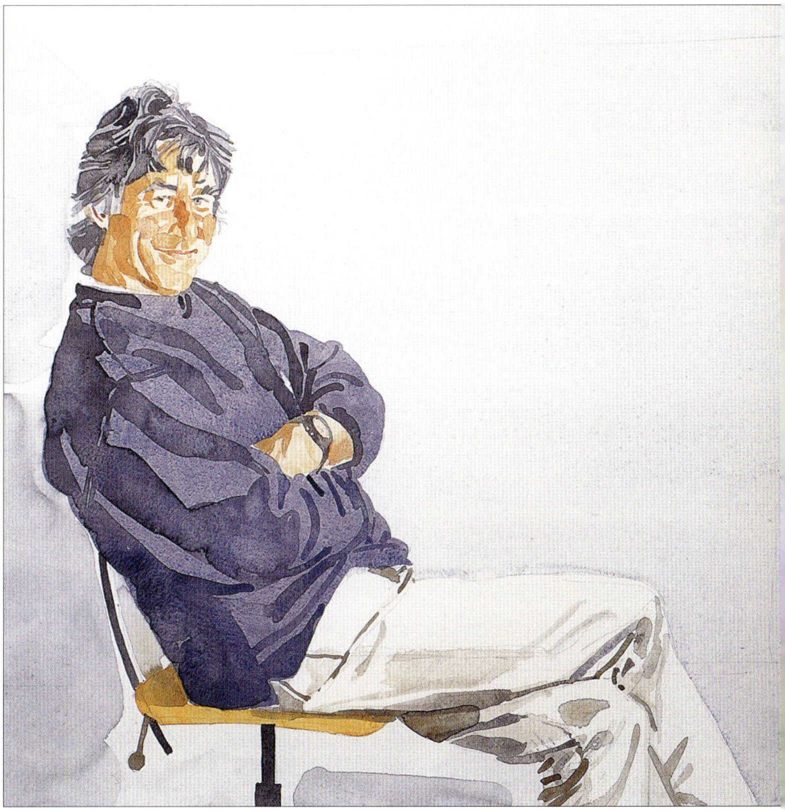

5 *Mit Lavierungen, die nass auf trocken gemalt werden, setzt man die dunklen Teile des Haares ein. Die ursprüngliche Farbe bleibt als Lichthöhung stehen. Setzen Sie weitere Details im Gesicht ein. Zum Schluss wird der Stuhl und der Schatten links laviert.*

Die Kompositionsregeln brechen

Einige Künstler haben die Standardregeln der Komposition bewusst durchbrochen, um neue Bildformen mit gewagteren Kompositionen auszuprobieren. Das bedeutet, dass man von der gängigen etwas aus der Bildmitte gerückten Dreiviertelvorderansicht abweicht und mit neuen Bildräumen experimentiert.

Die Fotografie mit ihren angeschnittenen Bildmotiven regte die Künstler dazu an, ähnliche Kompositionen auszuprobieren und dadurch Spannung ins Bild zu bringen. Viele große Künstler haben hiermit experimentiert und sind zu interessanten Ergebnissen gelangt.

Es gibt eine Kardinalregel der Komposition, die besagt, dass eine Figur niemals zu nahe an den Bildrand gesetzt werden soll und dass das Gesicht niemals vom Betrachter abgewandt sein darf. Doch auch diese Grundregel kann missachtet werden. Die Hinzufügung von ausgleichenden Elementen oder eine subtile Neuordnung des Hauptmotivs kann dazu führen, dass sich die Komposition dennoch im Gleichgewicht befindet. Verwenden Sie Staffage- und Hintergrundelemente, um den Blick des Betrachters ins Bild hinein und durch das Bild zu führen oder die Figur auszubalancieren. Setzen Sie auch die Farbe ein, um den Betrachterblick anzuziehen. Experimentieren Sie mit kleinen Skizzen, die verschiedene Kompositionen in unterschiedlichen Formaten zeigen, bevor Sie mit der endgültigen Komposition beginnen.

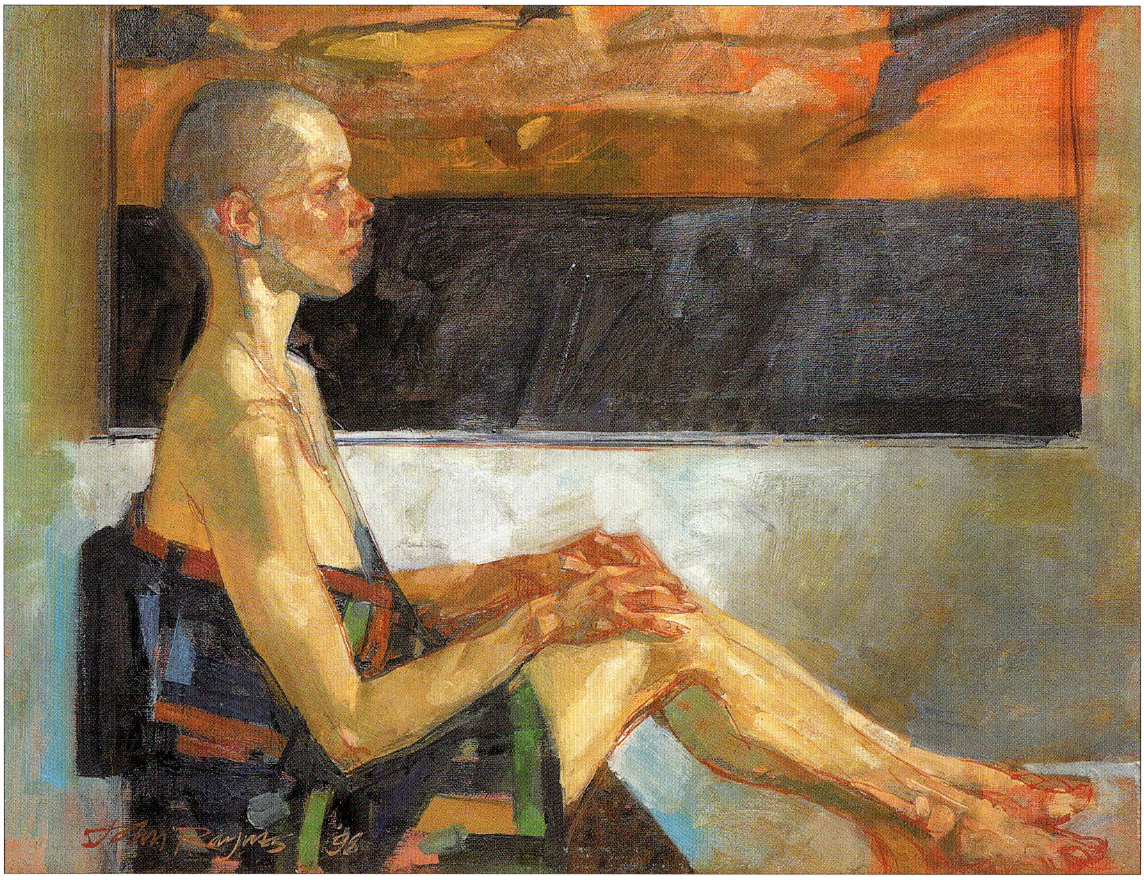

Links-Rechts-Balance erzielen

OBEN: *Obwohl die Figur weit nach links an den Bildrand geschoben wurde, ist die Komposition gut ausbalanciert. Das liegt zum einen an dem Blick des im Profil gezeigten Kopfes, der fest nach rechts gerichtet ist, und zum anderen an den kräftigen, zentral platzierten Händen, die zu den zum rechten Bildrand führenden Zehen weiterleiten. Auch die großen Felder in Braun und Orange verstärken die Stabilität der Komposition.*

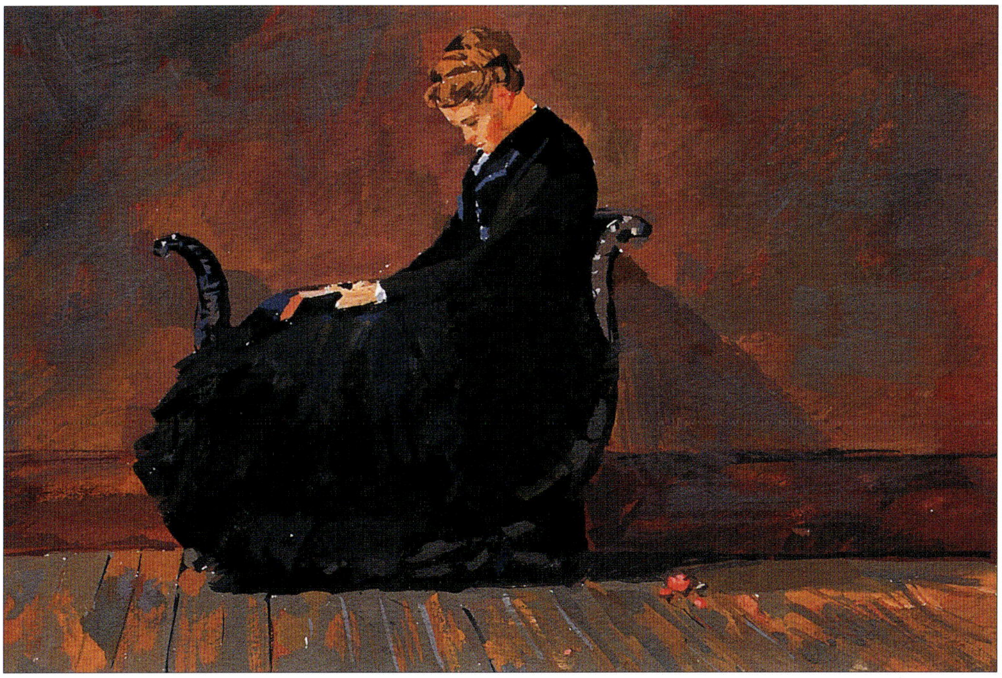

Das Interesse wecken

LINKS: *Bei dieser Komposition von Winslow Homer hätte die Platzierung der sitzenden, im Profil gezeigten Figur so weit links im Bildraum auch schief gehen können. Der dreieckige Schattenwurf der merkwürdigen Chaiselongue hilft jedoch bei der Verankerung der Figur in der Bildmitte. Doch zieht vor allem die pinkfarbene Rose auf dem Fußboden den Blick des Betrachters an und lenkt ihn auch in die ansonsten uninteressante rechte Bildhälfte.*

Porträt oder Stillleben?

RECHTS: *Das Bild von Edgar Degas, das Grundlage für diese Zeichnung war, ist wohl eines der extremsten Beispiele für ein Porträt, das fast aus dem Bildrahmen zu fallen scheint. Hier werden ähnliche Kompositionselemente verwendet wie in der neuen Kunst der Fotografie. Die Frau ist nicht nur im äußeren Viertel des Bildes platziert, sie hat sich auch zur Seite gedreht und schaut aus dem Bild! Man könnte der Meinung sein, dass das schon kein Porträt mehr ist, in jedem Fall ist es aber eine wagemutige Figurenkomposition.*

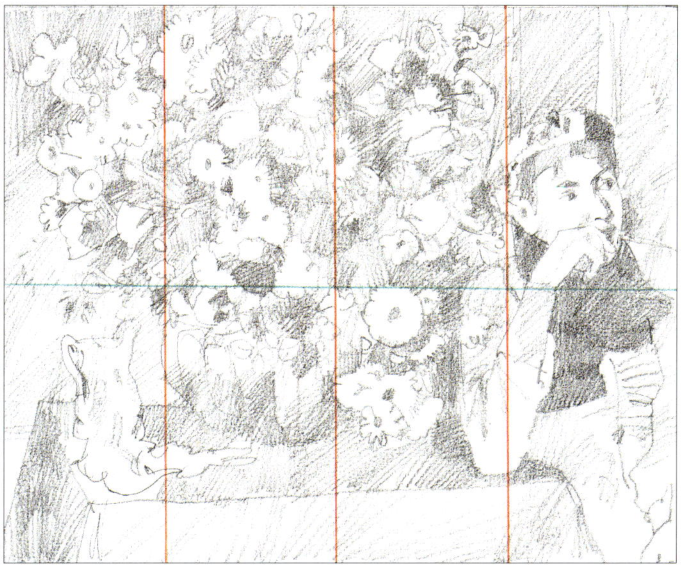

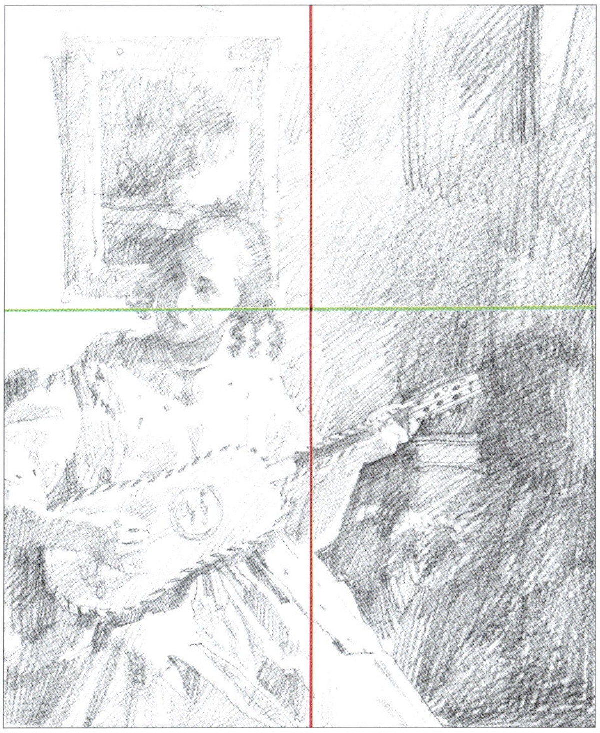

Den leeren Bildraum verwenden

LINKS: *In dieser ungewöhnlichen Komposition von Jan Vermeer, die Jahrhunderte vor der Erfindung der Fotografie entstand, ist die Figur fast vollständig in der linken Bildhälfte platziert und schaut zudem nach links, als ob etwas außerhalb des Bildes ihr Interesse erregt. In der rechten Bildhälfte gibt es fast nichts Interessantes. Trotzdem funktioniert die Komposition, zum einen dadurch, dass der Körper dem leeren Bildraum zugeneigt ist, zum anderen, weil Hände und Gitarre eine Verbindungslinie zur schattigen rechten Bildhälfte schaffen.*

Bildvorlagen verwenden

Um ein bestimmtes Porträt zu malen, benötigen Sie vielleicht Informationen aus anderen Quellen. Durch Vorstudien lernt man ein Gesicht besser kennen. Zur Übertragung solcher Studien in das Porträt braucht man dann eine besondere Technik.

Vielleicht verfügen Sie nicht nur über verschiedene Studien des Modells, sondern haben auch Zugriff auf einige Fotografien. Möglicherweise gibt es sogar eine Auswahl an Hintergrundmotiven. Dieses Quellenmaterial sollte gesammelt und sortiert werden. Man kann diese Fotos und Notizen auch an einer Pinnwand befestigen und sich dann Zeit nehmen, um zu entscheiden, welches Motiv am besten zum Modell passt.

Ein Foto, um ein offensichtliches Beispiel zu nehmen, zeigt möglicherweise den charakteristischen Ausdruck, den Sie bei Ihren Studien vermisst haben. Bei der Arbeit an dem endgültigen Bild können Sie sich dann auch auf dieses Foto beziehen. Bevor Sie sich an ein großes Bild wagen, sollten Sie eine schlüssige Komposition in einem kleineren Format anlegen.

Wenn Sie mit der Komposition einverstanden sind, müssen Sie sie vergrößern und auf die endgültige Bildfläche übertragen. Es gibt dafür viele verschiedene Methoden, darunter auch ziemlich aufwendige optische Projektionen. Die gebräuchlichste und am einfachsten anzuwendende ist jedoch die unten beschriebene Rastermethode.

Praktische Übung: AUFRASTERN

Die Rastermethode dient nicht nur der Übertragung eines Motivs von einer Bildquelle zu einer anderen, man kann anhand dieser Methode auch Veränderungen oder Korrekturen in der Komposition vornehmen.

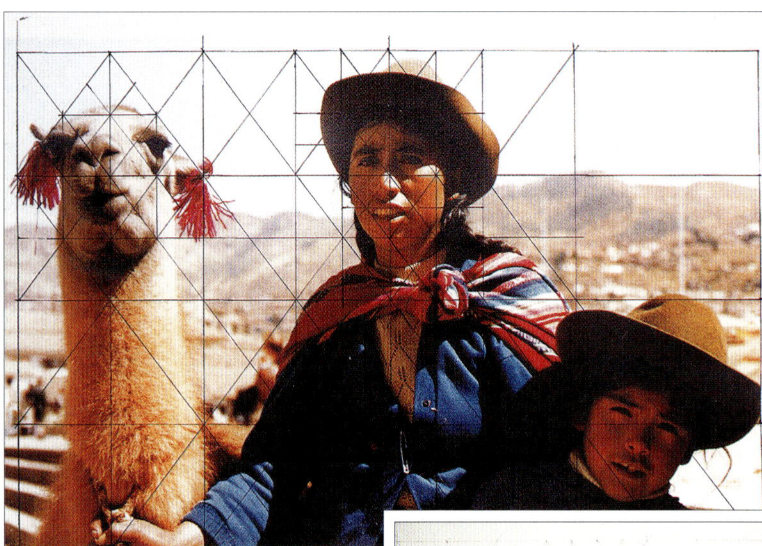

1 *Legen Sie entweder Pauspapier über die Fotografie oder machen Sie eine Fotokopie davon. Zeichnen Sie auf die ausgesuchte Stelle ein rechteckiges Rasternetz und ziehen Sie zusätzlich diagonale Linien ein.* Kleines Bild: *Das Pauspapier muss ausreichend durchscheinend sein.*

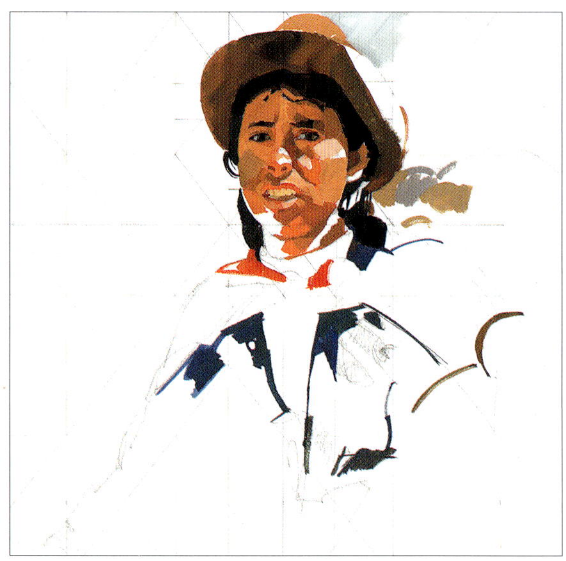

2 *Zeichnen Sie ein identisches Rasternetz auf ihren Malgrund, wobei alle Größenänderungen konstant bleiben müssen. Arbeiten Sie jeweils an einem Rasterfeld und übertragen Sie die Zeichnung des Originals auf das neue Rasternetz. Arbeiten Sie genau und verwenden Sie eventuell kleinere Rastereinheiten für Details. So gehen Sie langsam über das ganze Motiv und übertragen es auf die neue Bildfläche.*

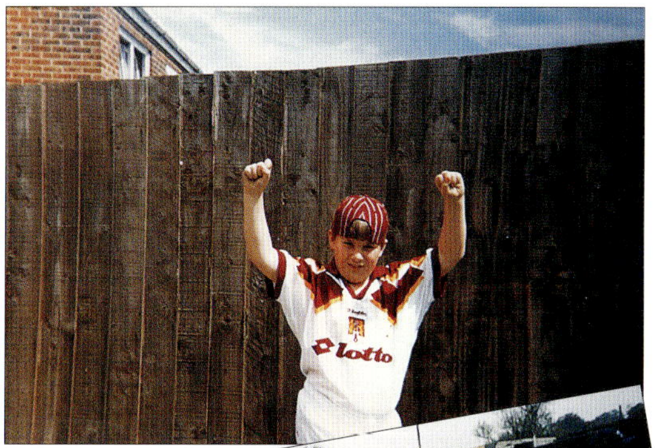

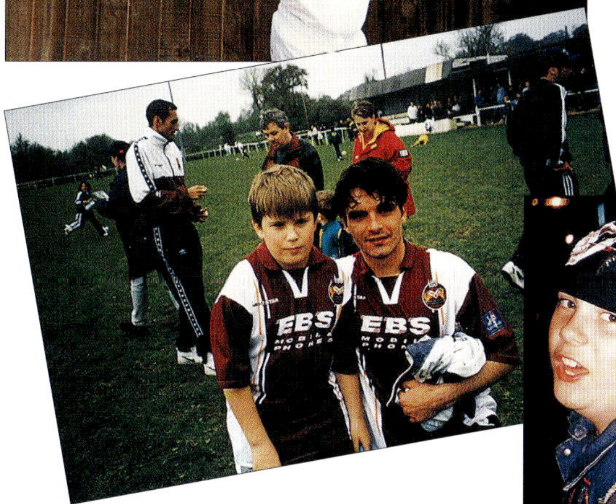

Bildvorlagen aussuchen

Fotos haben gewöhnlich ein rechteckiges Format und können daher in manchen Fällen nur schwer in eine Bildkomposition eingebracht werden. Machen Sie Fotokopien und schneiden Sie das gewünschte Motiv aus. Experimentieren Sie so lange, bis Sie zufrieden sind.

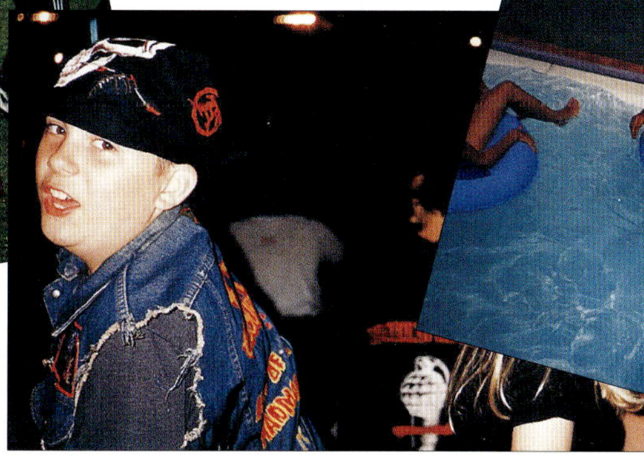

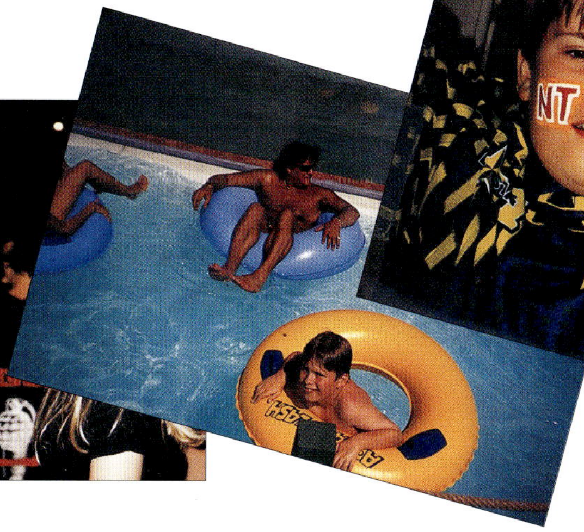

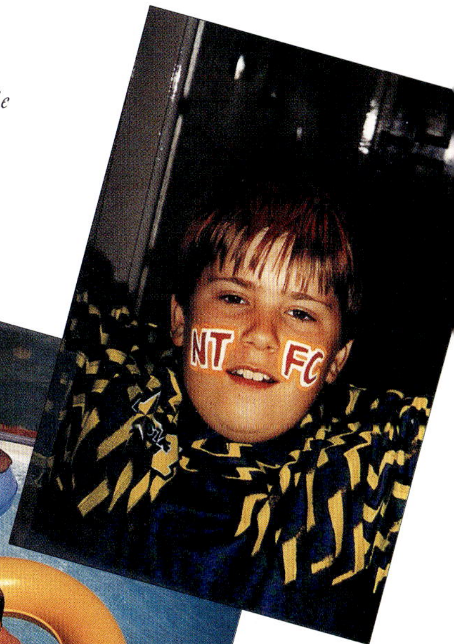

Eine Montage komponieren

RECHTS: *Bei einem Kompositporträt muss man sich zunächst für das dominante Motiv entscheiden. Setzen Sie es dann an einer auffallenden Stelle ein. Das muss nicht unbedingt der Bildmittelpunkt sein. Experimentieren Sie mit den anderen Motiven, die Sie drumherum platzieren. Die unterschiedlichen Größen der Nebenmotive zeigen den Grad der Abstraktion an und lenken die Aufmerksamkeit auf das Hauptmotiv.*

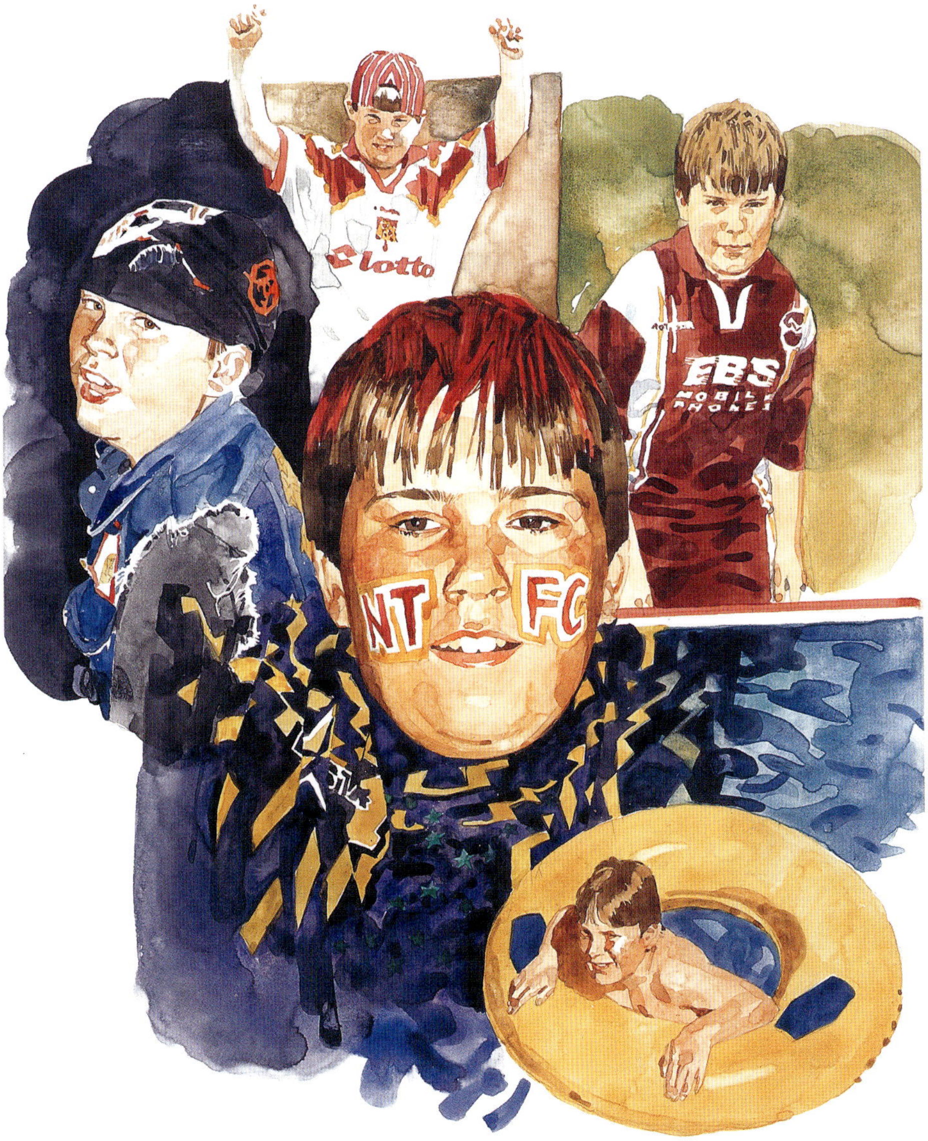

Hintergründe

Paradoxerweise sind einfach gestaltete Hintergründe häufig schwerer zu meistern als kompliziert aufgebaute Szenen. Sie müssen entscheiden, wie wagemutig Ihre Komposition sein soll. Wenn es nur eine kleine Hintergrundfläche gibt, ist die Gestaltung oftmals nur eine Frage der Auswahl von Farbe und Tonwert. Bei großen Flächen ist die Wahl des richtigen Hintergrundes viel schwieriger.

EIN FLÄCHIGER, DUNKLER HINTERGRUND lenkt die Aufmerksamkeit auf einen frontal eingesetzten, hell beleuchteten Kopf. Das war die Faustregel bei der Gestaltung von tausenden traditioneller, formeller Porträts. Man sollte sich jedoch auch anderer Möglichkeiten, den Bildraum zu organisieren, bewusst sein, zum Beispiel der Tatsache, dass ein nicht von vorne beleuchteter Kopf, der daher einen dunkleren Schatten wirft, vor einem helleren Hintergrund besser steht. Beliebt waren für Porträtkompositionen auch große, relativ leere Hintergründe. Eine große Fläche wirkt im oberen Bildteil am besten, während das Porträt den unteren Bildrand einnimmt. Schwieriger ist es, eine große leere Fläche links oder rechts vom Hauptmotiv zu bewältigen. Das könnte einen Ausgleich in diesem Bildteil erfordern, etwa einen Gegenstand oder eine tonale Abstufung.

Landschaft als Hintergrund

Die Landschaft hinter Thomas Gainsboroughs Porträt von Mr. und Mrs. Andrews wurde sicher eingefügt, um den Status der Porträtierten als Angehörige des begüterten Landadels zu unterstreichen. Doch das Bild wird durch den Hintergrund auch visuell aufgewertet. Der Betrachter wird aufgefordert, mit den Augen in der Landschaft umherzuwandern.

Das Zentrum des Porträts liegt in der linken Bildhälfte und wird durch den großen Baumstamm betont.

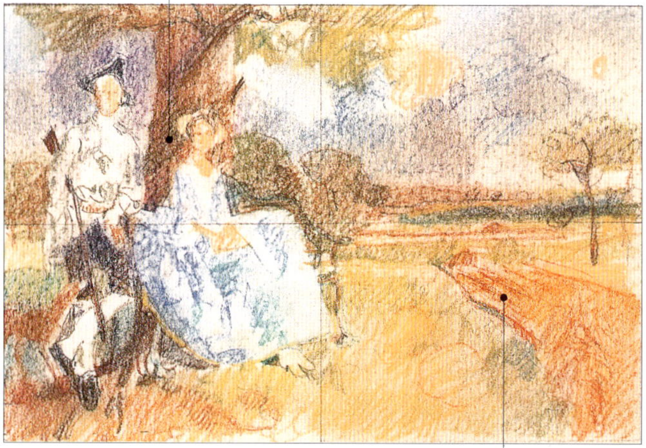

Starke Wolkenformationen geben der rechten Hälfte Gewicht. Die sich windenden Ackerfurchen führen den Blick zurück zu den Figuren.

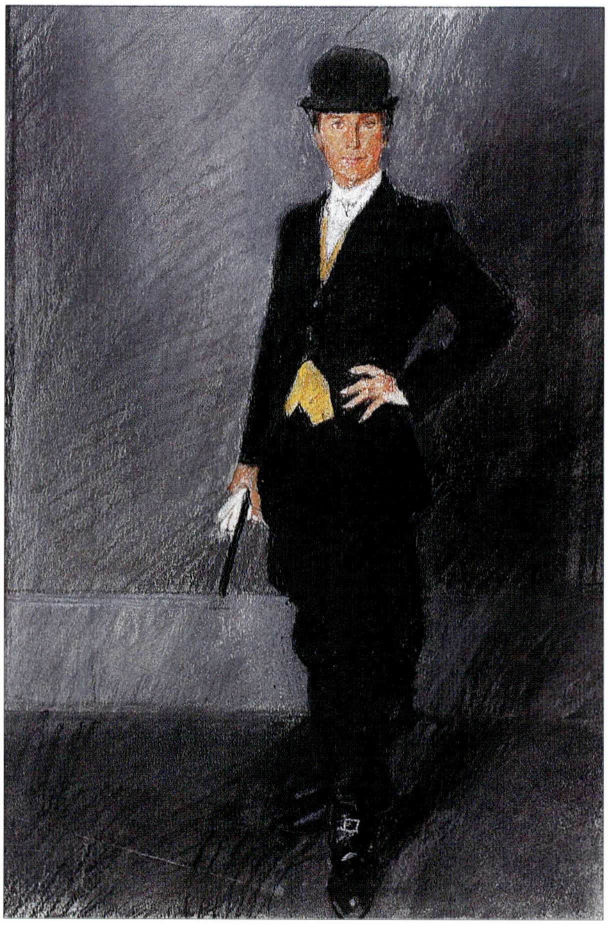

Einfacher Hintergrund

OBEN: *Ein einfacher Hintergrund sorgt dafür, dass sich die Aufmerksamkeit nur auf das Porträt konzentriert. Die reale oder erfundene Grenzlinie zwischen Boden und Wand kann stufenweise moduliert werden, um die kühne Pose noch stärker zu betonen.*

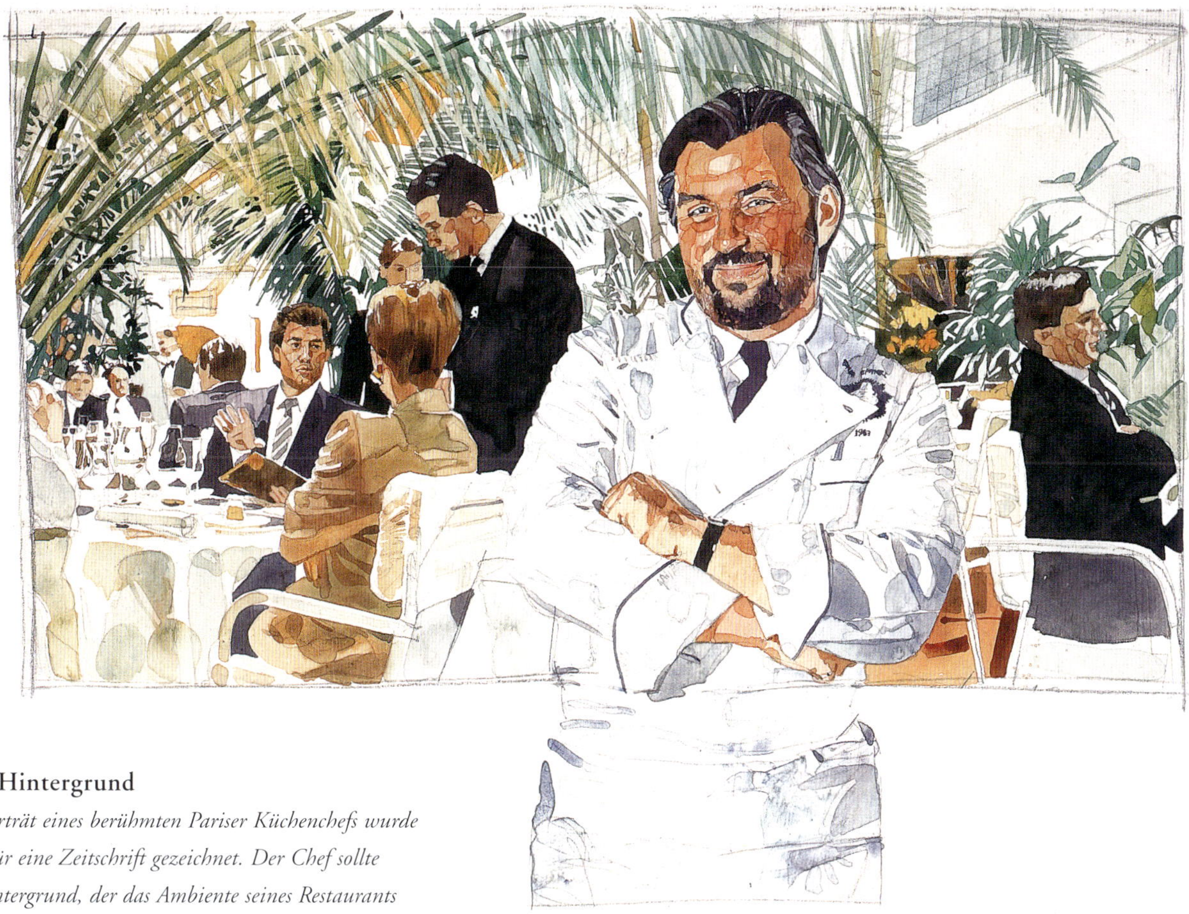

Detaillierter Hintergrund

OBEN: *Dieses Porträt eines berühmten Pariser Küchenchefs wurde als Illustration für eine Zeitschrift gezeichnet. Der Chef sollte nicht in den Hintergrund, der das Ambiente seines Restaurants zeigt, eingebettet sein, sondern getrennt davor stehen. Der Hintergrund ist jedoch nicht vereinfacht wiedergegeben, sondern enthält nicht weniger Details als die Figur im Vordergrund.*

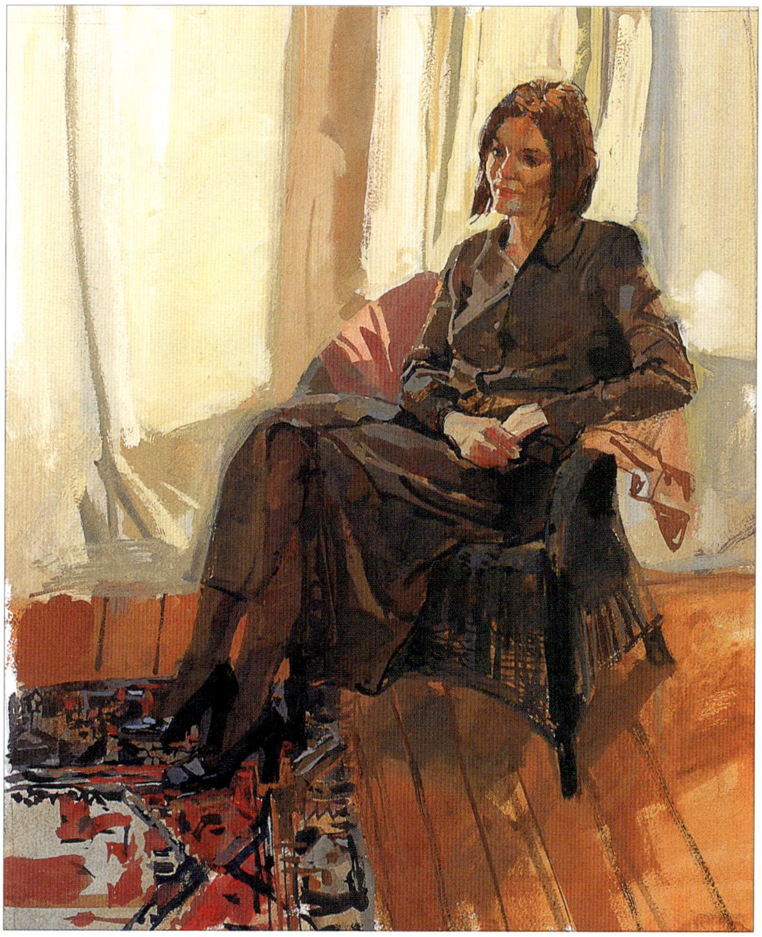

Durchsichtiger Vorhang

RECHTS: *Die Falten des Vorhangs im Hintergrund dämpfen das durch das Fenster einfallende Licht ab und ergeben ein interessantes, vertikal strukturiertes Muster in verwandten Farbtönen. Das gemusterte Stück Teppich in der unteren Bildecke ist ein integraler Bestandteil der Komposition. Deckt man diesen Teil ab, wirkt die Komposition leer.*

Detaillierte Hintergründe

Der Hintergrund in einem Porträt muss nicht leer bleiben. Man kann fast alles in einen Hintergrund hineinbringen, von reich ausgestatteten Interieurs bis zu weiten Landschaften, von realistischen bis zu gänzlich abstrakten Motiven. Das Porträt sollte jedoch durch den Hintergrund nicht unterdrückt, sondern betont werden.

DER HINTERGRUND IN einem Porträt soll normalerweise in Beziehung zu dem Modell stehen. Porträtiert man das Modell in seinen eigenen vier Wänden, ist das Problem auf elegante Weise gelöst. Wenn die Person aber in einer anderen Umgebung porträtiert werden soll, zeichnet man am besten direkt vor Ort, um Probleme der Perspektive oder Proportion von vornherein auszuräumen. Sollte dies nicht möglich sein, kann man sich mit einem Stuhl, einem Wandschirm oder einem anderen Möbelstück behelfen. Einige Künstler gehen so weit, dass sie den gewünschten Raum mitsamt den Möbeln grob nachbauen, um den richtigen Maßstab zu erhalten. Das kann besonders bei Gruppenporträts von Vorteil sein.

Für diese Studie habe ich verschiedene Kunstgegenstände aus der großen orientalischen Sammlung des Modells zusammengestellt und für die Bildkomposition etwas abstrahiert.

Praktische Übung: GEMUSTERTER HINTERGRUND

Wählen Sie solche Requisiten und die Umgebung, die die Interessen Ihres Modells widerspiegeln. Arrangieren Sie diese Dinge so, dass ihre Muster und Texturen ein fast abstraktes Design als Hintergrund bilden.

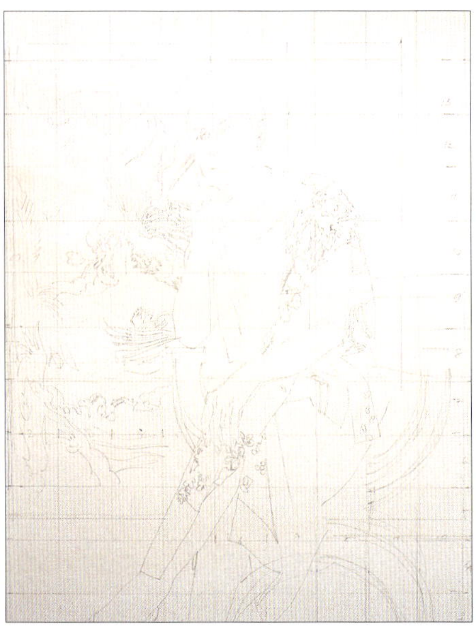

1 *Für diese aufgerasterte Vorzeichnung suchte ich zwei oder drei Dinge aus, die gut zusammenpassen. Wichtig ist dabei, dass die Lichtverhältnisse gleich sind, da man sonst keine überzeugende Komposition erhält.*

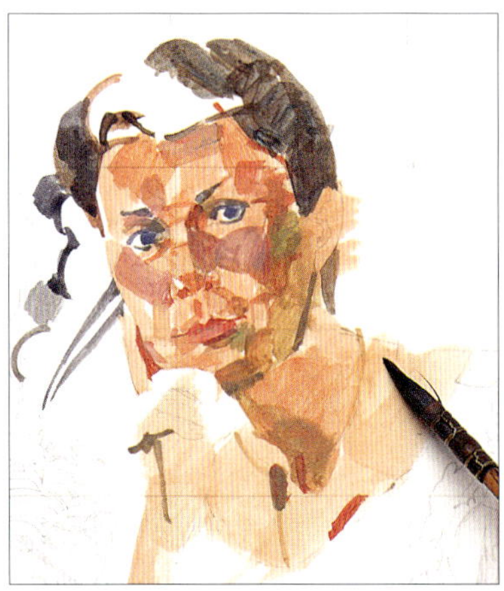

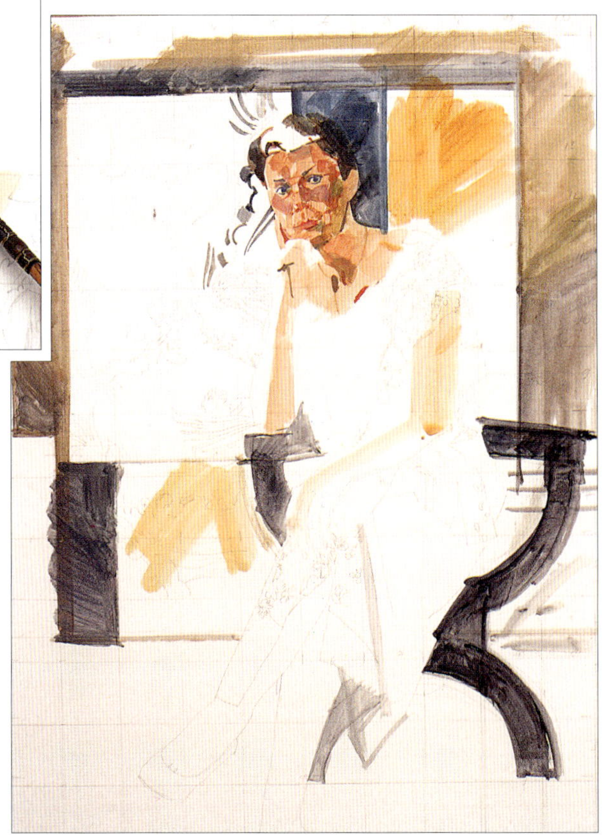

2 *Legen Sie den Hintergrund an, wobei der Wandschirm als Rahmen für das Porträt verwendet wird. In dieser Phase sollte man den Hintergrund ziemlich abstrakt ausführen. Die Details kann man dann später einfügen.* Kleines Bild: *Legen Sie die Tonwerte im Gesicht des Modells an.*

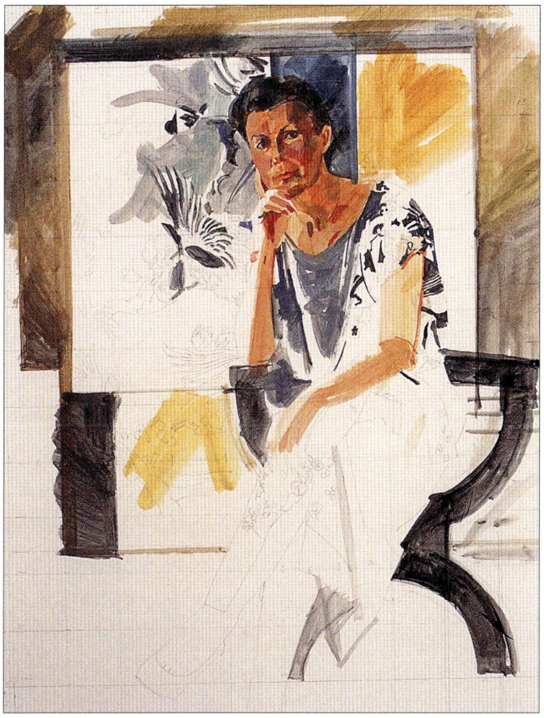

3 Die Muster auf dem Kimono im Hintergrund und dem Kleid des Modells sind zu groß, um sie nur als Textur wiederzugeben. So musste ich sie also als einzelne Formen, aber etwas vereinfacht, darstellen. Während der Sitzung sollte man einige Fotos machen, um die komplizierteren Muster und Faltenwürfe festzuhalten.

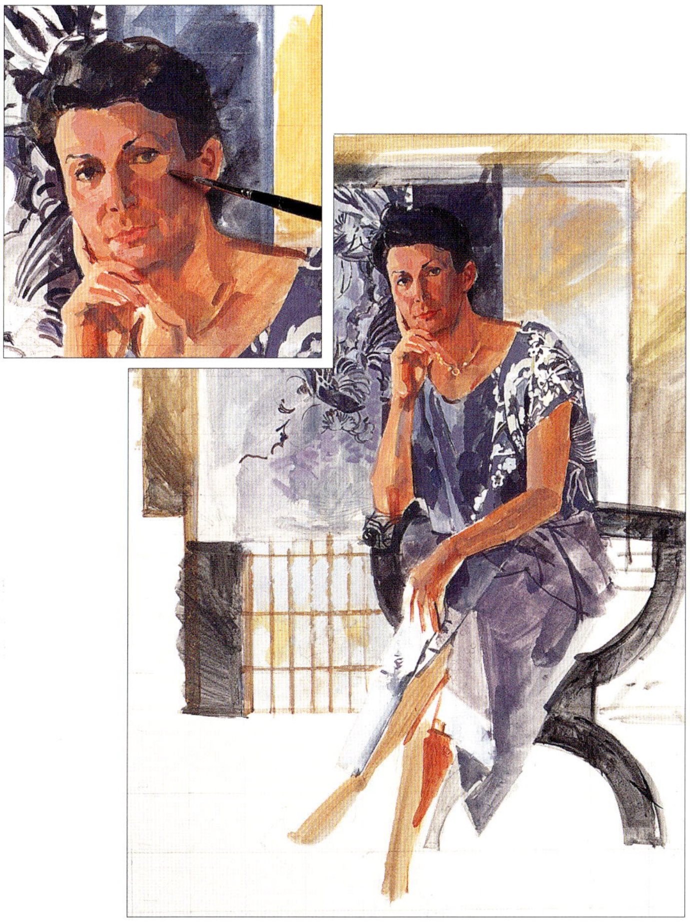

4 Bauen Sie mit dunkleren Lavierungen die Bildkomposition weiter auf. Ich suchte nach ornamentalen Entsprechungen des Kleides im Kimono und kontrastierte diese mit dem harten Grün des Wandschirms. Kleines Bild: *Überprüfen Sie auch ständig die Hauttöne des Gesichts.*

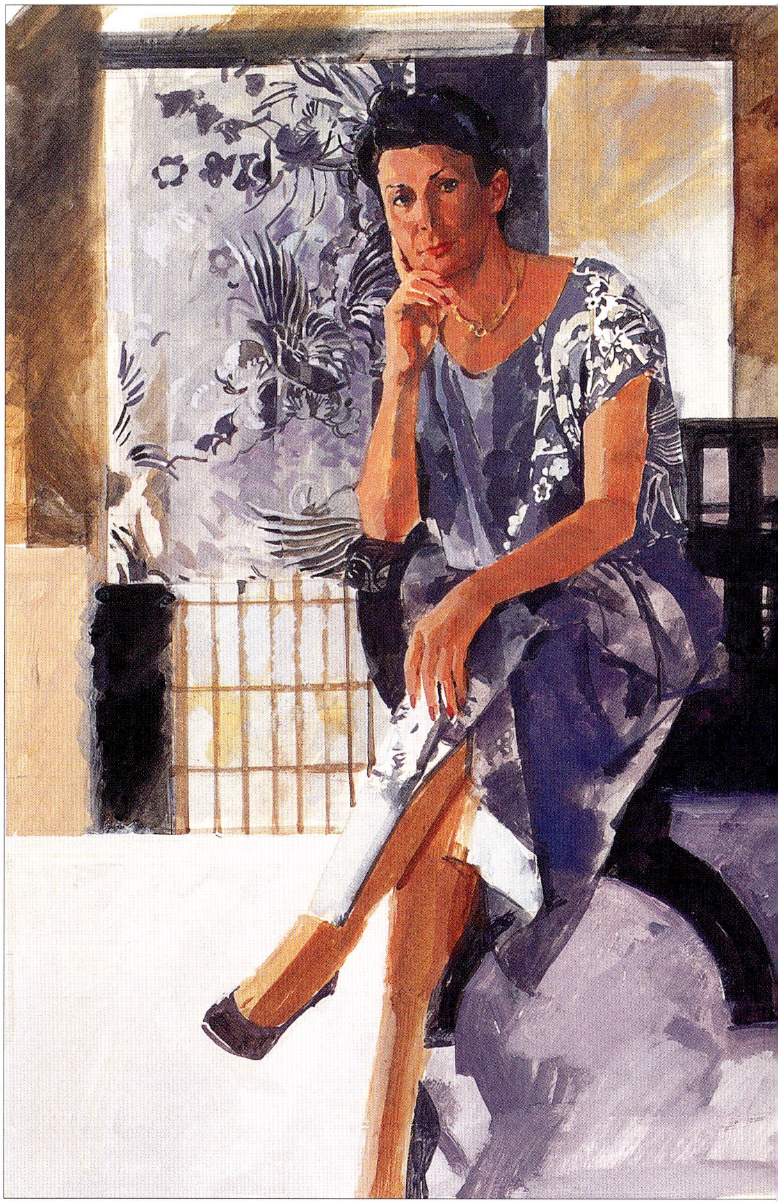

5 Füllen Sie den Boden mit breiten Strichen aus und achten Sie dabei auf die negativen Flächen. Beine und Füße des Modells werden jetzt fertig gestellt. Die Schattenpartien werden mit dünnen, hellen Lavierungen verstärkt. Zum Schluss sollten Sie noch einige Details des Stuhls eintragen.

Accessoires und Requisiten

Bei einigen Gelegenheiten reicht ein normaler Hintergrund nicht mehr aus, um den Charakter des Modells zu unterstreichen oder ein interessanteres Bild zu gestalten. Accessoires, wie eine Brille, können vom Modell getragen oder in der Hand gehalten werden. Man kann solche Dinge aber auch separat als Element eines Stilllebens behandeln.

MUSIKER MÖCHTEN VIELLEICHT mit ihren Instrumenten, ein Handwerker mit seinem Werkzeug gemalt werden. Auch Haustiere sind beliebte Staffageelemente, ebenso wie Bücher oder Blumen. Malt man Porträts im Freien, bietet sich die Möglichkeit, Sonnenschirme und Strohhüte einzubeziehen, die Schattenflecken auf das Gesicht werfen. Das Modell kann sich auch herausputzen und Sachen tragen, die es für gewöhnlich nicht trägt, wie zum Beispiel Sport- oder Berufskleidung. Man kann Hüte, Schleier, Fächer, ja sogar Masken verwenden, um das Bild zu beleben. Es ist sogar möglich, das Modell hinter ein Vordergrundmotiv zu setzen, wie zum Beispiel einen Spitzenvorhang oder verschiedene Pflanzen. Natürlich müssen diese Accessoires nicht immer eine tiefer gehende Bedeutung haben. Es genügt doch, wenn Sie die Begeisterung oder die Fantasie des Künstlers ausdrücken. Vergessen Sie dabei nicht, dass Sie sich auch selbst porträtieren können. Rembrandt, der die Kunst des Selbstporträts wohl am besten beherrschte, malte sich selbst mit einer Reihe von verschiedenen Kopfbedeckungen. Auf einem Bild hält er sogar eine tote Rohrdommel in die Höhe, die ihn fast völlig verdeckt.

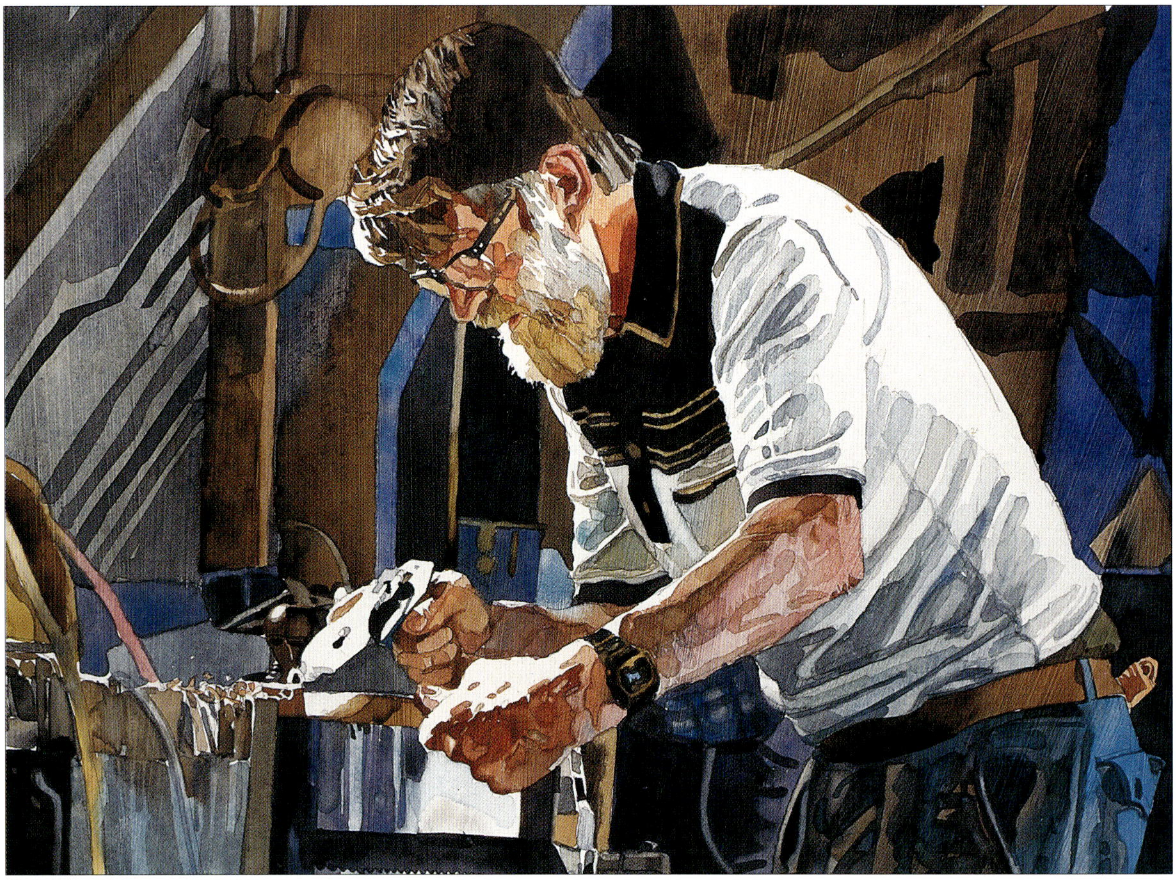

Handwerkzeug

OBEN: *Handwerker sind meist interessant zu beobachten und zu zeichnen, vor allem wegen ihrer in sich versunkenen Haltungen und der angespannten Konzentration, die ihr Körper ausdrückt. Wenn Sie Ihr Modell in eine vertraute Umgebung setzen und die Requisiten hinzufügen, die dem Charakter und den Interessen des Modells entsprechen, ergibt sich ein sehr natürlich wirkendes Porträt.*

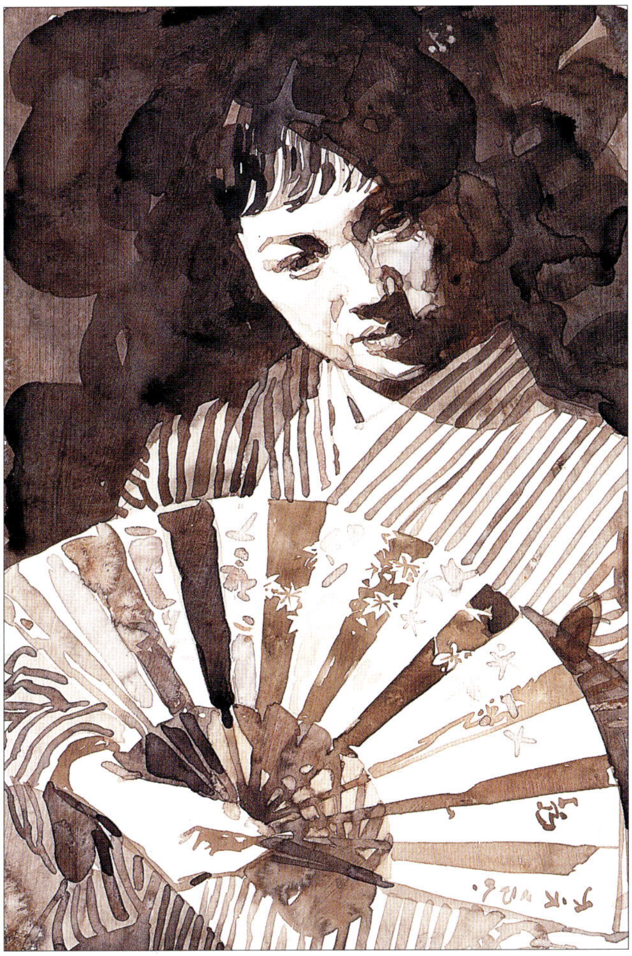

Traditionelles Kostüm

LINKS: *Aquarellfarben in Sepia und Schwarz wurden für dieses Porträt eines japanischen Mädchens verwendet. Der Fächer ist ein wichtiger Bestandteil der Komposition. Er wurde eingefügt, um das traditionelle Kostüm zu ergänzen und dient als Blickfang im Vordergrund.*

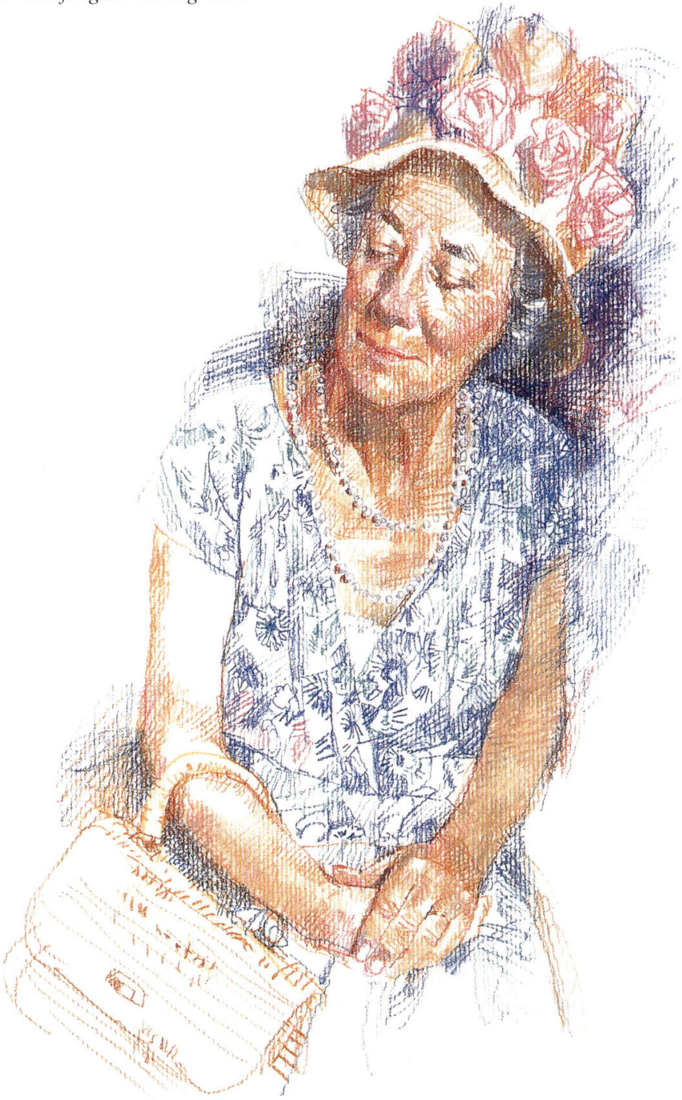

Muster verwenden

OBEN: *In dieser Zeichnung einer alten Dame mit einem blumengeschmückten Hut wollte ich die starken Kontraste zwischen den Mustern von Kleid und Hut deutlich herausstellen. Ich habe dafür farbige Wachsstifte auf einem rauen Papier verwendet.*

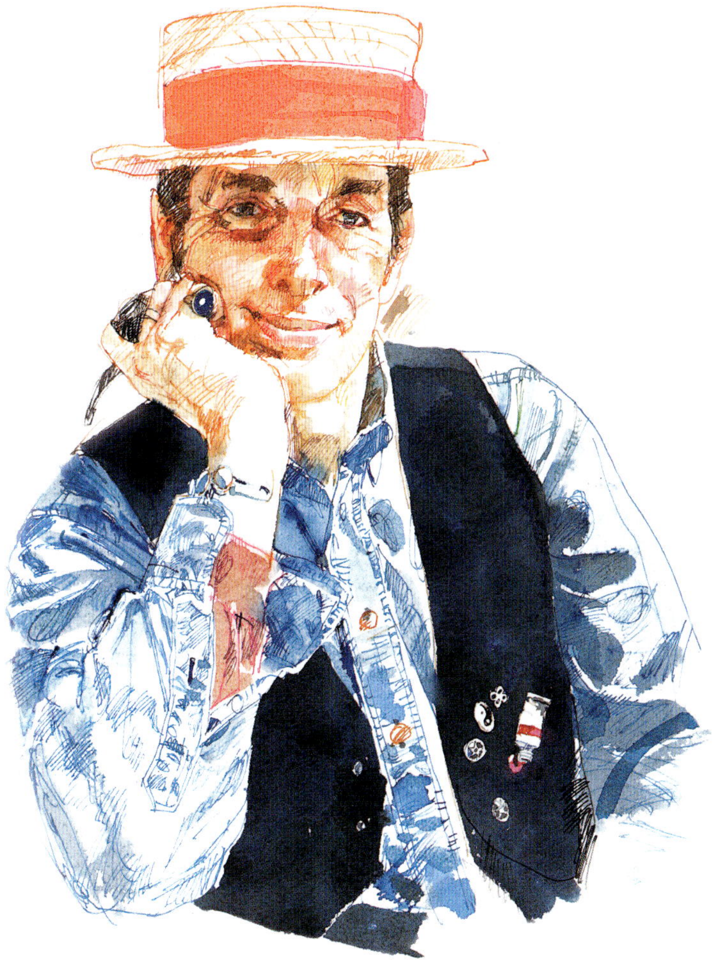

Kleine Accessoires

LINKS: *Dieser junge Mann trägt zwar seinen Strohhut nicht ständig, ist jedoch selten ohne Pfeife, seine Farbtuben-Brosche und sein Yin-Yang-Zeichen zu sehen. Solche scheinbar unbedeutenden Details können ein Porträt richtig lebendig wirken lassen.*

Komponieren

Als Motiv für diese Ölskizze wählte ich eine Geigenspielerin, die an verschiedenen Orten, auch in Pubs und Clubs, spielt. Sie saß mir zwar in meinem Atelier Modell, doch setzte ich anschließend einen geeigneteren Hintergrund ins Bild. Man kann einen Hintergrund auf zwei verschiedene Arten einsetzen: als zusätzliches Element ohne räumliche Verbindung zur Hauptfigur wie hier oder als Umgebung, in die das Modell fest eingebunden wird, sodass eine wirkliche räumliche Illusion entsteht. Damit dies funktioniert, muss der Lichteinfall einheitlich sein und die perspektivischen Verbindungen zwischen Hauptfigur und den Elementen des Hintergrundes müssen überzeugen.

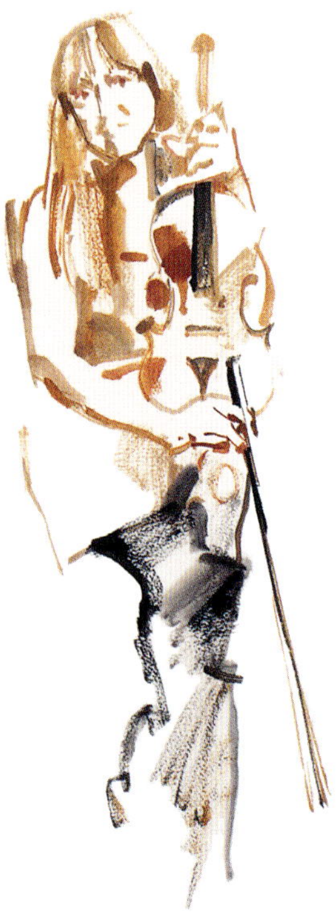

1 *Legen Sie die wichtigsten Formen der Figur mit mittleren Tonwerten an. In dieser Phase sind zwar noch keine Details gefragt, dennoch sollte man die räumliche Struktur gleich zu Anfang erfassen. Hier hält zum Beispiel die Hand den Bogen, indem sie unter das Rosshaar greift.*

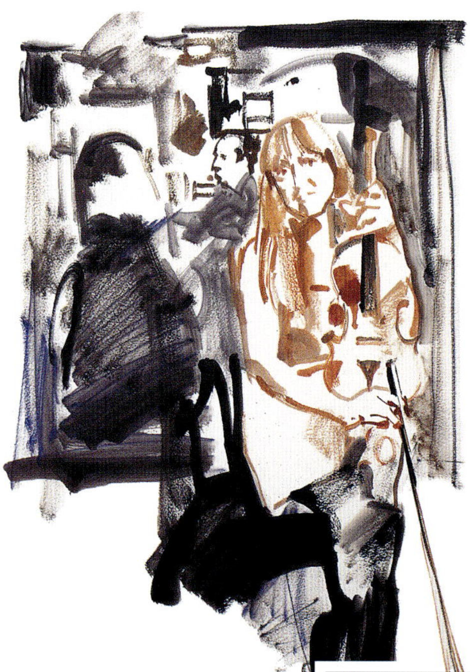

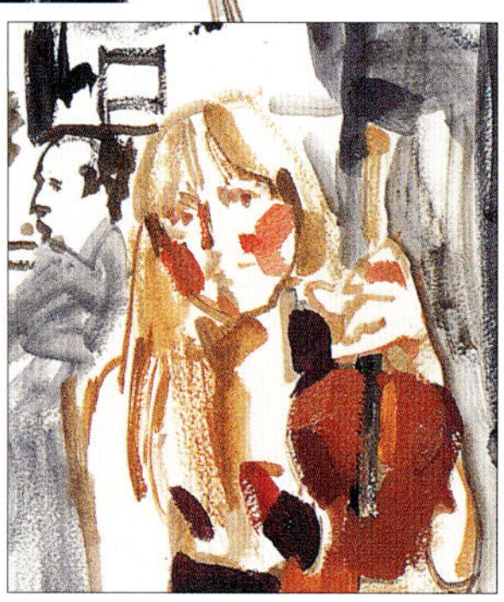

2 *Die Hauptformen des Hintergrundes werden mit breiten Strichen und verdünnter Farbe eingesetzt. Die Figur sollte auf keinen Fall vom Hintergrund erschlagen werden. Daher ließ ich ihn zur Mitte hin auslaufen.* Kleines Bild: *Das für das Kleid ausgemischte Rot wurde auch für die Wangen des Modells verwendet.*

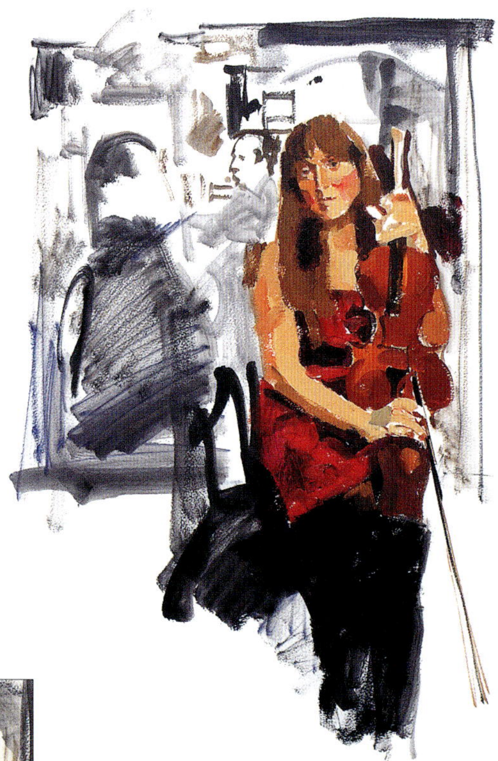

3 *Malen Sie das Haar aus und setzen Sie die Hauttöne ein. In einer schnellen Skizze wie hier müssen nicht alle Details genau ausgeführt sein. Man muss jedoch alle Tonwerte richtig erfassen, egal wie skizzenhaft sie angelegt sind.*

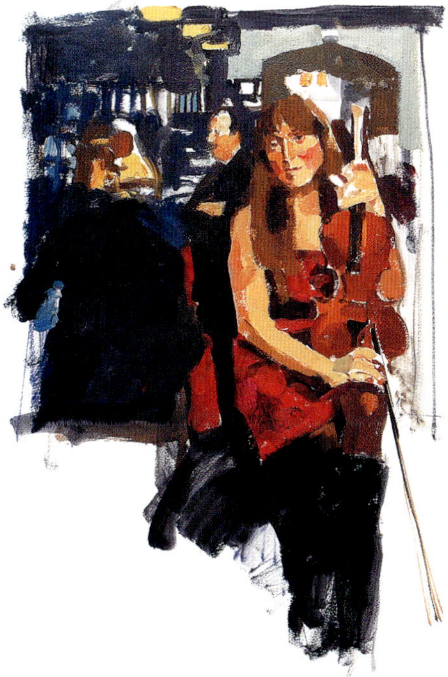

4 Füllen Sie noch die weißen Stellen im Hintergrund mit vorwiegend kühlen Farben aus und lassen Sie einige Lichter stehen. Die rote Farbgebung der Bar korrespondiert gut mit der Farbe des Kleides.

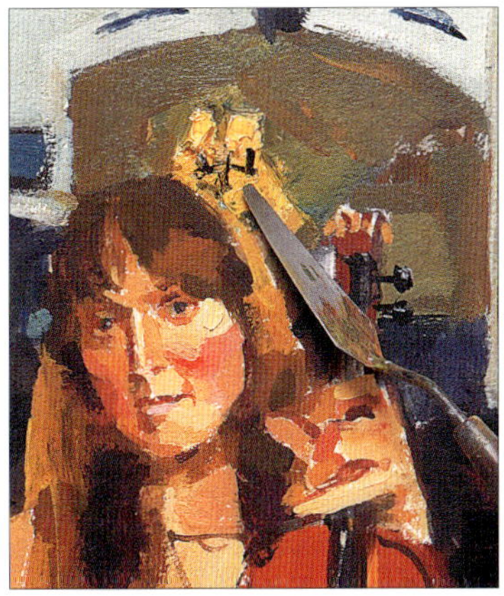

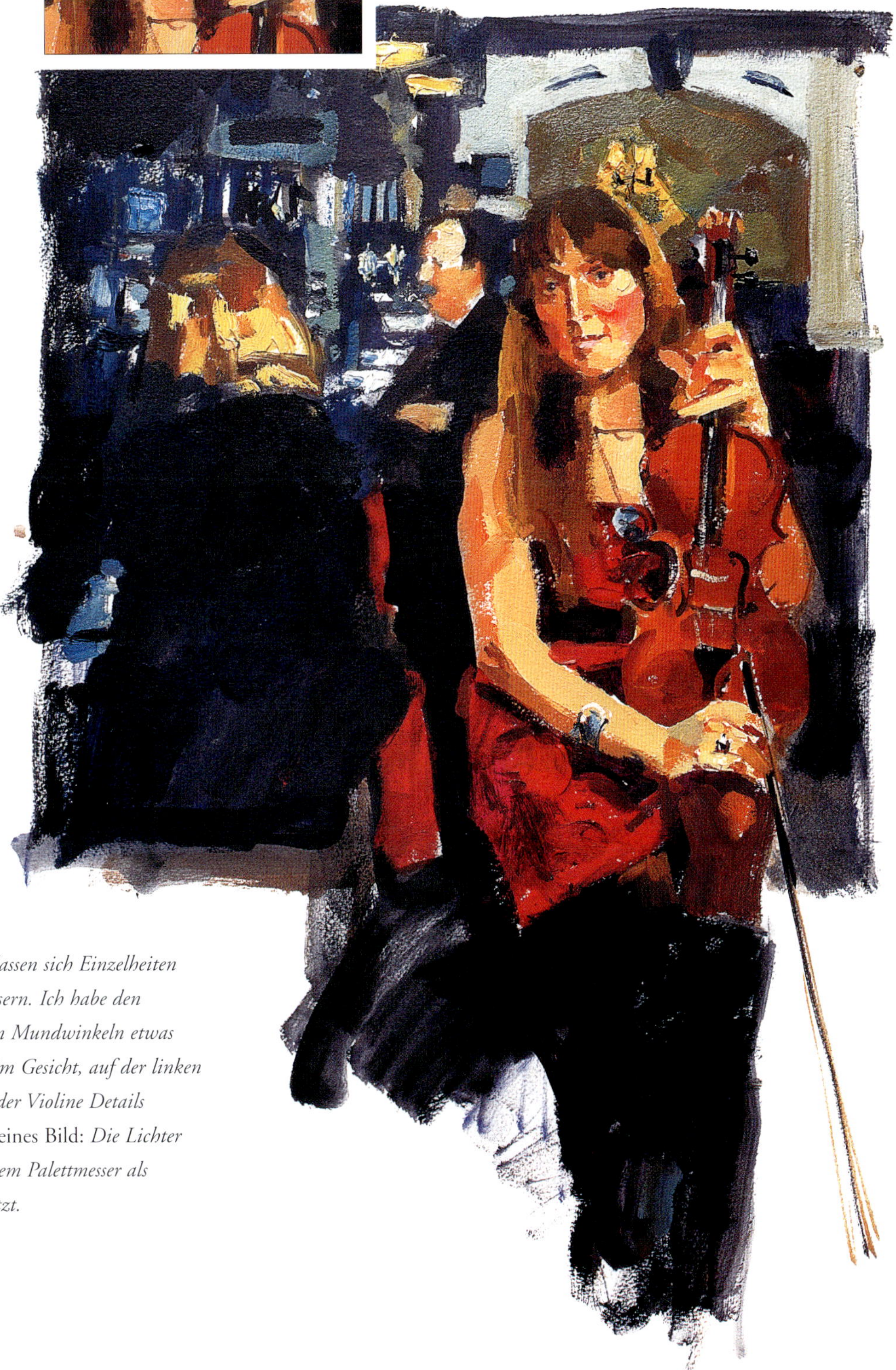

5 Auch jetzt lassen sich Einzelheiten noch verbessern. Ich habe den Ausdruck in den Mundwinkeln etwas verändert und im Gesicht, auf der linken Hand und auf der Violine Details hinzugefügt. Kleines Bild: *Die Lichter wurden mit einem Palettmesser als Impasto eingesetzt.*

Natürliches Licht

Das Zeichnen oder Malen eines Modells in direktem Sonnenlicht bereitet gewisse Schwierigkeiten. Abgesehen davon, dass sich die Sonne in manchen Klimazonen recht launisch verhält, ergeben sich je nach Sonnenstand weitere Probleme durch den ständigen Wechsel der Farbe, des Lichteinfalls und damit des Schattenwurfs.

DIREKTES SONNENLICHT, DAS durch ein Fenster auf das Modell fällt, kann sehr attraktiv und interessant wirken, ganz egal wo sich das Fenster in der Komposition befindet. Daher sollte man die beträchtlichen Schwierigkeiten des ständig wechselnden Lichts einmal auf sich nehmen. Wenn die Sonne weiterzieht, verändert sich nicht nur das Spiel des Lichts auf dem Gesicht, sondern auch die von den Fensterstäben und anderen Gegenständen geworfenen Schatten. Man muss daher sehr schnell arbeiten und sollte jeden Tag nur, wenn das Licht richtig fällt, für kurze Zeit malen. Man kann die Situation natürlich auch fotografieren und sich mit dem Fotoabzug behelfen.

Am besten kombiniert man beide Möglichkeiten. Zeichnen Sie zunächst direkt nach dem Objekt und machen Sie dann, wenn die Schatten richtig fallen, eine Aufnahme, auf die Sie sich später beziehen können.

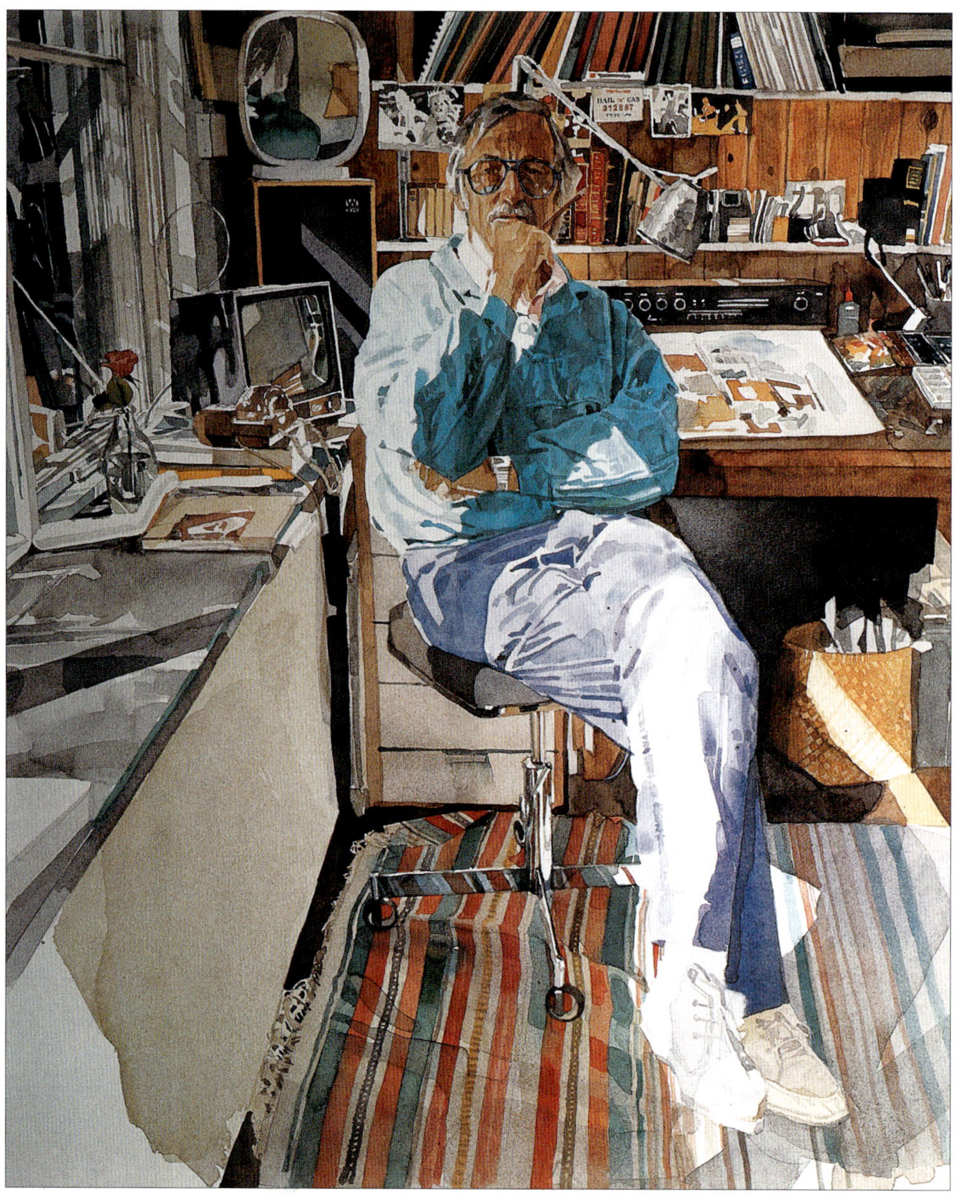

Sonnenlicht im Zimmer

RECHTS: *Ein Selbstporträt dieser Art ist nahezu unmöglich ohne die Verwendung von Fotovorlagen. Selbst wenn man von den ständig wandernden Schatten absieht, wäre ein Selbstporträt im Spiegel so nicht zu malen, da der Blick durch die Staffelei und die Leinwand verdeckt wäre. Ich habe daher die Kamera auf ein Stativ gesetzt und einige Aufnahmen gemacht, um das interessante Licht- und Schattenmuster festzuhalten, das auf die an sich schon recht komplexe Einrichtung fällt. Den stärksten Lichtstreifen findet man hier auf dem Unterschenkel, während das Gesicht im Schatten liegt.*

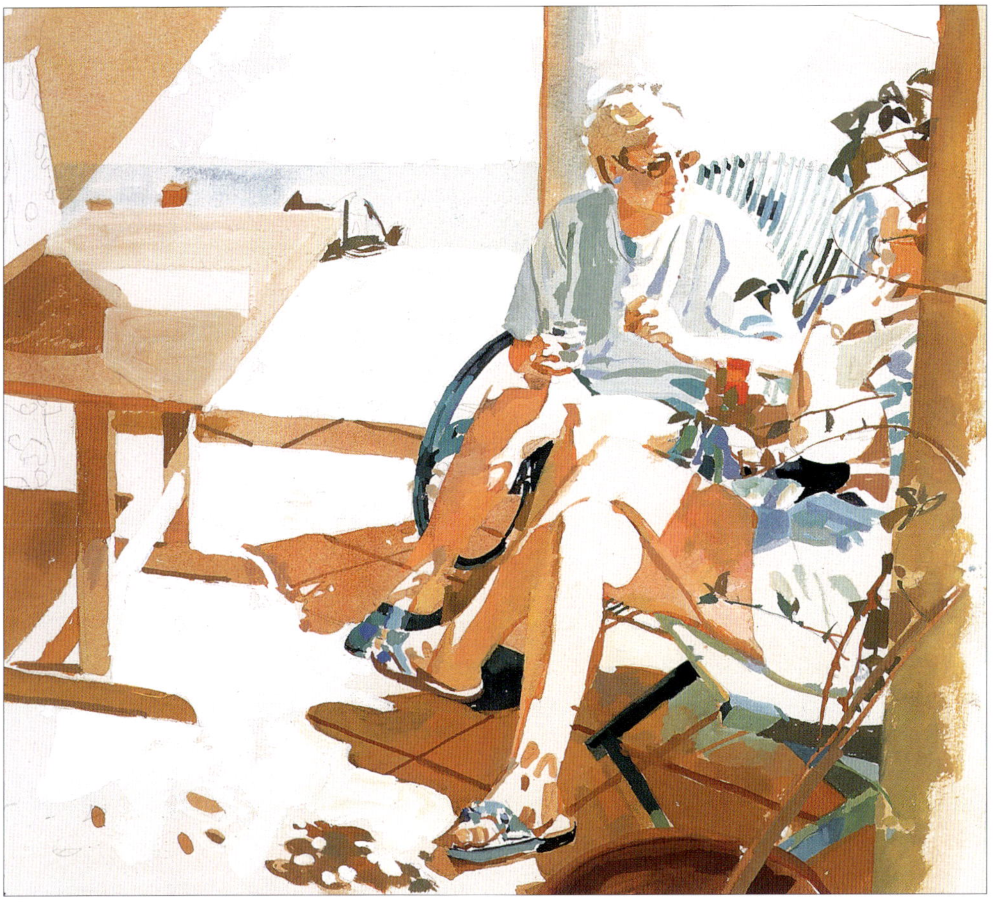

Ausgebleichte Fotos

OBEN: *Vielleicht haben Sie auch schon einmal versehentlich ein Urlaubsfoto überbelichtet, das nach der Entwicklung wie ausgebleicht wirkte. So etwas muss nicht unbedingt ein Fehler sein. Denken Sie an die Situation zurück: das gleißende Sonnenlicht auf weißen Flächen, die Art und Weise, wie Sie Ihre Augen zusammenkneifen mussten, um etwas sehen zu können. Vielleicht gibt dieses Foto mit den ausgebleichten Lichtern und farbigen Schatten die Situation besser wieder als ein Bild, in dem alle Lichter sorgfältig moduliert sind.*

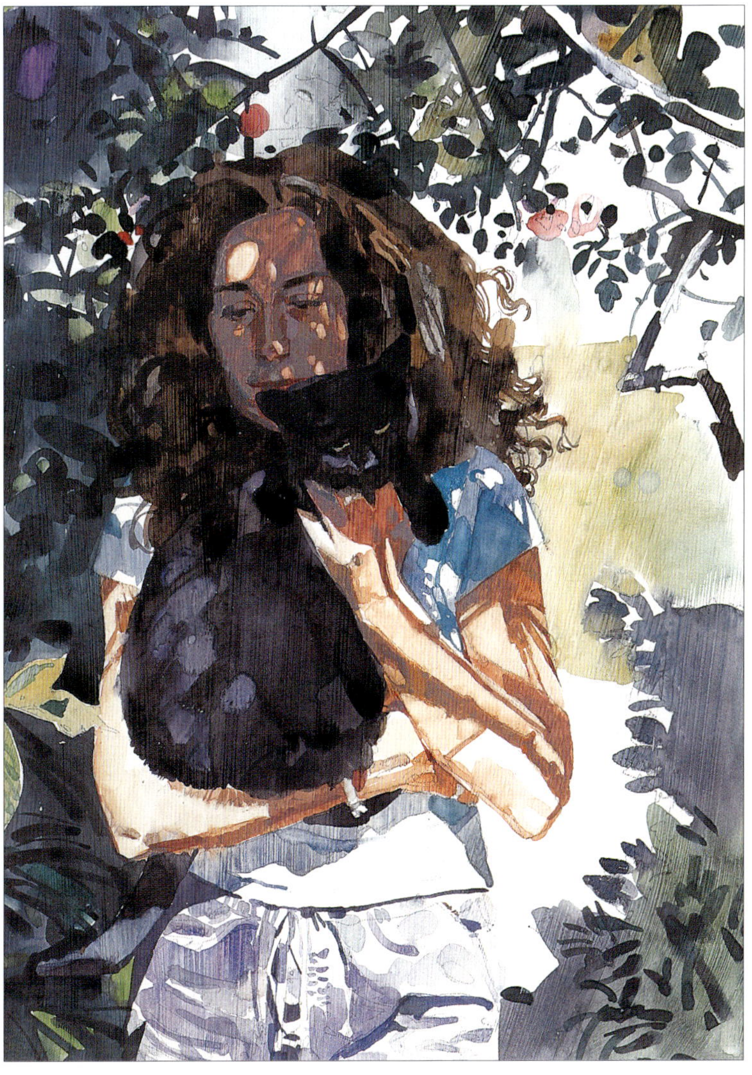

Sonnenflecken

RECHTS: *Das durch Blätter und Zweige fallende Sonnenlicht schafft einzigartige Lichtmuster auf den Gegenständen. Vergleichbare Muster erkennt man, wenn man durch die Krempe eines Strohhutes blickt oder durch ähnliche Dinge, die teilweise lichtdurchlässig sind. Diese Sonnenflecken können zunächst verwirren und scheinen die Form zu zerstören. Seien Sie jedoch mutig und zeichnen Sie das, was Sie sehen. Das Auge akzeptiert diese Sonnenflecken, nicht als Form, sondern als Lichtphänomen.*

Diffuses Licht

Ein Atelier mit Nordlicht wird als ideal bezeichnet: Licht aus Norden ist indirekt und verändert sich daher tagsüber viel weniger als direktes Sonnenlicht. In der südlichen Hemisphäre ist das Gegenteil richtig. Die Sonne zieht am Tag über den nördlichen Himmel. Deshalb eignet sich dort das Südlicht am besten.

NORDLICHT (oder Südlicht in der südlichen Hemisphäre) ist nicht nur beständiger als direktes Sonnenlicht, sondern auch weicher und diffuser. Ein so beleuchtetes Gesicht hat keine harten Konturen und zeigt weniger oder gar keine Schattenflächen. Dieses Licht wird für die meisten Porträts auch deshalb bevorzugt, weil es dem Modell schmeichelt. Wenn Sie Ihr Modell direkt von Nordlicht beleuchten lassen, wird das Ergebnis recht flach und schattenlos ausfallen. Man erhält sehr weiche Tonwerte mit deutlichen Farbkontrasten. Ein helles Gesicht mit dunklem Haar, das von Nordlicht beleuchtet wird, zeigt diesen Effekt sehr deutlich. Die Kontur des von scharfen Schatten freien Gesichts bildet einen starken Kontrast zu dem umgebenden Haarkranz.

Studie bei Nordlicht

RECHTS: *Diese Ölskizze wurde auf einem kleinen Malbrett gemalt, das mit dünnem Nesselstoff bezogen und mit Gesso aus Hasenleim und Kreide grundiert wurde. Das ergibt eine sehr offene, raue Oberfläche, die für die Wiedergabe der weichen Lichtabstufungen gut geeignet ist.*

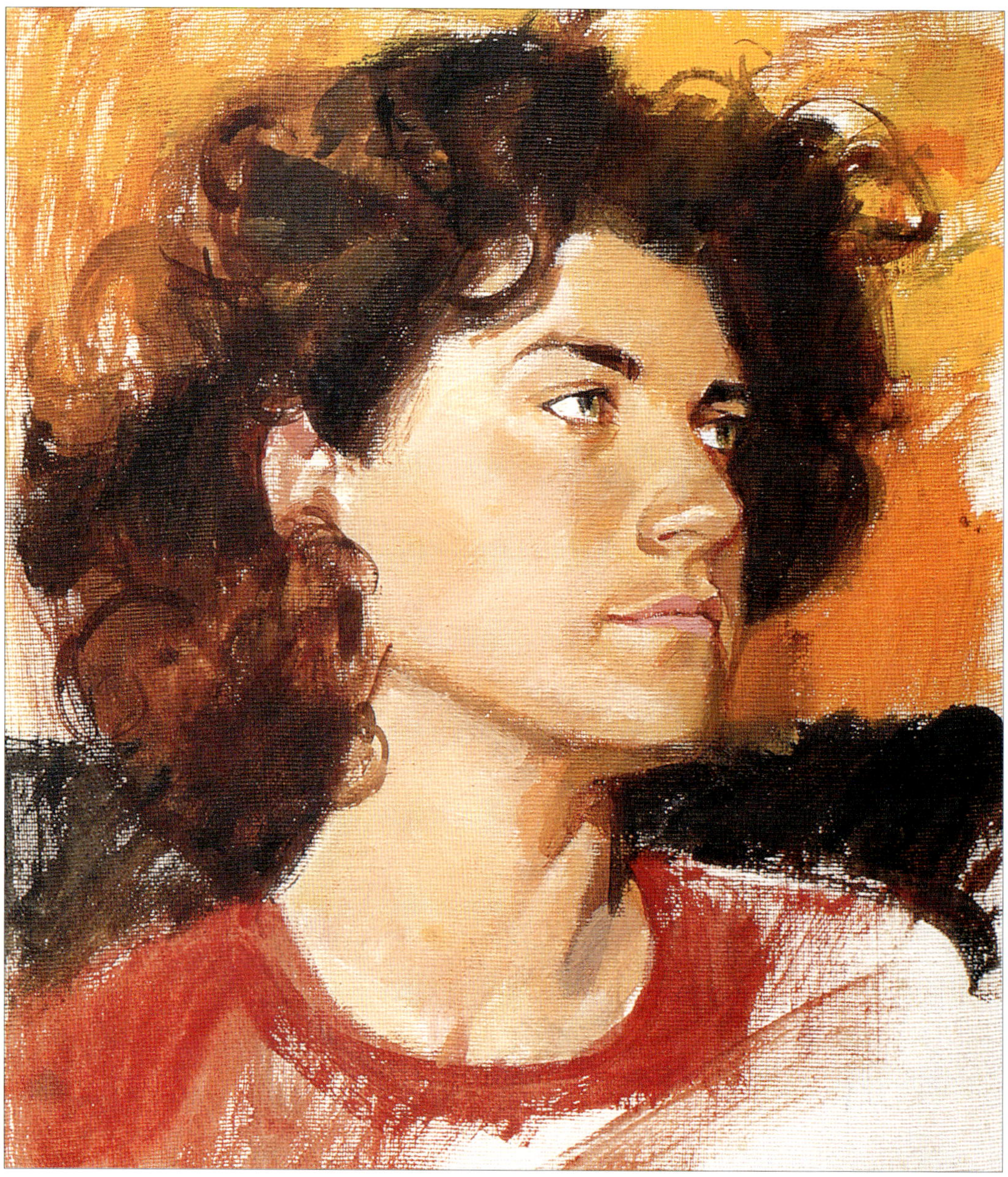

Praktische Übung: FLACHES LICHT

Für diese Übung habe ich ein dunkles Pastellpapier verwendet. Bei diesem Material müssen Sie genau auf die Konturen und Formen achten und dürfen sich nicht auf Annahmen verlassen.

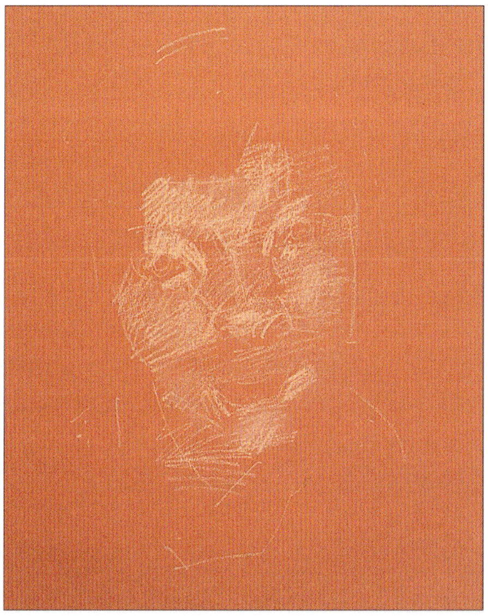

1 *Legen Sie mit einer hellen Pastellkreide die Form des Gesichts und die Abstände zwischen den Gesichtsteilen fest. Wegen des Lichts ist die Struktur ziemlich flach und zeigt wenige Kontraste.*

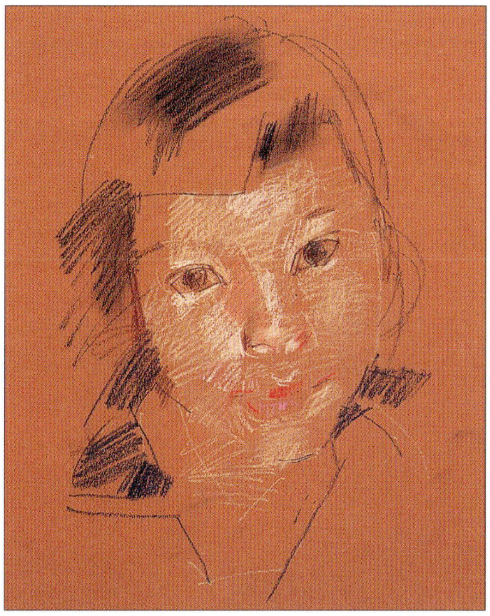

2 *Zeichnen Sie nun die Seiten des Kopfes und deuten Sie Struktur und Farbe des Haares an. Markieren Sie die Nasenlöcher, Augen und den Nasenrücken und legen Sie die Position von Iris und Pupillen fest.*

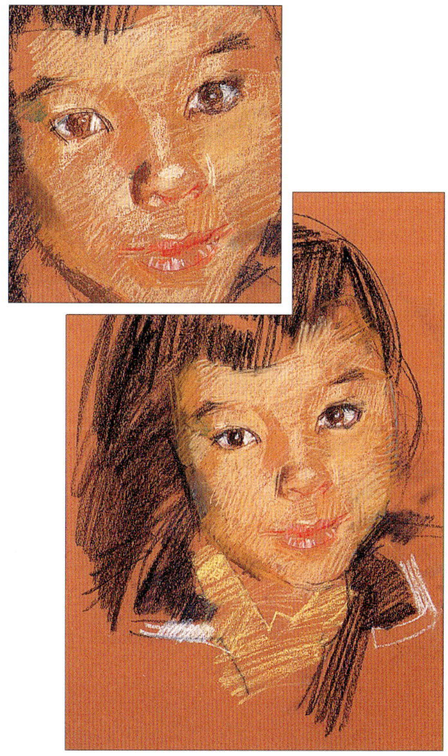

3 *Legen Sie kühle Farben für die Schattenpartien, sofern es solche gibt, auf den Seiten des Gesichts an und verstärken Sie die Farbtöne. Es finden sich fast keine Lichter.* Kleines Bild: *Die Lippen zeigen hier die wärmsten Farbtöne.*

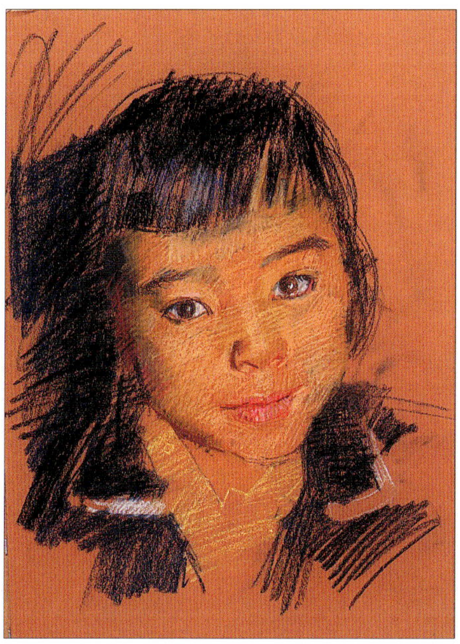

4 *Anschließend fügte ich die kleinsten Details mit einem spitzen Pastellstift ein und legte weitere Farben an, um die Neigung der Nase und der Seiten des Gesichts deutlich zu machen.*

5 *Auch jetzt ist noch Zeit für Änderungen. Ich habe die Kieferlinie zum Kinn hin verbreitert. Horizontale Pastellstriche wurden angelegt, um die Farbgebung von Nasenrücken und Stirn anzugleichen. Dann wurden die Striche verwischt, was die flache Beleuchtung besonders betont.*

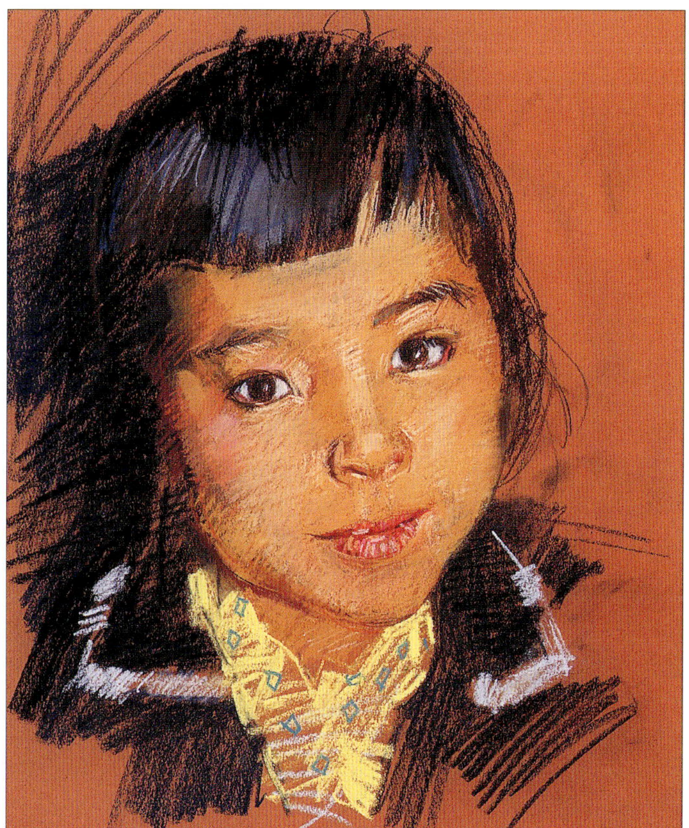

Gegenlicht (Contre-jour)

Contre-jour bedeutet „gegen das Tageslicht". Diese verblüffende Technik arbeitet mit der Rückenbeleuchtung des Modells und einem reflektierten Licht zur Beleuchtung der Vorderseite. Man muss zunächst den richtigen Reflexionsgrad finden. Eine Kombination von weichem Licht und einem hellen Strahlenkranz wirkt brillant.

Bei hellem Sonnenlicht ist das Licht, das von der Umgebung reflektiert wird, meist stark genug, um das von hinten beleuchtete Modell hell genug erscheinen und die Gesichtszüge erkennbar werden zu lassen. Es kann jedoch sein, dass Sie – obwohl sich das Auge den schwächeren Lichtverhältnissen durch Weitung der Pupillen anpasst – einen Reflexionsschirm aufstellen müssen, um die Vorderseite gut sehen zu können.

Im Innenraum benötigen Sie einen Reflektor, wenn Ihr Modell vor einem Fenster steht oder sitzt. Hierfür genügt auch ein weißer Karton oder eine weiße Plastikfläche, die man gegen einen Stuhl lehnt.

Wenn Sie von dem Motiv Fotos machen wollen, müssen Sie wahrscheinlich reflektiertes Licht von einem weißen oder silbrigen Reflexionsschirm auf die schattige Vorderseite lenken.

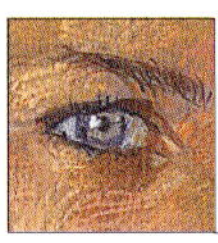

Das „Weiß" des Auges ist blaugrau im Vergleich zu dem Strahlenkranz des Haars.

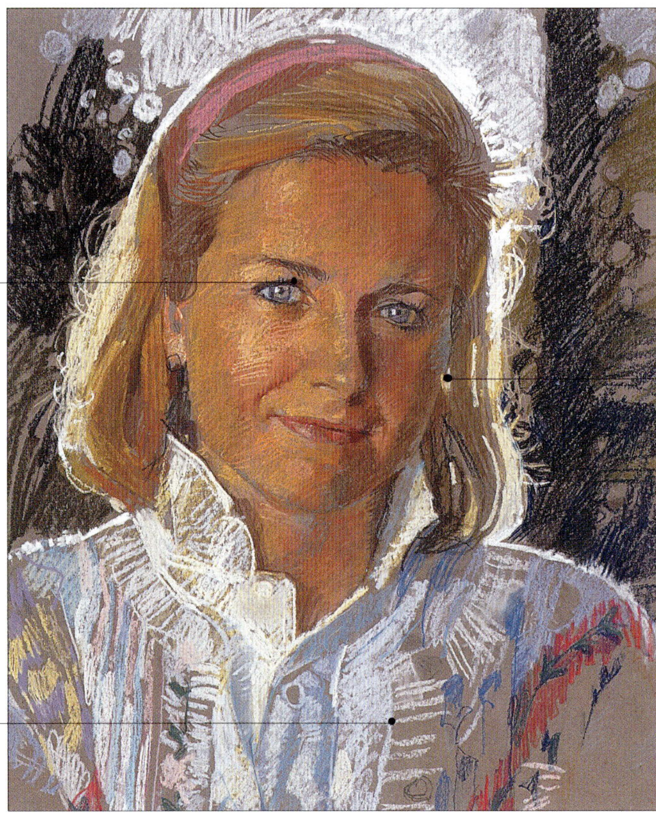

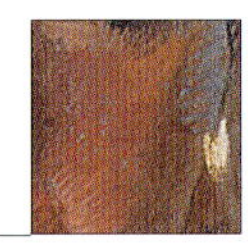

Kühle Blaugrüntöne geben das reflektierte Licht in den schattigen Partien wieder.

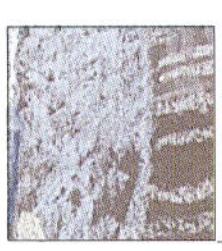

Die Grundfarbe des Papiers scheint durch die weißen und hellblauen Pastellstriche.

Stark reflektiertes Licht

Selbst wenn der Strahlenkranz um das Modell wegfallen würde, wäre es durch das reflektierte Licht noch gut beleuchtet. Auf Nase und Oberlippe finden sich starke Schatten, so wie man es bei einer primären Lichtquelle erwarten würde. Um diesen Grad an reflektierter Beleuchtung zu erzielen, stellt man eine weiße oder silbrige Fläche vor das von hinten beleuchtete Modell.

Praktische Übung: FIGUR AM FENSTER

Aquarellfarben und Gouache auf grundiertem Malkarton eignen sich sehr gut, um transparente Lichteffekte wiederzugeben.

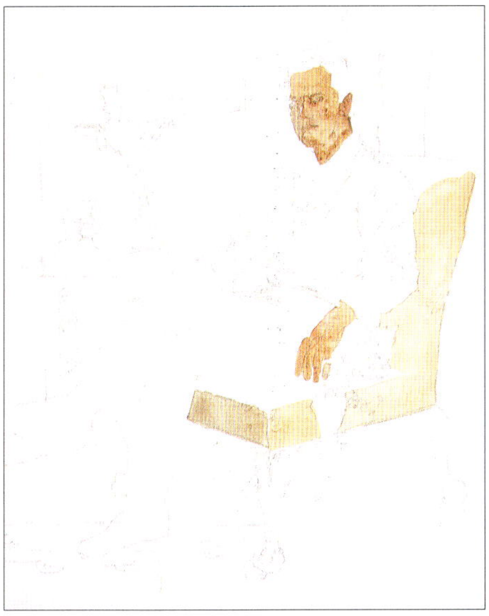

1 *Legen Sie zunächst warme Farben für das reflektierte Licht an. Die Acryloberfläche des Malgrundes verlangsamt die Trockenzeit der Farben. Tragen Sie weitere Farben auf, wobei Sie noch feuchte Stellen nicht berühren sollten. Denken Sie immer daran, dass alle Farben reflektiert sind.*

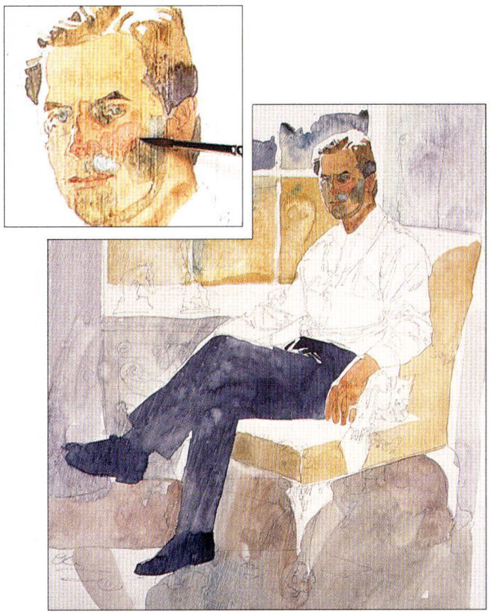

2 *Legen Sie nun den Hintergrund an. Sie können zunächst dunkle Farben auftragen, die Sie später abheben oder verdünnen.* Kleines Bild: *Bei reflektiertem Licht finden sich gleichzeitig warme und kalte Farben.*

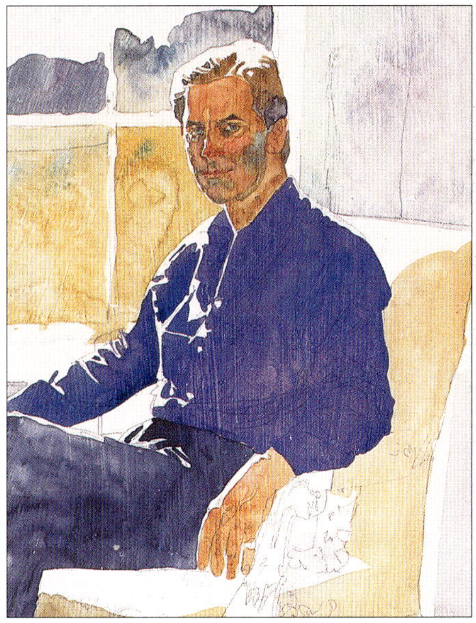

3 *Fügen Sie die dunklen Stellen im Gesicht und die warmen Farben um die Augen ein. Die warmen Töne sind intensiver als bei einem von vorne beleuchteten Gesicht. Während das Gesicht trocknete, füllte ich das Hemd aus und ließ die im Licht liegenden Stellen weiß.*

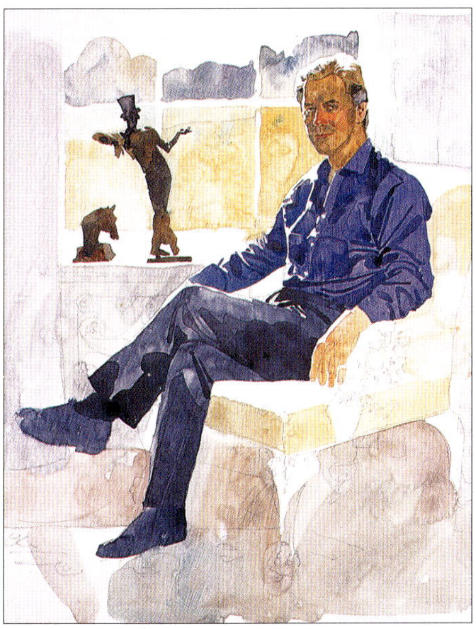

4 *Ich überarbeitete den Kopf in den Schattenpartien mit Gouachefarbe. Lichter ließ ich weiß stehen. Da das Licht von hinten kommt, konnte ich mich auf die reinen Formen der Statuen konzentrieren.*

5 *Nach dem Trocknen der Lavierungen fügte ich mit Gouache die Gesichtszüge und Details ein. Ich baute die Hand, den Stuhl, die dunkleren Töne und negativen Flächen auf, wobei die Lichter ausgespart wurden. Dann deutete ich den Boden und das Holz des Lehnstuhls an. Wenn sich die Aquarellfarbe nicht gut abheben lässt, kann man auch Gouachefarbe für die Lichter nehmen.*

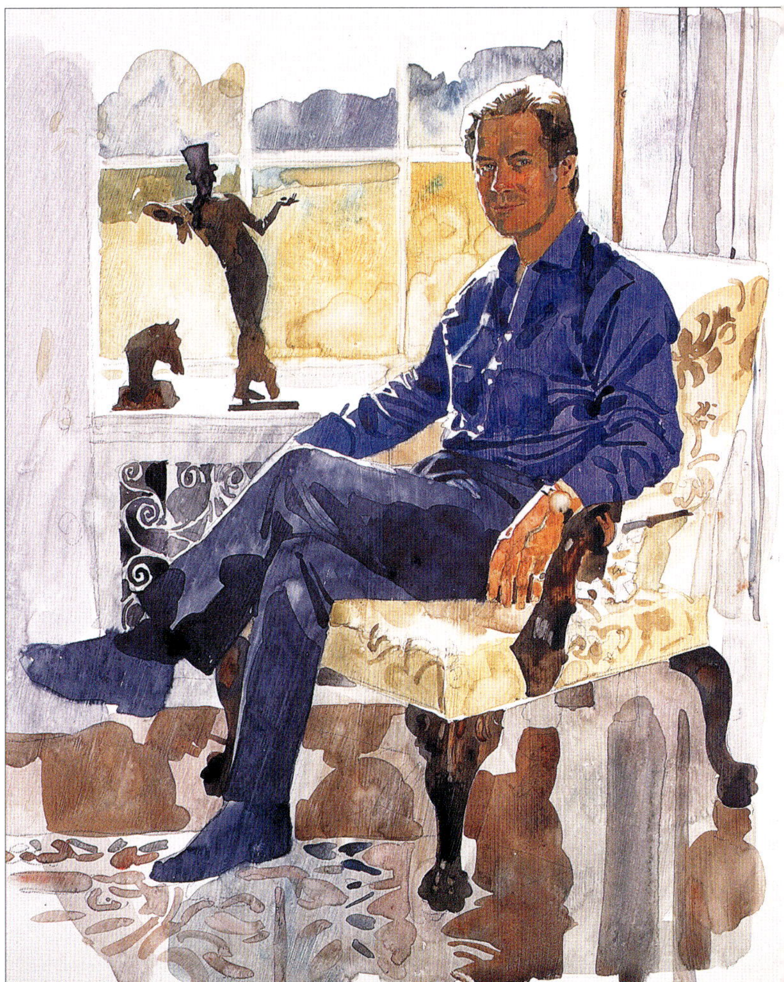

Künstliches Licht

Künstliches Licht, also Licht aus anderen Lichtquellen als der Sonne, kann viele Formen annehmen. Heute wird es am leichtesten durch eine elektrische Lichtquelle erzeugt, angefangen von der einfachen weißen Glühbirne bis zu einer riesigen Zahl von Spot-, Flut- und Laserlichtern in unzähligen Farben, wie sie für Theater- und Konzertveranstaltungen eingesetzt werden.

DER OFFENSICHTLICHE VORTEIL von elektrischem Licht ist die Tatsache, dass Lichteinfall und -intensität unverändert bleiben. Sein Hauptnachteil ist das vergleichsweise harte Licht mit den harten Schatten, wobei manche Künstler gerade das schätzen.

Wenn man unter künstlichem Licht malt, aber einen Tageslichteffekt haben möchte, kann man das Licht auf verschiedene Weise abdämpfen. Man hat beispielsweise die Möglichkeit, das Licht von einer hellen Wand auf das Modell zu reflektieren. Dazu nimmt man am besten eine Reflektorlampe. Lampenschirme, auch selbst gemachte aus Papier – je größer desto besser –, dämpfen das Licht ebenfalls.

Fotografen nehmen zu diesem Zweck meist eine „Softbox", ein kräftiges Licht in einem großen reflektierenden Schirm, der mit einem transparenten weißen Stoff überspannt ist. Für einen Menschen mit praktischen Fähigkeiten ist es nicht schwer, einen solchen Schirm selbst zusammenzubauen.

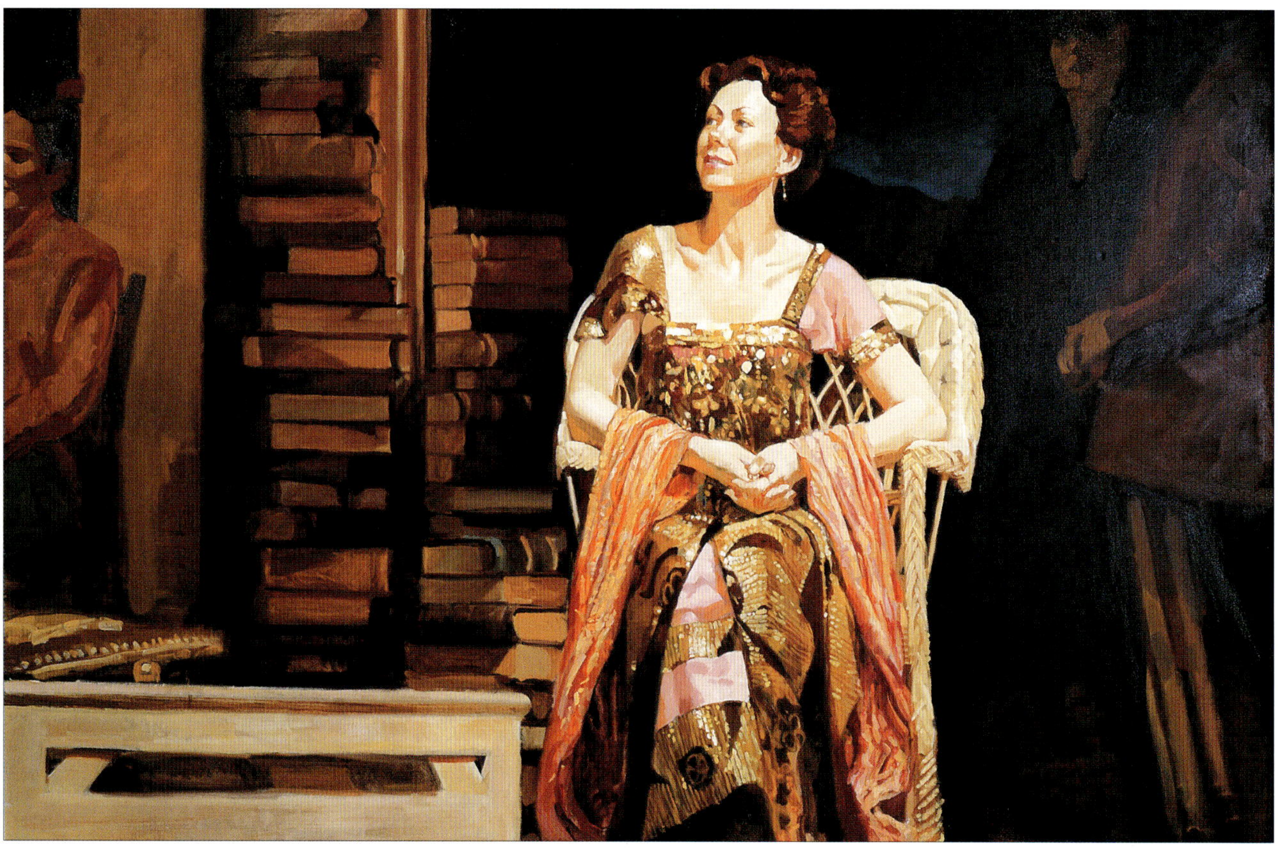

Theatralisches Licht

OBEN: *Die Bühnenbeleuchtung, die Edgar Degas und Walter Sickert noch erfreute, gehört der Vergangenheit an. Heute gibt es technische Lichtanlagen, die jeden gewünschten Effekt erzeugen können. Bei diesem Porträt der gefeierten Schauspielerin Jenny Agutter habe ich verschiedene Beleuchtungsmöglichkeiten ausprobiert, bevor ich mich für diese Spotlight-Fassung vor einem glühenden, orange abgestuften Bühnenprospekt entschied.*

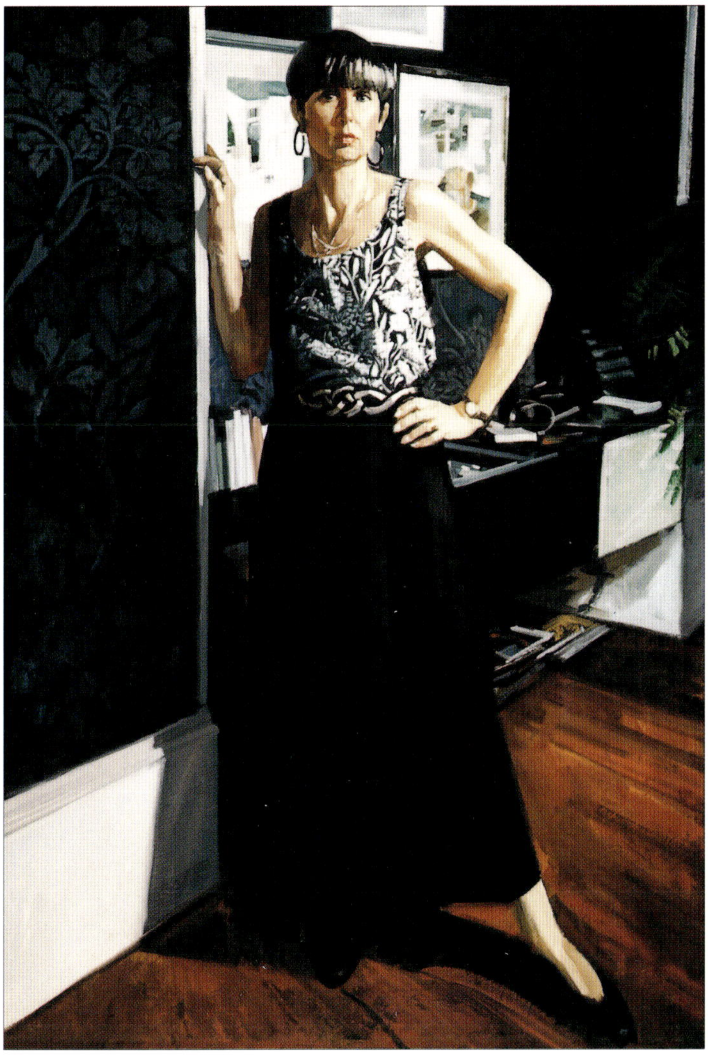

Diffuses Licht aus einer Lichtquelle

LINKS: *Das Licht in diesem Porträt mag natürlichem Licht ähneln. Doch wurde die Figur mit einem einzigen Licht aus einem großen Reflektor beleuchtet. Diese Lichtquelle wird vom Fotografen „Softbox" genannt. Man benutzt sie, um Beleuchtungen mit elektronischem Blitz weniger hart ausfallen zu lassen.*

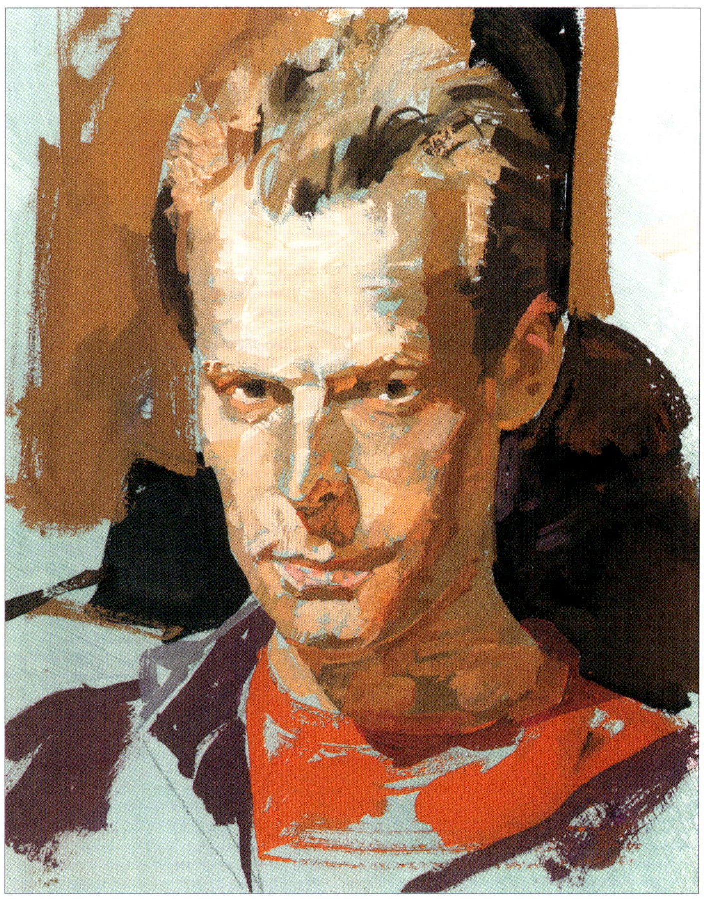

Beleuchtung mit elektrischer Glühbirne

RECHTS: *Einige Künstler, wie Lucien Freud, lieben das unbarmherzige Licht, das von einer starken, nackten Glühbirne kommt. Das ergibt harte Schattenwürfe und gelbstichige Farbtöne.*

Porträts kombinieren

Will man mehrere Köpfe oder Figuren in einer Komposition unterbringen, muss man sich entscheiden, ob man eine aktuelle Situation wiedergeben möchte oder aber einfach verschiedene Elemente zusammensetzen. Denken Sie daran, dass die Flächen zwischen den Figuren genauso wichtig sind wie die Figuren selbst.

WENN SIE NICHT DIREKT nach dem Motiv zeichnen, können Sie theoretisch beliebig viele Bildelemente in der Komposition verarbeiten. Sie haben die Möglichkeit, verschiedene Figuren oder auch verschiedene Ansichten ein und derselben Figur einzufügen.

Man sollte es in der Regel vermeiden, verschiedene Abbildungen einer Person in einem Bild unterzubringen. Es gibt aber Fälle, in denen ein einzelnes Bild nicht ausreicht. Ein Beispiel dafür ist die Kompositzeichnung meines Großneffen auf Seite 99. Keine Fotografie konnte seine Persönlichkeit ganz einfangen. So war eine Komposition aus mehreren Teilen die einzige Lösung.

In der Zeichnung auf der gegenüberliegenden Seite wurde der räumliche Zusammenhang ganz offen gelassen und nur auf die stimmige Komposition der beiden Jungen geachtet.

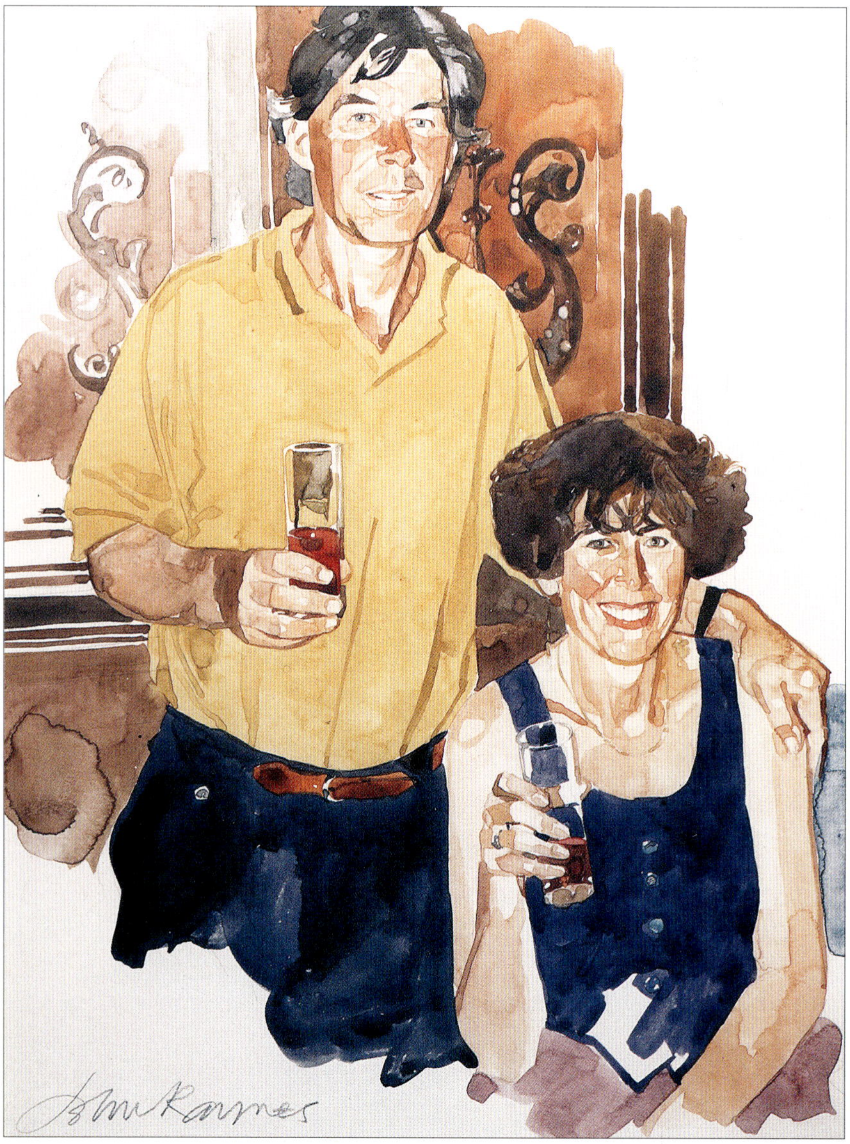

Nach dem Leben gezeichnet

LINKS: *Dieses Doppelporträt wurde nach einer realen Situation gezeichnet. Das sieht man an der Haltung des Mannes, der die Hand auf die Schulter seiner Frau legt, und am Hintergrund, den sie gemeinsam ausfüllen. Beachten Sie, dass Figuren und Hintergrund unvollständig gelassen wurden und der untere Rand wie abgebrochen wirkt. Diese Kompositionsanordnung nennt man Vignette. Sie ist vor allem bei Aquarellen und Pastellzeichnungen vorteilhaft.*

Praktische Übung: ZWEI FIGUREN KOMBINIEREN

Wenn man zwei Porträts in einer Komposition vereint, wie das hier geschehen ist, kann man sich stärker auf die Zusammenstellung konzentrieren und den Gesichtsausdruck wählen, den man für passend hält.

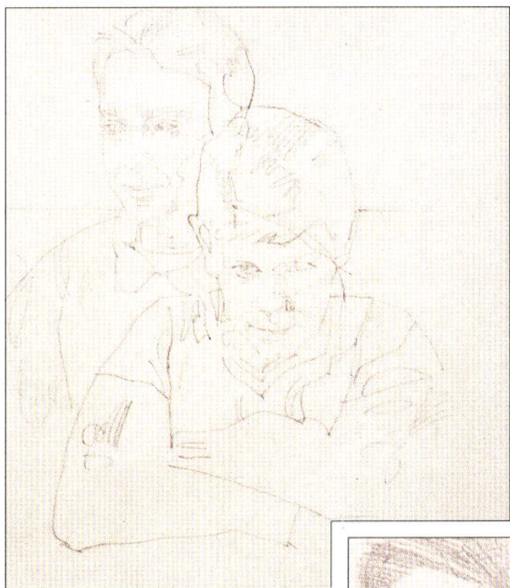

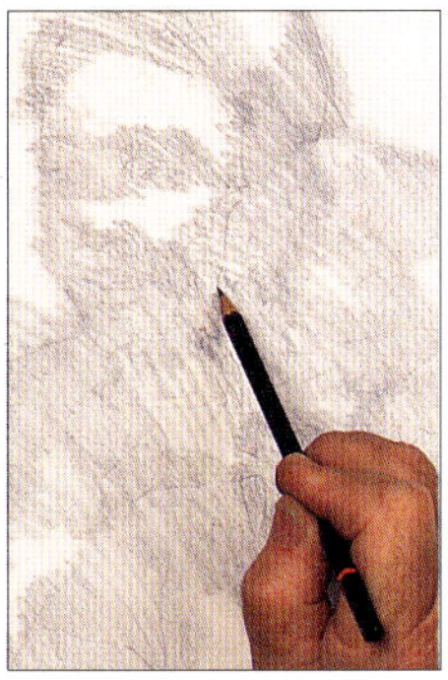

1 *Hier wurden Zeichnungen aus verschiedenen Sitzungen durchgepaust.* Kleines Bild: *Schraffieren Sie die Rückseite des Pauspapiers mit einem Grafitstift und übertragen Sie das Bild mit einem Bleistift.*

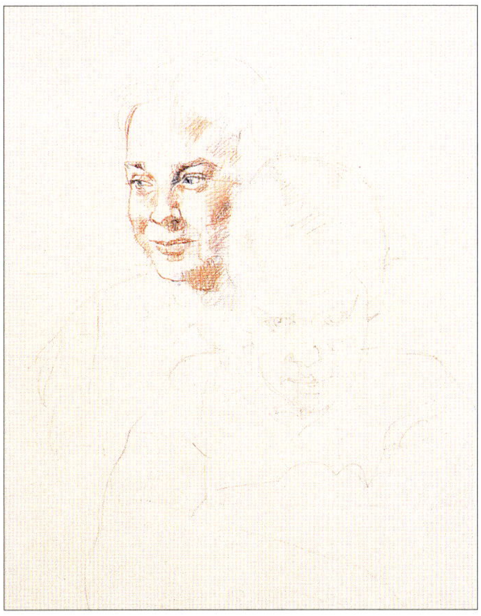

2 *Wenn die Form des Kopfes und die allgemeinen Gesichtszüge durchgepaust sind, kann man gleich ins Detail gehen. Beginnen Sie oben links, so vermeiden Sie es, dass die Zeichnung verschmiert.*

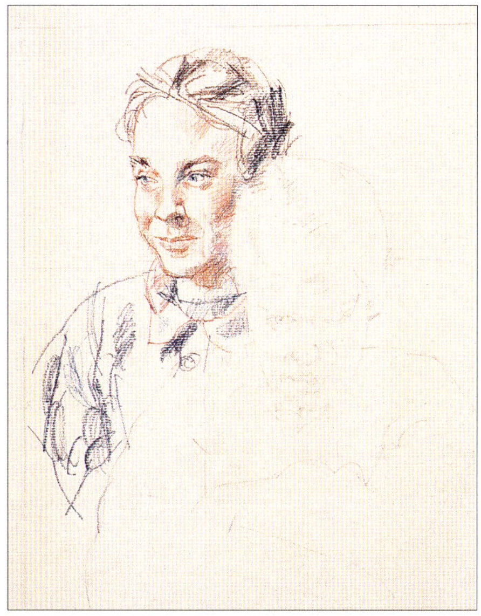

3 *Die warmen Farben um die Augen und die kühlen in den Schattenpartien werden mit Schraffuren und Kreuzschraffuren eingetragen. Achten Sie beim Zeichnen immer auf den ganzen Bildzusammenhang.*

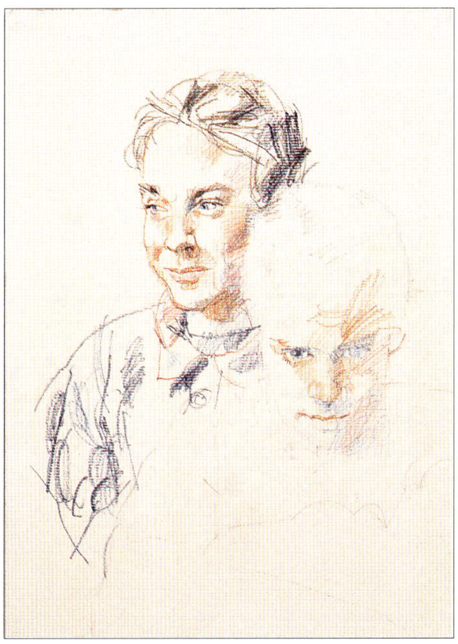

4 *Die rechte Seite des Gesichts im Vordergrund liegt überwiegend im Schatten. Ich habe diese Seite nur ganz leicht angedeutet, um einen „flüchtigen" Effekt zu erzielen. Die Figur im Hintergrund sollte mehr Details erhalten.*

5 *Die Kleidung der Figur im Vordergrund hat die stärksten Tonwerte in der Zeichnung. An den Stellen, wo Kleidung und beleuchteter Teil des Gesichts aufeinander treffen, wurde die Linienführung verstärkt. Lockere Schraffuren deuten die Bewegung des Haares an, in das blaue Lichter gesetzt wurden. Die horizontalen Linien sind frei erfunden. Ich habe sie hinzugefügt, um die Komposition interessanter zu gestalten.*

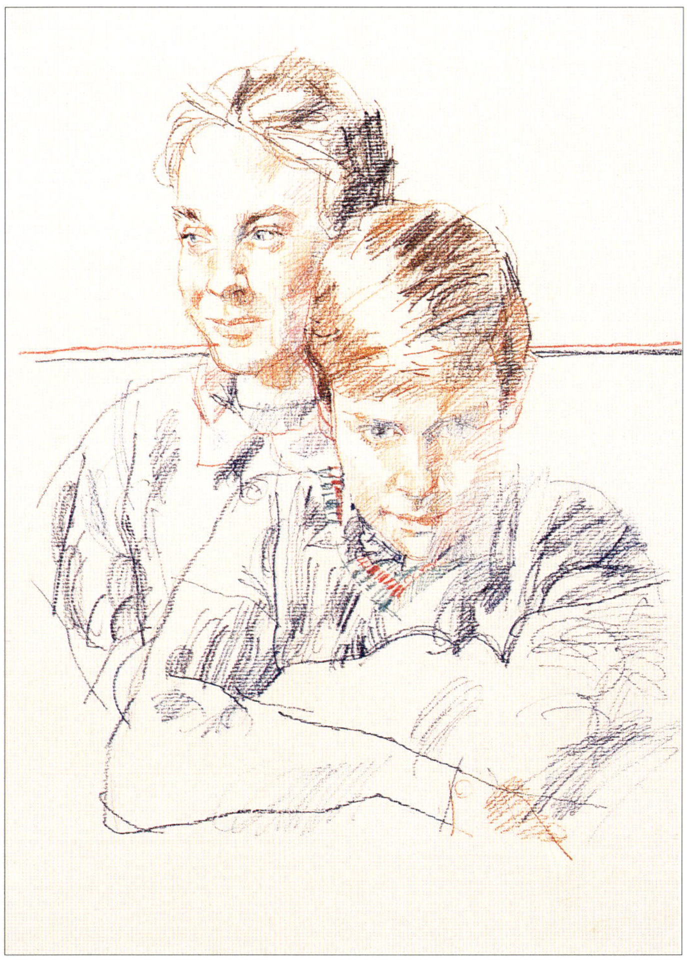

Gruppenporträts

Für ein Gruppenporträt sollten alle Beteiligten wenigstens einmal zusammenkommen, sodass man in Ruhe ausprobieren kann, wie die Komposition am besten wirkt. Dann sollte man die Aufstellung fotografieren, um die individuellen Posen für die späteren Sitzungen festzuhalten.

DIE PROBLEME DER PERSPEKTIVE und Proportionen lassen sich am besten bei einer Gruppensitzung lösen. Bei manchen Gruppenporträts sieht man nur allzu deutlich, dass sie aus verschiedenen Quellen (zum Beispiel diversen Fotos) zusammengeflickt wurden. Sicher ist es nicht immer möglich, alle Personen zur gleichen Zeit zusammenzubringen. Der Künstler muss jedoch zunächst die Möglichkeit haben, die grundlegende Raum- und Figurenperspektive festzuhalten. Versuchen Sie alle Personen in ein einheitliches Licht zu setzen und stellen Sie am besten jeden gleich in die Szenerie, die Sie auch im fertigen Bild wiedergeben wollen.

Man kann die Personen in unterschiedlichen Haltungen auch mit verschiedenfarbigen Stiften auf durchsichtiger Plastikfolie skizzieren. Am Ende müssen Sie sich für eine Haltung in einer Farbe entscheiden.

Welche Art von Gruppe?

Bei der Suche nach der geeigneten Komposition entschied ich mich gegen bewegte Posen und wählte stattdessen ein stimmungsvolles, unbewegtes Arrangement, wobei ich alle Beteiligten in Ruhe zeichnen konnte.

Diese Linie halbiert das Bild zwischen den beiden zentralen Figuren, die jeweils aus dem Bild herausschauen.

Die beiden äußeren Figuren schauen den Betrachter an. Ihre Köpfe liegen innerhalb eines Halbbogens.

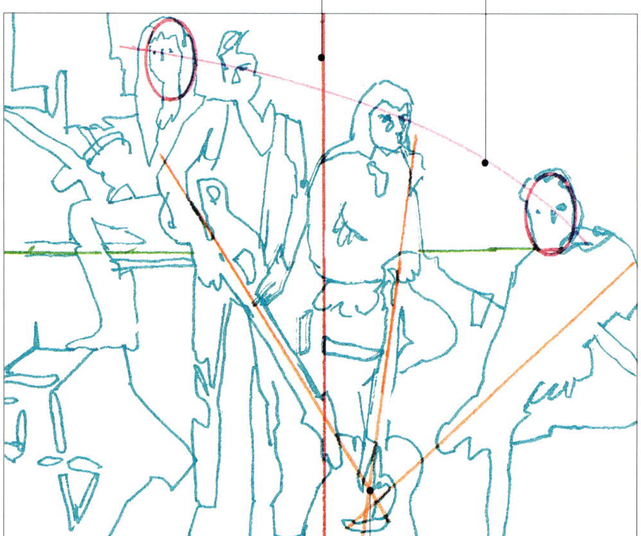

Kräftige Geraden verbinden die Gitarrenhälse mit dem aufgestützten Bein und dem Arm der rechten Figur.

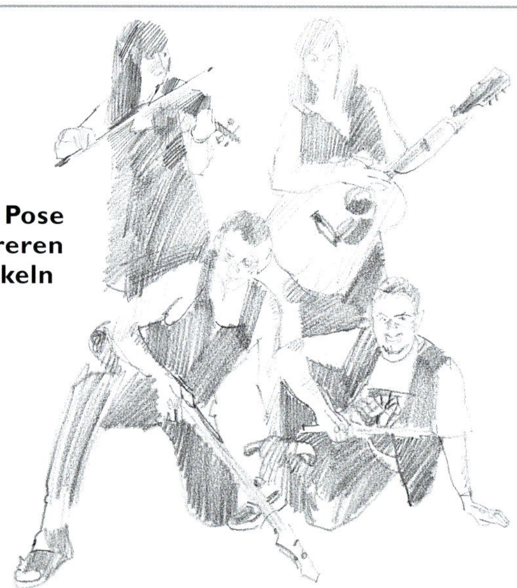

Lebhafte Pose mit mehreren Blickwinkeln

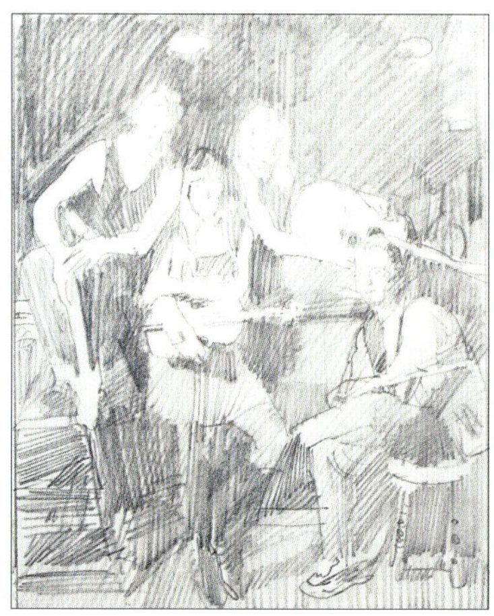

Einheitliche Pose

Praktische Übung: DETAILREICHES GRUPPENPORTRÄT

Anfänger neigen dazu, jede Figur eines aus mehreren Teilen zusammengesetzten Gruppenporträts einzeln zu bearbeiten. Doch sollte man stattdessen immer das ganze Bild angehen, um die Einheit der Komposition nicht zu gefährden.

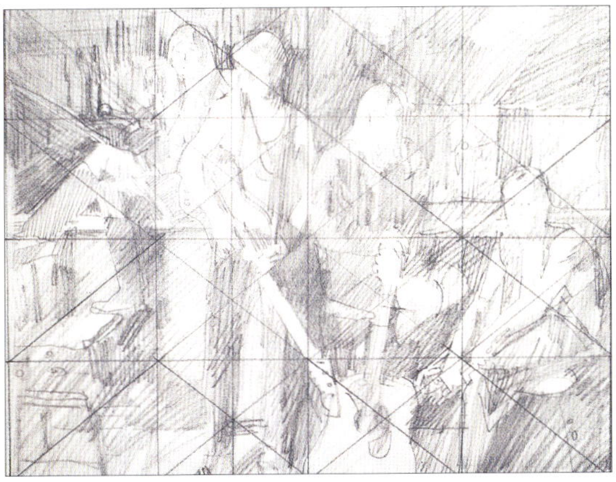

1 Nachdem ich die richtige Komposition gefunden hatte, überzog ich die Zeichnung mit einem Raster (s. Seite 98) und skizzierte die Komposition dann leicht auf die Leinwand. Das ist auch ein nützliches Verfahren, um die Beziehungen zwischen den Figuren abzustimmen.

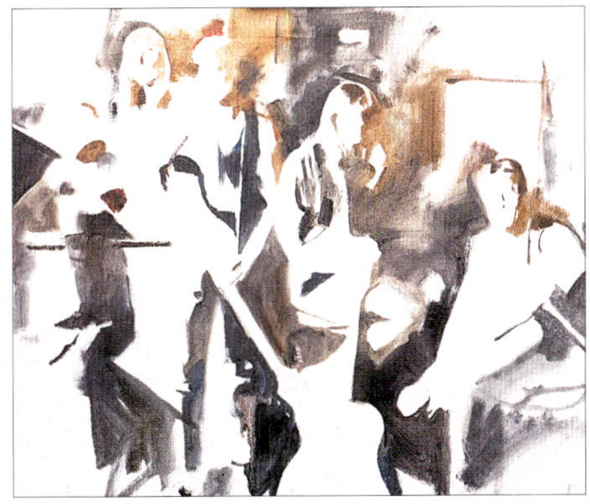

2 Legen Sie die wichtigsten Farben in dünnen Schichten an. Achten Sie darauf, dass sich helle von dunklen Flächen trennen. Im Hintergrund treten größere Schattenpartien auf.

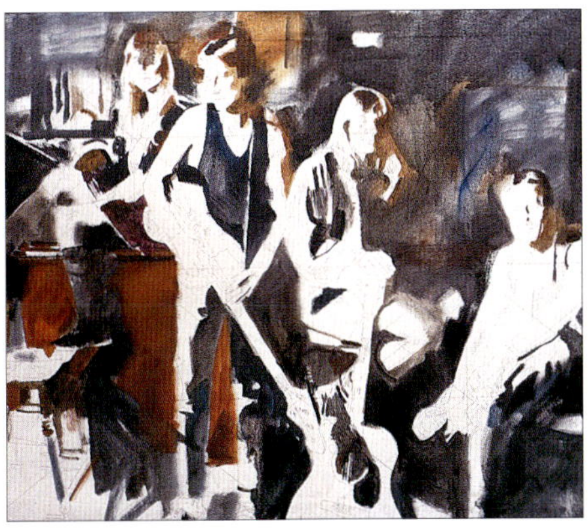

3 Die Figuren werden mit dunklen Tonwerten und Farben verstärkt. Dadurch legt man auch die perspektivische Verteilung der Figuren im Bildraum fest.

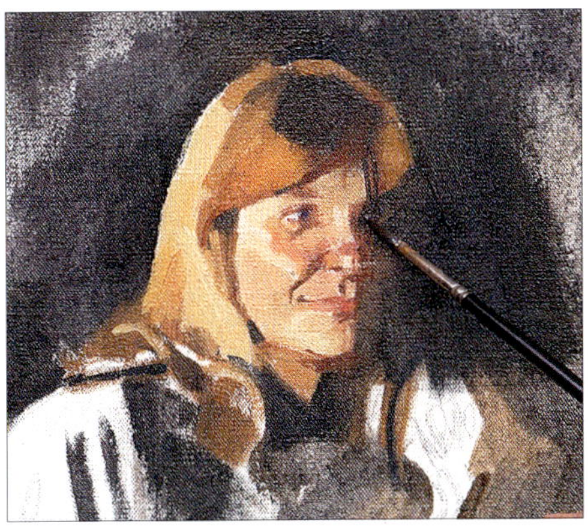

4 Nun wird jede Figur einzeln gemalt. Füllen Sie die Flächen gleichmäßig aus, um die Farbtöne für die Details dann gezielt einsetzen zu können. Die Vorzeichnung kann als Leitstruktur dienen.

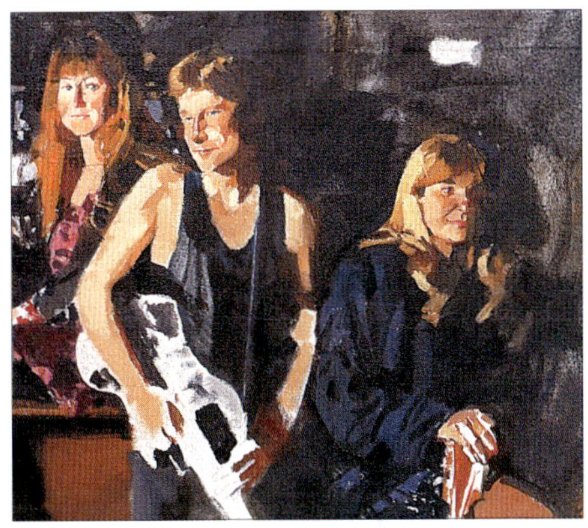

5 Beachten Sie beim Malen der Figuren sowohl die positiven wie auch die negativen Flächen, die sich auf die anderen Figuren und ihre Accessoires beziehen.

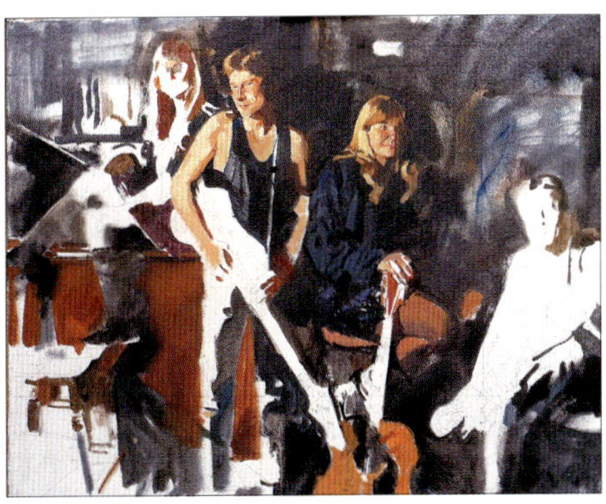

6 Die Figur mit der Bassgitarre steht der Lichtquelle am nächsten. Daher wird ihr Hautton heller angelegt als die übrigen, die mehr im Schatten sitzen. Arbeiten Sie auch weiter am Hintergrund.

7 Nun arbeitete ich die Bassgitarre noch weiter aus. Sie ist zwar schwarz, weist aber dennoch die meisten Lichter im Bild auf. Setzen Sie die Arbeit an den Figuren und dem Hintergrund weiter fort und überprüfen Sie ständig die Proportionen und Perspektiven der Komposition.

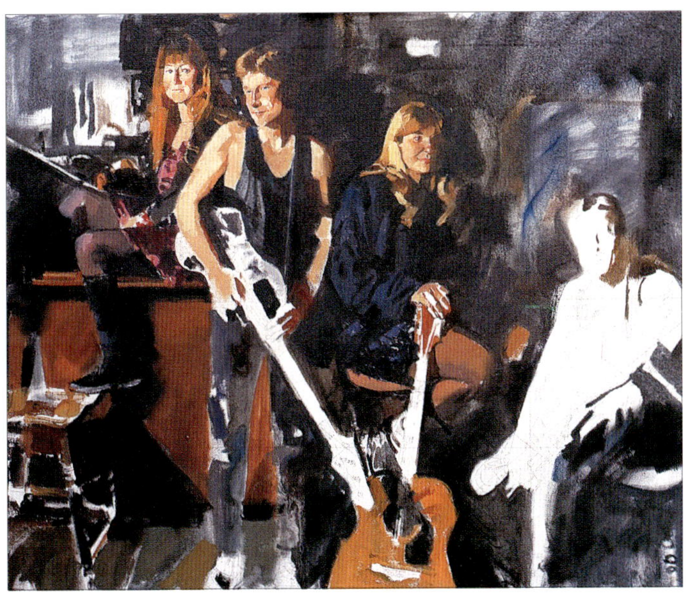

Gruppen im Freien

Wenn man Menschen im Freien zeichnet und malt, bieten sich viele künstlerische Möglichkeiten. Aus dem ständigen Strom der Passanten ergeben sich immer wieder neue Kompositionen und die vielfältigen Hintergründe sind eine erfrischende Abwechslung zur Gleichförmigkeit im Atelier. Dazu kommen noch die veränderlichen Wetter- und Lichteffekte, die den Künstler in Atem halten.

MAN KANN VOM natürlichen Tageslicht keine gleichmäßige Helligkeit und gleichbleibende Richtung des Lichteinfalls erwarten. Daher sollte man bei der Arbeit im Freien Skizzen und Notizen machen, die später im Atelier weiterverwertet werden. Natürlich kann man auch Fotos machen. Es ist aber oft schwieriger, nach zweidimensionalen Fotos zu arbeiten als nach der dreidimensionalen Realität. Wenn man eine Gruppe von Leuten darstellen möchte, muss man darauf achten, dass der Lichteinfall im gesamten Bild aus derselben Richtung kommt. Versuchen Sie starke Schatten und direktes Licht in die Komposition einzufügen.

Vielleicht wollen Sie eine kleine Geschichte in Ihre Figurenkomposition einbauen oder eine Allegorie, ein dekoratives Muster oder eine Wandmalerei. Sammeln Sie dafür Studien und Bildvorlagen und fügen Sie diese Elemente in das Bild ein, ohne die realen Orts- und natürlichen Lichtverhältnisse zu berücksichtigen.

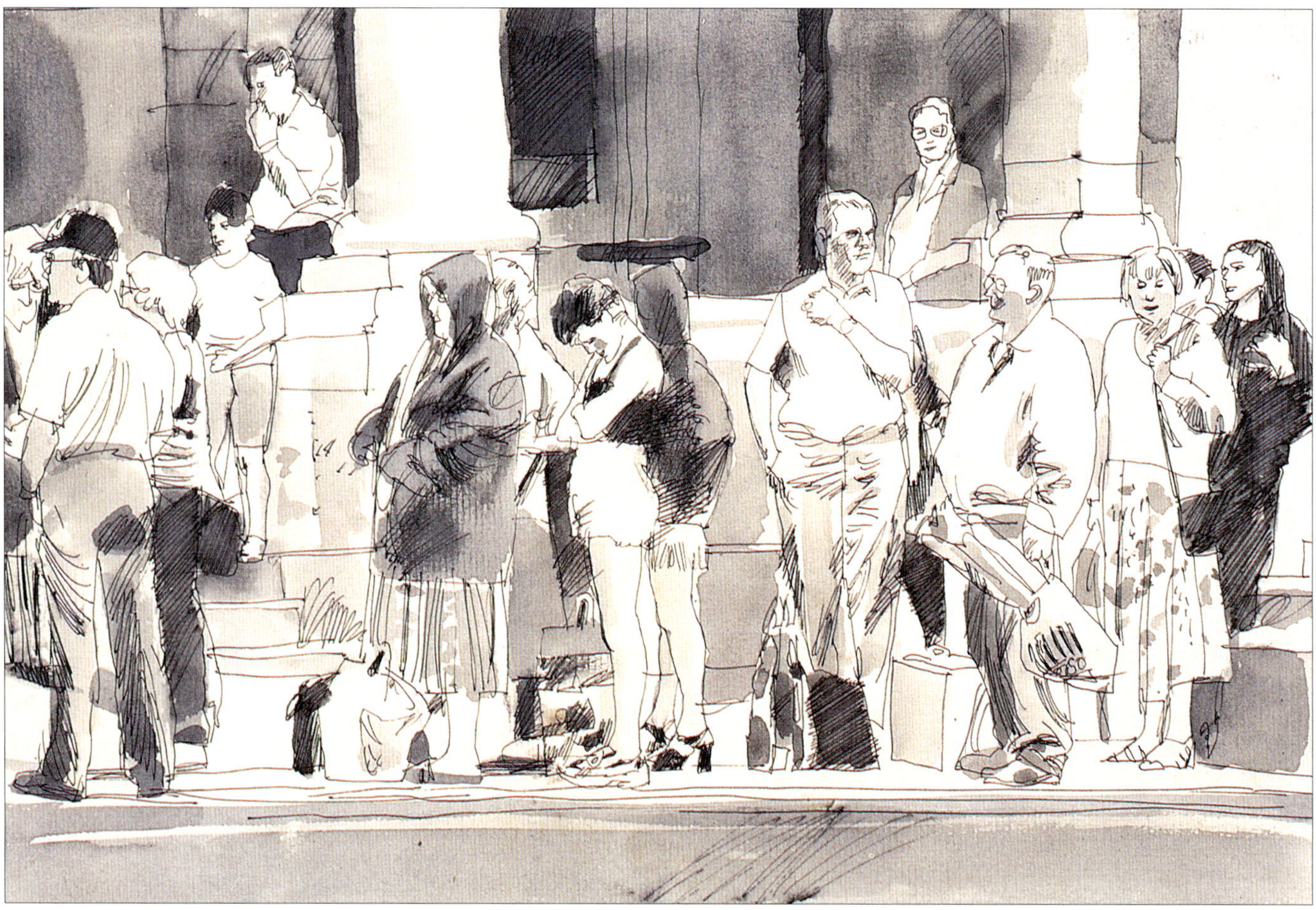

Schlange stehen an der Bushaltestelle

OBEN: *Leute, die Schlange stehen, scheinen auf den ersten Blick nicht besonders interessant zu sein. Betrachten Sie aber einmal diese Gruppe: das Gepäck, das auf dem Boden steht oder in der Hand gehalten wird, unterschiedliche Kleidungsstücke und Posen, Figuren auf verschiedenen Ebenen und die Helldunkelpassagen im Hintergrund – all dies trägt zu einer spannenden Komposition bei.*

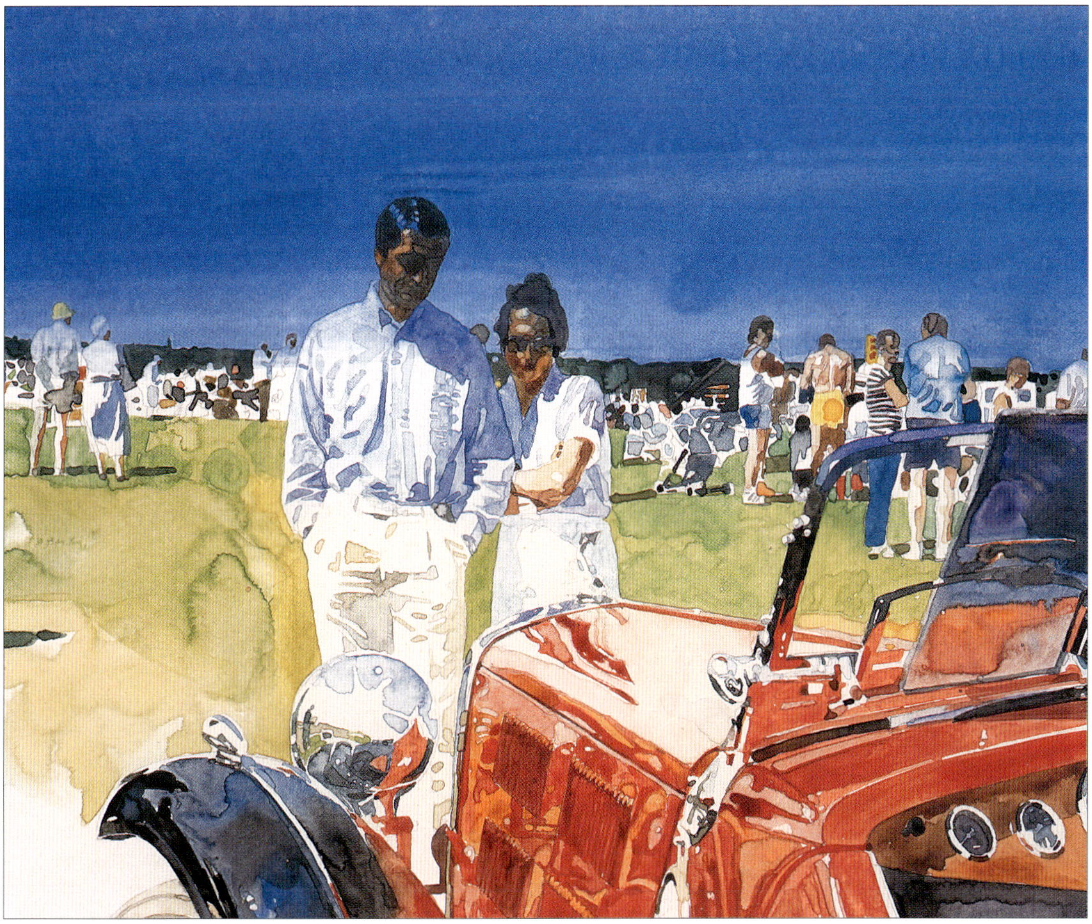

Feiertag

LINKS: *Der mit einem großen Pinsel aufgetragene Streifen tiefblauen Himmels war ein wichtiger Bestandteil der Komposition. Das Auto im Vordergrund führt das Auge ins Bild, wo ein Paar den zentralen Blickpunkt bildet. Das helle, von oben einfallende Sonnenlicht führt zu starken Schatten auf dem Gesicht der Personen und wird von dem Kühler des Wagens und der Kleidung des Paars reflektiert.*

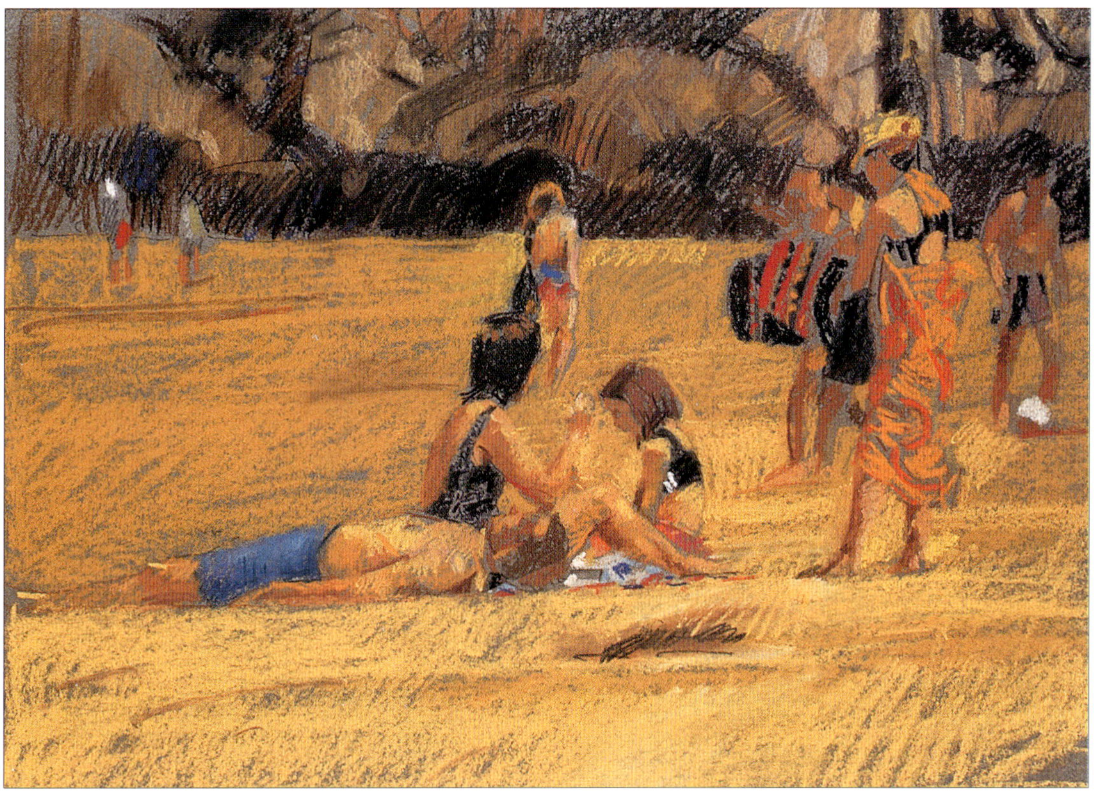

Strandszene

RECHTS: *Am Strand gibt es wundervolle Kompositionen zu entdecken. Viele Sonnenanbeter bleiben für lange Zeit ruhig liegen oder sitzen, was die Sache einfacher macht! Gewöhnen Sie sich an eine künstlerische Wahrnehmung, d. h. nehmen Sie statt der einzelnen Menschen die Formen und Gruppen wahr und halten Sie diese Muster mit der Kamera und/oder dem Skizzenbuch fest.*

Überarbeiten

Je früher man erkennt, dass man das Bild noch einmal gründlich überarbeiten muss, desto leichter kann das geschehen. Einige Zeichen- und Malmittel, wie zum Beispiel Aquarellfarbe oder Tusche, können gar nicht oder kaum korrigiert werden. Aquarellfarben lassen sich mit einem feuchten Schwamm aufweichen, aber nicht mehr ganz herauswaschen. Man hat dann nur die Möglichkeit, von vorne zu beginnen oder mit Schere und Klebstoff zu arbeiten. Bei dieser Art von Collage kann man auf zwei verschiedene Weisen vorgehen. Entweder klebt man ein herausgerissenes Stück Papier auf die missratene Stelle und bemalt sie neu. Oder man sucht sich eine Stelle aus, die entlang einer im Bild existierenden Linie herausgeschnitten wird, und unterlegt ein gleich großes Stück Papier.

Mit einem scharfen Messer schneidet man sowohl die missratene Stelle heraus als auch gleichzeitig das identische Stück Aquarellpapier, das unterlegt wurde. Dann wird das neue Stück Papier in das Loch eingefügt und auf der Rückseite mit Tesafilm befestigt.

Praktische Übung: MIT FARBE ÜBERARBEITEN

Mit deckenden Farben, wie Acrylfarbe und Gouache, ist es relativ einfach, größere Eingriffe und Farbveränderungen im Bild zu machen.

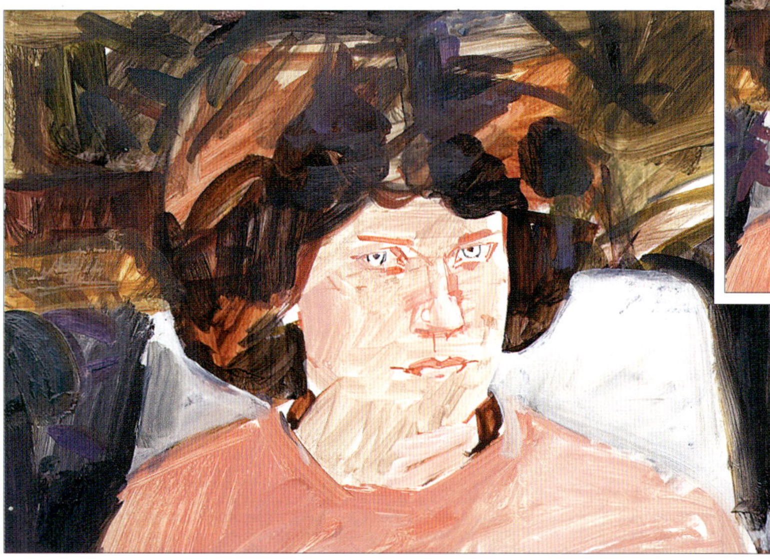

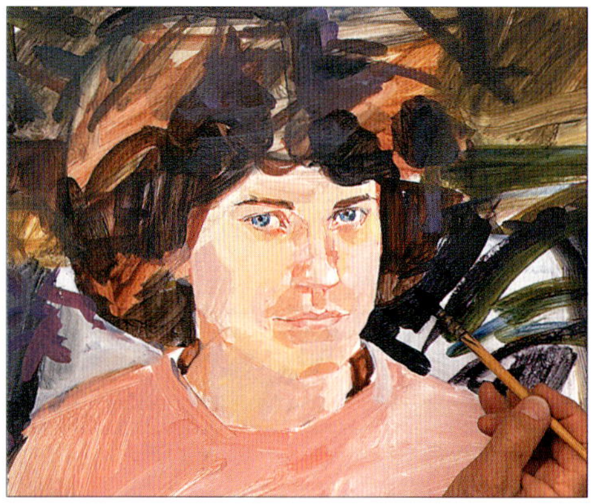

1 *Bei dieser Studie merkte ich, dass der Hintergrund mit dem weißen Stuhl und dem Laub in starken Helldunkelkontrasten zu sehr von der Figur im Vordergrund ablenkte.* Kleines Bild: *Es ist recht einfach, helle Töne mit dunklen zu übermalen, auch wenn es sich um transparente Farben handelt. Dunkle Töne mit hellen Farben zu überdecken ist jedoch nur mit opaken Farben möglich.*

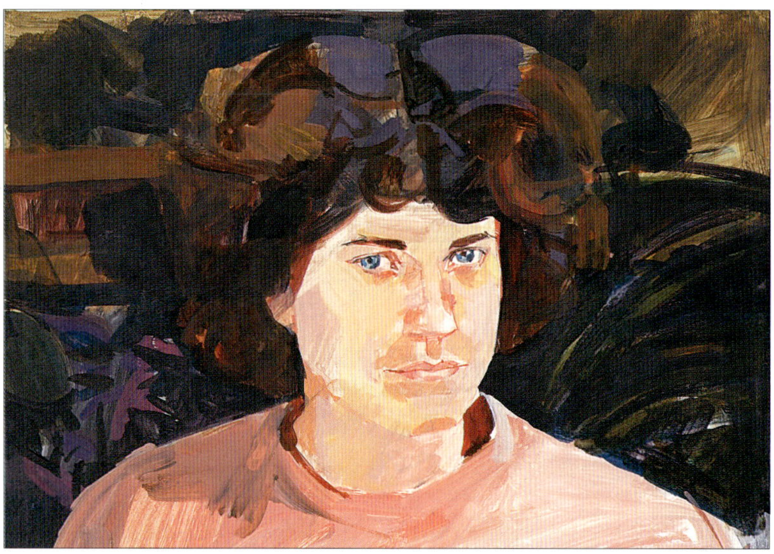

2 *Indem ich den Hintergrund dunkel übermalte, trat der Kopf stärker hervor. Die Komposition ist nun viel klarer und die Figur im Vordergrund hebt sich gut vom Hintergrund ab. Zögern Sie auch in den letzten Stadien des Arbeitsprozesses niemals, noch Veränderungen durchzuführen. Achten Sie jedoch darauf, dass die Änderungen immer das Ergebnis einer genauen Beobachtung sind und mit den realen Lichtverhältnissen übereinstimmen müssen.*

Passepartouts schneiden

Wenn man seine Passepartouts selbst zu schneiden versteht, kann man die eigene Arbeit auch im richtigen Rahmen präsentieren.

Man sollte dabei jedoch einige Dinge beachten. Zunächst einmal müssen alle Messungen exakt sein. Es gilt die Regel: Lieber zweimal messen und nur einmal schneiden. Achten Sie darauf, dass Ihr Arbeitsgerät richtig eingestellt und scharf ist. Ein stumpfer Bleistift kann alles verderben.

Die Standardproportionen für ein Passepartout sind folgende: Am größten ist die untere Rahmenfläche, die beiden Seitenflächen sind etwas schmaler, die obere Rahmenfläche ist die kleinste. Es gibt auch Ausnahmen, doch wirken diese Proportionen besonders harmonisch.

Praktische Übung: SCHRÄGSCHNITT-PASSEPARTOUTS

Das Schneidemesser muss von guter Qualität und ausreichend scharf sein.

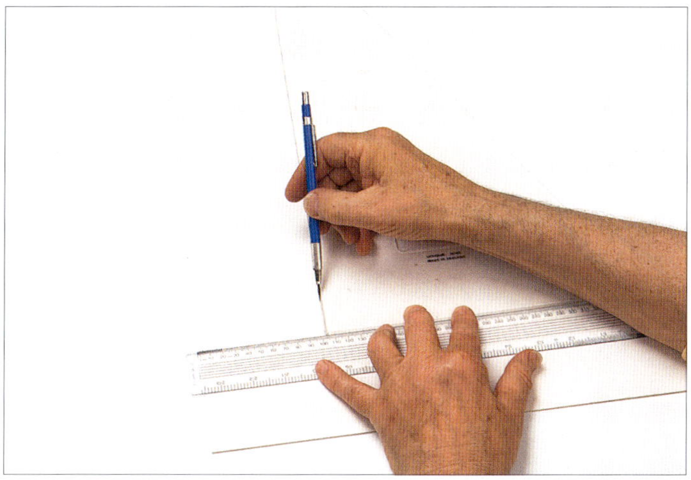

1 *Vermerken Sie die Maße auf der Rückseite des Kartons. Markieren Sie dann mit einem Lineal und dem Rücken einer Tapezierschiene die erste Längslinie. Legen Sie ein Geodreieck an das Lineal an und ziehen Sie damit den ersten rechten Winkel.*

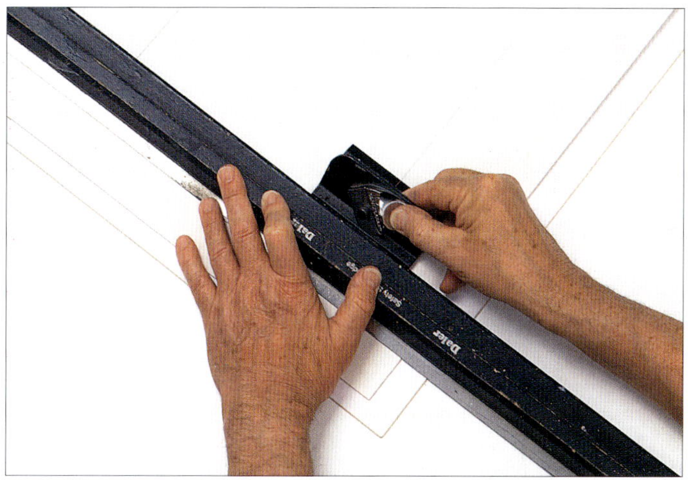

2 *Messen und markieren Sie die anderen Linien und rechten Winkel. Platzieren Sie einen weichen Karton unter dem Passepartout-Karton und legen Sie die Tapezierschiene an der ersten Linie an. Schneiden Sie mit einem Passepartoutschneider an der Linie entlang. Üben Sie das Schneiden vorher, da die Passepartoutschneider unterschiedlich gut funktionieren.*

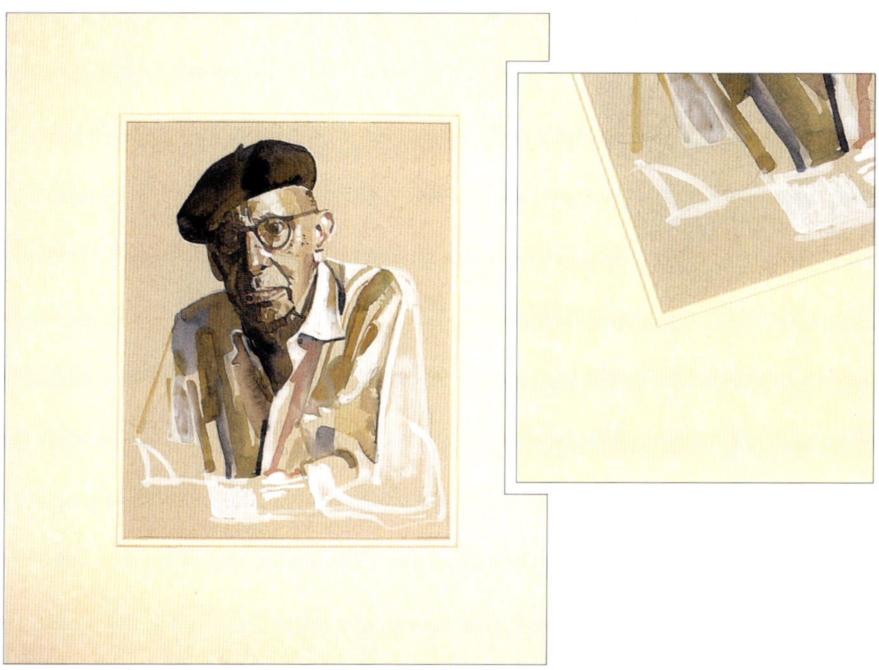

3 *Schneiden Sie nun auch die anderen Linien und säubern Sie die Schrägkanten, falls notwendig.* Kleines Bild: *Schneiden Sie die Kanten so sauber wie möglich aus. Üben Sie das Schneiden auf einem Reststück.*

Glossar

Abtönung
Eine mit Weiß aufgehellte Farbe.

Alla prima
Aus dem Italienischen, heißt wörtlich „zuerst". In der Malerei bedeutet dies, dass ein Bild in einer Sitzung vollendet wird.

Bildträger
Die Materialfläche, auf der eine Zeichnung oder ein Gemälde geschaffen wird (Leinwand, Holz, Karton, Papier).

Conté-Kreide
Pastellstifte, die härter und kompakter als die weichen Pastellkreiden sind.

Contre-jour
Aus dem Französischen, heißt wörtlich „gegen das Tageslicht". In der Malerei bedeutet dies, dass die Lichtquelle hinter dem Motiv liegt.

Deckfarbe siehe Gouache.

Deckkraft
Das Deckvermögen eines Pigments, im Unterschied zur Transparenz.

Erdfarben
Pigmente, die aus dem Erdreich gewonnen werden. Die Palette umfasst Umbra-, Ocker- und Sienatöne.

Farbton
Eine reine, unveränderte Farbe aus dem Spektrum.

Fixativ
Eine Harzlösung, die auf Kohle-, Pastell- oder Conté-Kreide-Zeichnungen gesprüht wird, um sie zu schützen und die Zeichenmittel zu fixieren.

Format
Die Größe des Mal- oder Zeichengrundes.

Gouache (oder Deckfarbe)
Deckende Wasserfarbe

Harmonie
1. Die Kombination verschiedener Bildelemente, die bei der Betrachtung Wohlgefallen auslöst.
2. Farben, die im Farbspektrum eine ähnliche Wellenlänge aufweisen oder auf dem Farbkreis eng benachbart sind.

Impasto
1. Maltechnik, bei der man Farbe dick aufträgt, um bestimmte Lichteffekte zu erzielen.
2. Das Produkt, das mit dieser Technik erzeugt wurde.

Komplementärfarben
Das sind die sich auf dem Farbkreis genau gegenüber liegenden Farbpaare. Die einfachste Regel lautet: Eine Primärfarbe verhält sich komplementär zu einer Sekundärfarbe, die aus den zwei übrigen Primärfarben gemischt ist, zum Beispiel verhält sich Rot komplementär zu Grün (aus Blau und Gelb).

Kontrast
Die effektvolle Gegenüberstellung verschiedener Formen und Farben.

Körnung
Die Textur einer Mal- oder Zeichenoberfläche; sie reicht von fein bis rau.

Kreuzschraffieren
Zeichen- und Maltechnik, bei der eng gezogene parallele Linien kreuz und quer übereinander gelegt werden, um Licht, Schatten und Tonwert darzustellen. Siehe auch Schraffieren.

Landschaft
Wird in der Landschaftsmalerei auch als Terminus für ein Format verwendet. Landschaftsformate sind breiter als hoch.

Lasur
Transparente oder halb-transparente Farben, die in Schichten übereinander gelegt werden.

Lavierung
Eine dünne Schicht transparenter Wasserfarbe oder Tusche, meist in breitem Auftrag.

Malgrund
Eine für das Malen vorbereitete Unterlage.

Malmittel (Bindemittel)
1. Das Material des Künstlers, von der Zeichenkohle bis zur Ölfarbe.
2. Zusätze, die die Eigenschaften der Farbe verändern (Malmittel).
3. Leimlösungen, Öle oder Kunstharzdispersionen, mit denen die Pigmente vermischt werden (Bindemittel), zum Beispiel Gummiarabikum für Aquarellfarbe, Leinöl für Ölfarbe, oder Acryldispersion für Acrylfarbe.

Monochrom
Ein Gemälde oder eine Zeichnung in verschiedenen Tönen einer einzigen Farbe. Eine nur in Schwarzweiß angelegte Studie nennt man Grisaille.

Optische Mischung
Trägt man Farben in kleinen Tupfen, Punkten oder Schraffuren auf, ohne sie vorher auf der Palette ausgemischt zu haben, entsteht der Effekt der Optischen Mischung, d. h. die Farben mischen sich im Auge des Betrachters.

Palette
1. Unterlage aus Holz oder Plastik, auf der die Farben platziert und gemischt werden.
2. Farbauswahl für ein Bild.

Porträt
1. Darstellung einer Person, vor allem von Kopf und Schulterpartie.
2. Bildformat, das höher als breit ist.

Primärfarben
Die Farben Rot, Blau und Gelb.

Schattierung
Eine mit Schwarz abgetönte Farbe.

Schraffieren
Bei dieser Technik werden eng gezogene oder gemalte parallele Linien eingesetzt, um Licht, Schatten oder Tonwert darzustellen. Siehe auch Kreuzschraffieren.

Sekundärfarben
Durch das Mischen von jeweils zwei Primärfarben ergibt sich eine Sekundärfarbe, wie zum Beispiel Orange, Grün und Violett. Siehe auch Komplementärfarben.

Studie
Vorstufe einer Zeichnung oder eines Gemäldes, die angefertigt wird, um die richtige Komposition zu finden.

Tertiärfarben
1. Zwischentöne auf dem Farbkreis, die durch die Kombination einer Primär- mit einer Sekundärfarbe entstehen, wie zum Beispiel Rotorange, Gelbgrün etc.
2. Aus Sekundärfarben gemischte Brauntöne.

Tonwert
1. Die relative Helligkeit oder Dunkelheit eines Farbtons, zum Beispiel ist Zitrongelb heller als Karminrot.
2. Mit Schwarz oder Weiß oder anderweitig ausgemischte Farbtöne im Vergleich zu einer Grauskala.

Transparenz
Die Lichtdurchlässigkeit eines Pigments, im Unterschied zu seinem Deckvermögen. Siehe auch Deckkraft.

Vermalen
Weiches Zusammentreffen oder Ineinanderfließen von Farbflächen, ohne scharfe Kante.

Vertreiben
Eine Schicht deckender, ziemlich trockener Farbe wird über eine andere, bereits trockene Farbschicht gelegt, sodass die untere Schicht teilweise durchschimmert.

Register

Danksagung

Der Autor dankt allen Modellen: Shah Amour, Ned Bent, Karen Braund, Noriko Hasuno, Christopher Gray, Nadia Kebble, Suzie Withington, Ashley Holt, Daniel Gardner, Robert Gardner, Tasneem Hussain, Riva Gangin, Sarah Hickey, Simeen Karim, David Westby, Dan Bristow, Alex Glanville, Holly Guest, Karen Sillance, Elizabeth Tetley, Viv Robertson, Jack Haynes, Julian Ayres, Nikki Donovan, Sheila Raynes, Gaby Raynes, Jody Raynes, Lauren Raynes Brooks und der Folk-Band „The Sex Slaves from Hell": Richard Harding, Helen Davies, Lorraine Harris und Gary Tudball.

Der Verlag dankt Ian Kearey, Dawn Butcher und Janet Swarbrick für ihre unschätzbare Hilfe. Der Dank gilt auch George Taylor und Sarah Hickey für die schönen Fotosessions.

Die folgenden Porträts wurden mit freundlicher Genehmigung reproduziert:
S. 36: Alec Guiness, mit Genehmigung der Reader's Digest Association
S. 67 und 69: Winzer, von der Weinliste von Robin Yapp
S. 99: Kompositporträt von Patrick Southwell, zur Verfügung gestellt von Richard und Alison Southwell
S. 101: M. Charvet, zur Verfügung gestellt vom Restaurant Au Comte de Gascogne, Paris
S. 102: Annie Guest
S. 112: Liz Fenwick
S. 113: Anthony Andrews
S. 114: Jenny Agutter